La abstracción científica en Tomás de Aquino

This book is part of the Peter Lang Regional Studies list.
Every volume is peer reviewed and meets
the highest quality standards for content and production.

PETER LANG
New York • Bern • Berlin
Brussels • Vienna • Oxford • Warsaw

Emiliano Javier Cuccia

La abstracción científica en Tomás de Aquino

PETER LANG
New York • Bern • Berlin
Brussels • Vienna • Oxford • Warsaw

Library of Congress Cataloging-in-Publication Data

Names: Cuccia, Emiliano Javier, author.
Title: La abstracción científica en Tomás de Aquino / Emiliano Javier Cuccia.
Description: New York: Peter Lang, 2020.
Includes bibliographical references.
Identifiers: LCCN 2019036531 | ISBN 978-1-4331-7274-8 (hardback: alk. paper)
ISBN 978-1-4331-7275-5 (ebook pdf)
ISBN 978-1-4331-7276-2 (epub) | ISBN 978-1-4331-7277-9 (mobi)
Subjects: Thomas, Aquinas, Saint, 1225?–1274. | Science—Philosophy. | Abstraction.
Classification: LCC B765.T54 C83 | DDC 189/.4—dc23
LC record available at https://lccn.loc.gov/2019036531
DOI 10.3726/b16015

Bibliographic information published by **Die Deutsche Nationalbibliothek.**
Die Deutsche Nationalbibliothek lists this publication in the "Deutsche Nationalbibliografie"; detailed bibliographic data are available on the Internet at http://dnb.d-nb.de/.

Dedicado con particular afecto a mi esposa Vanina y a mis hijos, signos manifiestos del inmerecido amor de Dios; y a mis padres por el don de la vida y el ejemplo del esfuerzo cotidiano.

Tabla de contenidos

Agradecimientos

Deseo expresar mi enorme gratitud a Santiago Gelonch Villarino –director de la investigación doctoral que dio origen a este trabajo– quien contribuyó de manera principalísima en su realización sembrando en un comienzo la inquietud y el entusiasmo, constituyendo luego un guía certero durante su desarrollo, y aportando correcciones y comentarios de suma importancia en la fase de elaboración de resultados. También agradezco tanto a los jurados que evaluaron dicha tesis –los doctores Juan José Herrera, Ricardo F. Crespo y Francisco Rego– como al evaluador anónimo de este escrito, por su lectura atenta y sus sugerencias enriquecedoras. Destaco asimismo la asistencia de Ceferino Muñoz, quien revisó las versiones previas del trabajo y contribuyó con interesantes observaciones. A su vez hago extensivo el agradecimiento, por un lado, al Consejo Nacional de Investigaciones Científicas y Técnicas (CONICET) por haber provisto el apoyo económico sin el cual hubiera sido imposible arribar hasta este resultado, y a la doctora Silvana Filippi quien se desempeñó como directora de esta beca. Por otro lado, al Centro de Estudios Filosóficos Medievales (CEFIM) de la Universidad Nacional de Cuyo –en las personas de sus directores Rubén Peretó Rivas y Hugo Costarelli Brandi– por conformar un auténtico ambiente académico donde la búsqueda del saber se hermana con la vivencia de una auténtica amistad. Gracias sean dadas al Ministerio de Educación de la República Argentina y a la Comisión Fulbright Argentina por el otorgamiento de una beca que me permitió enriquecer mi investigación mediante una estadía de tres meses en el Medieval Institute de la University of Notre Dame (Indiana, EE.UU.). Sobre esta visita, recuerdo con particular gratitud la gentil colaboración brindada por todos sus integrantes y, particularmente, por Roberta Baranowski, Julia Schneider y Olivia Remie Constable (†). Finalmente, agradezco a todos aquellos colegas y alumnos que, de algún u otro, modo han impreso su huella en este trabajo mediante sus preguntas o recomendaciones.

Lista de abreviaturas

Obras de Tomás de Aquino

C. Th.	*Compendium theologiae seu Brevis compilatio theologiae ad fratrem Raynaldum*
Catena in Io.	*Expositio in Ioannem*
Catena in Lc.	*Expositio in Lucam*
Catena in Mc.	*Expositio in Marcum*
Catena in Mt.	*Expositio in Matthaeum*
DeAeternit.	*De aeternitate mundi*
DeEnte	*De ente et essentia*
DeMalo	*Quaestiones disputatae de malo*
DePot.	*Quaestiones disputatae de potentia*
DePrinc. Nat.	*De principiis naturae ad fratrem Sylvestrum*
DeSeparat.	*De substantiis separatis*
DeSpirit.	*Quaestio disputata de spiritualibus creaturis*
DeUnit.	*De unitate intellectus contra averroistas*
DeVer.	*Quaestiones disputatae de veritate*
DeVirt. q. 1	*Quaestiones disputatae de virtutibus in communi*
DeVirt. q. 2	*Quaestio disputata de caritate*
DeVirt. q. 3	*Quaestio disputata de correctione fraterna*

DeVirt. q. 4	*Quaestio disputata de spe*
DeVirt. q. 5	*Quaestiones disputatae de virtutibus cardinalibus*
In Jeremiam	*In Jeremiam prophetam expositio*
InDeAn.	*Sentencia libri De anima*
InDeCaelo	*In libros Aristotelis De caelo et mundo expositio*
InDeDivNom.	*In librum Beati Dionysii De divinis nominibus expositio*
InDeEbdo.	*Expositio libri Boetii De ebdomadibus*
InDeGen.	*In librum primum Aristotelis De generatione et corruptione expositio*
InDeSensu	*Sentencia libri De sensu et sensato cuius secundus tractatus est De memoria et reminiscencia*
InEthic.	*Sententia libri Ethicorum*
InMet.	*In duodecim libros Metaphysicorum Aristotelis expositio*
InPery.	*Expositio libri Peryermeneias*
InPhysic.	*Commentaria in octo libros Physicorum Aristotelis*
InPost.	*Expositio libri Posteriorum*
QQ.DeAn.	*Quaestiones disputatae de anima*
Quodlibet	*Quaestiones de quolibet*
S. Th.	*Summae Theologiae*
SBDT	*Super Boethium De Trinitate*
SCG	*Summa Contra Gentiles*
SDC	*Super librum De Causis expositio*
Super Eph.	*Super Epistolam ad Ephesios lectura*
Super Gal.	*Super Epistolam ad Galatas lectura*
Super I Cor.	*Super primam Epistolam ad Corinthios lectura*
Super I Thes.	*Super primam Epistolam ad Thessalonicenses lectura*
Super I Tim.	*Super primam Epistolam ad Timotheum lectura*
Super II Cor.	*Super secundam Epistolam ad Corinthios lectura*
Super II Tim.	*Super secundam Epistolam ad Timotheum lectura*
Super Io.	*Super Evangelium S. Ioannis lectura*
Super Iob	*Expositio super Iob ad litteram*
Super Is.	*Expositio super Isaiam ad litteram*
Super Philip.	*Super Epistolam ad Philipenses lectura*
Super Ps. 1-51	*In psalmos Davidis expositio*
Super Rom.	*Super Epistolam ad Romanos lectura. Super Epistolas*
Super Tit.	*Super Epistolam ad Titum lectura*
SuperSent.	*Commentum in libros Sententiarum magistri Petri Lombardi*

*En el caso de las obras citadas según la *Edición Leonina*, se colocará al final de la cita el número de tomo respectivo (en caracteres romanos) y –a continuación– el número de página correspondiente al pasaje referido (en caracteres arábigos). Ej.: (X, 350).
*En el caso de las otras obras que aún no han sido publicadas dentro de la *Colección Leonina* (con excepción del *In Metaphysic.*), los textos han sido extraídos de la *Opera Omnia* publicada en el *Corpus Thomisticum* editado en línea por Enrique Alarcón. (Cfr. *S. Thomae de Aquino Opera Omnia*, recognovit ac instruxit Enrique Alarcón automato electrónico, Pompaelone ad Universitatis Studiorum Navarrensis aedes a MM A.D, http://www.corpusthomisticum.org/iopera.html).

Otras abreviaturas utilizadas

q.	*quaestio*
qc.	*quaestiuncula*
arg.	*argumentum*
ad	*responsio*
sc.	*sed contra*
co.	*corpus*
cap.	*caput*
d.	*distinctio*
a.	*articulus*
l.	*lectio*
lib.	*Liber*

Introducción

Al momento de iniciar la presente investigación no puede evitarse la tarea de definir, con sencillez, pero con absoluta precisión, el objetivo principal que se persigue. Lo que aquí se pretende es abordar la doctrina de la abstracción tal como ha sido tratada en la obra del teólogo medieval Tomás de Aquino. En rigor, se busca responder la siguiente pregunta: ¿qué es *la abstracción* según el Aquinate?

Ante ello podría objetarse rápidamente que dicho interrogante ha sido profusamente tratado y respondido a través de la labor de una amplia tradición de intérpretes y comentadores del pensamiento tomasiano, que tuvo su origen en emblemáticas figuras de la segunda escolástica, pero que se ha extendido a lo largo de los siglos hasta la actualidad. Sin embargo, una mirada atenta sobre esta verdadera *historia tomística de la abstracción* es capaz de mostrar que, por mucho que la pregunta haya sido abordada, aún no ha sido respondida de un modo satisfactorio. Si bien esta última afirmación puede sonar temeraria y hasta altanera, debe decirse que la misma se encuentra debidamente fundamentada, aunque su comprobación definitiva deberá esperar –forzosamente– hasta el final del trabajo.

Con todo, es posible adelantar aquí algunas ideas que permitan presentar, al menos, el derrotero investigativo que pretende seguirse, partiendo desde la respuesta a la más básica de las preguntas: ¿se justifica un nuevo estudio sobre la abstracción en Tomás? Parece que sí, y esto por dos motivos principales.

En primer lugar, debe notarse que todas las investigaciones contemporáneas cuyo objetivo consiste en desentrañar la naturaleza de la abstracción en la obra tomasiana han inscripto la problemática en un contexto estrictamente determinado: el estudio del "proceso constitutivo del conocimiento científico…" Si bien la fórmula le pertenece a Leo Elders (1974, p. 105), la misma resume el sentir de muchos otros autores. En efecto, por abstracción se entiende una operación intelectual, propia y específica del hombre, que tiene por meta final concebir un aspecto de la realidad separadamente de otro. Este proceso podría ser denominado –con todo derecho– *objetivación* ya que el aspecto captado en soledad por la inteligencia se constituye, por ese mismo acto, en su objeto cognitivo. Luego, como las ciencias, en tanto hábitos intelectuales, se diferencian entre sí a causa de sus diversos objetos, entonces, puede entenderse el rol preponderante que el acto abstractivo jugaría al momento de distinguirlas entre sí y unificarlas como un hábito. De este modo, la cuestión de la abstracción para el tomismo contemporáneo se circunscribe al ámbito de resolución del siguiente interrogante: ¿cuál es el método a través del cual el intelecto humano es capaz de formar el objeto del conocimiento universal y necesario partiendo de algo particular y contingente como lo es el ente material?[1]

Como se indicó, lo dicho encuentra un amplio consenso entre los comentadores contemporáneos, e incluso un fuerte antecedente hermenéutico en los escritos de quien ha sido considerado durante largo tiempo como el más importante comentador del pensamiento del Aquinate: Tomás de Vio Cayetano. En efecto, su doctrina de los grados de abstracción formal y su consideración acerca del *objectum ut objectum* han sido determinantes para constituir el panorama dentro del cual encuentran su sentido los desarrollos posteriores. Sin embargo, reconocer la existencia de este antecedente común no implica afirmar que exista algún tipo de unanimidad en la descripción del modo según el cual tal proceso abstractivo se lleva a cabo. Por el contrario, es posible verificar una multitud de opiniones encontradas con respecto a la naturaleza de esta operación intelectual: si se divide en total y formal, si diversifica ella sola las ciencias especulativas de un modo íntegro o solo algunas de ellas, si se complementa con una operación separativa o la subsume, etc. Y por más que todas estas propuestas convoquen en su favor múltiples y variados textos del Aquinate, ninguna parece capaz de dar cuenta completamente de la naturaleza de la abstracción.[2] Lógicamente, esto justificaría de por sí la necesidad de un nuevo estudio que se proponga zanjar definitivamente la cuestión.

Pero la segunda razón por la cual se impone –incluso como perentoria– la presente investigación es mucho más importante que la primera, y su descubrimiento es la clave que permite, justamente, vislumbrar un posible camino que logre resolver definitivamente el interrogante inicial. Ya se ha indicado que toda la tradición tomista –más allá de la existencia de numerosos matices– ha interpretado la abstracción desde una óptica más bien psicológica y que más adelante tomó ribetes claramente gnoseológicos: abstraer es un acto del intelecto humano ordenado a la formación del objeto cognoscitivo. De esta forma, toda vez que en las obras del Aquinate se habla de *abstraer* o de *abstracto*, los tomistas interpretan que se está haciendo referencia a una actividad del intelecto y a su producto, respectivamente.

Sin embargo, existen numerosos textos del Doctor Angélico en los cuales el simple uso que se hace de los términos impide interpretarlos bajo tales parámetros, so pena de caer irremediablemente en equívocos y contradicciones evidentes. Esto ocurre, por ejemplo, cuando afirma que los entes que estudia la matemática "no son abstractos de la materia según el ser" (*SBDT*, "*Expositio capituli secundi*", *L*, pp. *89–90)*, y que en esto son similares a los entes físicos. O cuando se refiere a los seres espirituales como aquellos que son formas simples abstractas de la materia (*DeSpirit.*, a. 8, co.). Estas expresiones no impiden que en otros pasajes llame a los entes matemáticos "según la abstracción" y "abstractos de la materia sensible", o a los seres espirituales "separados" de la materia. Lo que esto indica es que, sin lugar a dudas, el sentido según el cual son tomados los términos en cada uno de los casos detallados debe ser distinto y no puede subsumirse bajo una interpretación demasiado estrecha: de otro modo es imposible evitar la caída en importantes confusiones.

Pero es justamente esto último lo que parece caracterizar a la totalidad de los estudios realizados hasta el momento sobre la abstracción, y los efectos de su particular lectura se destacan en la dificultad que muestran para abordar, completa y coherentemente, estos usos del término *abstracción* y sus derivados en la obra de Tomás de Aquino. En la mayoría de los casos, este tipo de pasajes son completamente ignorados. Pero, en otros, el afán de lograr una síntesis exhaustiva ha llevado a sus autores o bien a forzar el sentido de los textos de manera absolutamente injustificada, o bien a conceder que el uso de los términos por parte de Tomás se torna, por momentos, indiscriminado.[3]

Lógicamente, ninguna de las alternativas propuestas hasta aquí parece correcta. En primer lugar, no cabe la posibilidad de intentar responder acertadamente a la pregunta por la naturaleza de la abstracción en Tomás de Aquino ignorando, a la vez, la existencia de numerosos textos donde el término no puede designar un proceso intelectual. En segundo lugar, tampoco puede solucionarse la cuestión declarando apriorísticamente que existen lugares donde el uso del término es estricto y otros donde es laxo. Tal propuesta implicaría conocer de antemano la respuesta a la pregunta que se intenta resolver –o, al menos, una parte significativa de la misma– cayendo irremediablemente en una falacia de circularidad. Finalmente, tampoco es factible forzar los textos problemáticos para adaptarlos a una interpretación compatible con el preconcepto que se intenta defender. Mucho menos cuando tal violencia hermenéutica implica transgredir o desconocer las propias leyes lógicas e, incluso, las gramaticales. En este sentido, parece lógico concluir que muchas de las controversias acaecidas en los últimos cien años han tenido su origen, justamente, en el intento por interpretar toda referencia a la abstracción exclusivamente desde el punto de vista de la actividad intelectual.

De este modo, si la multiplicidad de posturas entre los especialistas ya constituía un motivo suficiente para justificar una nueva investigación sobre la *abstractio*, la verificación de la existencia de pasajes relegados o distorsionados por la lectura tomista reclama aún más la búsqueda de una respuesta a la pregunta formulada desde el comienzo: ¿qué es la abstracción según Tomás de Aquino? A la vez, este descubrimiento permite también avanzar hacia la determinación de las causas del estado de confusión en el que se encuentran los estudios actuales sobre el asunto y, consecuentemente, anticipa cuál es el único camino que esta investigación debería emprender para superarlo.

Con relación a lo primero, debe decirse que la aporía en la que han caído los estudios anteriores ha sido generada por partir desde una idea predeterminada de lo que es la abstracción. Esto supone la existencia de un paradigma que afecta la comprensión tradicional y que es causa de las distorsiones hermenéuticas denunciadas. En otras palabras, la multitud de trabajos que ya han intentado abordar la pregunta referida a la naturaleza de la abstracción se encuentran determinados fundamentalmente por el contexto dentro del cual se formulan. Tal situación imprime una dirección ineludible a toda la indagación posterior la cual conduce –fatalmente– al desarrollo de doctrinas y respuestas que se muestran contradictorias o, al menos, incompletas. En el fondo, el problema no ha sido preguntar por lo que la *abstracción* significa *per se* sino inquirir por el rol que esta cumple en el proceso cognitivo humano y las características que se desprenden de ello, dando por hecho que se refiere siempre a una operación intelectual. En esto parecería corroborarse, de alguna manera, la célebre admonición heideggeriana: "Todo preguntar es un buscar. Todo buscar tiene su dirección previa que le viene de lo buscado" (Heidegger, 1991, §2). En el presente caso, la pesquisa orientada hacia la obtención de una respuesta al problema moderno de la certeza del conocimiento humano y de su hábito superior (la ciencia especulativa) sería la que dirige y determina, de antemano, qué es lo que se admitirá como definición de la naturaleza estricta de la *abstracción* o qué es lo que se busca cuando se pregunta por ella.

En este sentido, lo que se verifica en los diferentes análisis que los tomistas –tanto clásicos como contemporáneos– han realizado en torno a la abstracción no sería más que la historia de una distorsión hermenéutica. Y esta sería, en última instancia, la razón por la cual muchas de las referencias que Tomás de Aquino hace en sus obras al término *abstracción* resultan ambiguas para la contemporaneidad. En otras palabras, resulta claro que el sentido otorgado por el Aquinate al término, difiere del desarrollado por la tradición de sus comentadores toda vez que estos últimos lo han interpretado bajo una óptica que no parece ser del todo compatible con el horizonte hermenéutico en el cual se halla inserto el Doctor Angélico. Ante este panorama, la pregunta por la naturaleza de la abstracción según la *mens* tomasiana permanece aún sin respuesta.

Pero, atendiendo al segundo punto que se pone de manifiesto mediante el análisis de los estudios acerca de la abstracción, resulta necesario establecer que el único camino para encontrar un resultado satisfactorio que permita dar cuenta de la cuestión deberá ser aquel que considere todos los textos donde Tomás se refiere a la abstracción, despojándose de los preconceptos y problemas con los que la tradición se ha aproximado a ellos. Se trata de realizar una tarea original y novedosa que, si no ha sido emprendida antes (al menos no de un modo completo), no puede afirmarse que se deba a un error o negligencia de los tomistas, sino que es más bien una consecuencia del paradigma denunciado, que se encuentra plenamente vigente.

Así, frente al panorama descrito, este libro tiene la posibilidad de constituirse como auténtica *tierra nueva* dentro de los estudios tomistas, pero solo lo logrará si es capaz de brindar una teoría completa de la abstracción o, al menos, una fuerte contribución que implique el impulso fundamental hacia un nuevo modo de tratar el asunto. Para ello será necesario sortear el ámbito gnoseológico que ha causado, como se vio, tantos equívocos. Por este motivo no se intentará aquí dar solución a los problemas particulares y específicos que encierran cada una de las propuestas de los comentaristas, ya que hacer esto implicaría meterse de lleno en el laberinto denunciado. En cambio, lo que se busca es trascender este plano y hallar la única salida posible del mismo: por arriba.[4] Por tanto, resulta necesario interrogar directamente los textos del Aquinate para determinar, ante todo, cuál es el problema que él mismo intentó resolver al utilizar el término.

Una vía que permite aproximarse a la dilucidación de este problema es la determinación del sujeto de la abstracción. Con esto me refiero, fundamentalmente, a la constatación del hecho de que *abstracción* es un sustantivo de origen verbal que –como tal– designa una operación que debe poseer algún tipo de sujeto. Lógicamente, si fuese posible determinar en cada caso cuál es este sujeto, entonces ya se tendría gran parte del problema solucionado, en tanto resultaría absurdo pretender que *abstrahere* indique la operación objetivante del intelecto si el sujeto del verbo no lo conforma este último, por ejemplo. Pero el punto interesante aquí consiste en preguntarse lo siguiente: si *abstrahere* no significa siempre una operación intelectual ¿qué significa en estos otros casos? ¿Significa algo unívoco o incluye a su vez más de un sentido? Luego, podría indagarse también cuál sería la relación entre este último sentido (o sentidos) y aquel que sí designa las operaciones intelectuales.

En vistas de las preguntas formuladas y asumiendo como hipótesis metodológica que el término *abstracción* –junto con sus derivados– es utilizado por Tomás de Aquino de múltiples maneras pero sin caer en ambigüedades, se justifica realizar la búsqueda de todos y cada uno de los pasajes pertenecientes a las obras tomasianas donde se verifique el uso del término *abstracción* o de alguno de sus derivados. El objetivo perseguido mediante esta tarea sería el de determinar en cada caso cuál sería el sujeto al que se refiere la misma atendiendo también a la doble naturaleza –transitiva e intransitiva– de la forma verbal. Como se verá, este procedimiento permitió obtener una clasificación altamente exhaustiva y descubrir un sentido bajo el cual se toma el término abstracción en numerosos pasajes muy relevantes referidos a los objetos y hábitos científicos. La particularidad de este último consiste en que su sujeto, lejos de identificarse con la inteligencia humana, lo constituye la propia esencia de las cosas. De esta manera, tal sentido –que se denominará *per se* o absoluto– se caracteriza por circunscribirse en el ámbito de la composición intrínseca de los entes. Con todo, lo más sugestivo del caso es que el mismo ha sido completamente ignorado en la práctica por los comentadores tradicionales; y esto se debe, precisamente, a que el propio prejuicio gnoseológico o epistemológico impide que puedan trascenderse los límites del acto cognitivo humano: como se indicó más arriba, el tipo de pregunta determina las posibilidades de la respuesta.

En razón de esto último, resulta necesario y relevante desde el punto de vista metodológico consignar en este trabajo la realización de una tarea previa consistente en el despeje hermenéutico con respecto a los estudios efectuados por la tradición. Esto implica demostrar claramente, aunque en forma sintética, el modo en que todos ellos –más allá de las particularidades que los caracterizan– se encuentran fundamentalmente orientados hacia una cuestión central que, por ser extraña al horizonte tomasiano, los desvía a la vez de cualquier otra posible dirección o sentido pretendido por el Aquinate. Como es precisamente este equívoco el que impide que se pueda tomar a los mismos como medios válidos para acceder a la lectura de los textos del Aquinate (al menos en este asunto), la lógica obliga a que esta exposición sea desarrollada en primer lugar, destinándose para ello los capítulos 1 y 2.

Así, una vez aclarados estos puntos y determinados los diversos sentidos bajo los cuales considera la abstracción en la obra de Tomás de Aquino en el tercer capítulo, los últimos tres capítulos de este trabajo estarán destinados a profundizar en las particularidades del sentido *per se* o absoluto indicado más arriba. Específicamente, la preocupación allí consistirá en determinar cuál es el rol que la abstracción juega en la composición de ciertos entes cuando ella se predica de sus esencias, y cuáles son las consecuencias que esto implica para la determinación y fundamentación del conocimiento de las mismas.

Por tales motivos, el aporte de esta investigación al campo de los estudios tomísticos consiste en iniciar un fuerte cambio en el enfoque que ha caracterizado las explicaciones acerca de la *abstracción* y de otros temas que se relacionan con ella. Y el mismo no se limita únicamente a brindar el análisis completo de todos los casos de utilización del término ni a determinar la existencia de una multiplicidad de sentidos. Lo anterior es solo el medio que permite alcanzar las conclusiones más relevantes que, se espera, queden demostradas a lo largo del trabajo:

a) La *abstractio* designa fundamentalmente para el Angélico una prerrogativa de las esencias de las cosas, que indica su distinción con respecto a todo aquello que no le pertenece específicamente. Frente a ello, las distinciones intelectuales –ya sean según la primera o la segunda operación– son completamente dependientes. En otras palabras, si *abstrahere non est mendacium* es porque la operación distintiva intelectual solo reconoce una separación que ya se encuentra en la realidad, aunque no siempre en forma completamente actual o existencial.
b) Los inconvenientes de las interpretaciones tradicionales y contemporáneas acerca de la *abstracción* no se limitan simplemente a haber desconocido la existencia de algún sentido adicional del término, sino que se basan en que sus planteos se circunscriben en un contexto muy diferente al que constituye el horizonte hermenéutico de Tomás de Aquino. Por este motivo, por más que en reiteradas ocasiones *abstracción* señale en los textos del Angélico un tipo de operación intelectual humana, las características que atribuye a la misma no coinciden con lo que los comentadores han pretendido interpretar. Más aún, son las propias exigencias del paradigma dentro del cual se circunscriben estos últimos las que han bloqueado la posibilidad de una correcta lectura del significado del término.

Notas

1. Como ejemplos de dos formulaciones diferentes de este problema, cfr. Maritain, 1978, pp. 53–63; y Pasnau, 2007, pp. 39–43.
2. Cfr. Burgoa, 1999, p. 216: "… dentro del aristotelismo tomista se carece todavía de una síntesis doctrinal completa, coherente y unánimemente aceptada sobre el tema del conocimiento abstracto. Ello se echa de ver especialmente a raíz de las discusiones habidas sobre el tema en los últimos sesenta años".
3. Así lo manifiesta, por ejemplo, Burgoa, 1999, p. 247.
4. " 'Señor –le dije–, clavo la rodilla y la frente,/ Pero, ¿cómo salir de la noche doliente?'/ Y respondió:/ 'En su noche toda mañana estriba:/ De todo laberinto se sale por arriba' " (Marechal, 1936, p. 48).

Referencias

Aquinatis, T. (1992). Super Boethium De Trinitate *Opera omnia iussu Leonis XIII P. M. edita* (Vol. 50, pp. 1–230). Roma-Paris: Commissio Leonina-Éditions Du Cerf.

Aquinatis, T. (2000). Quaestio disputata de spiritualibus creaturis. In J. COS (Ed.), *Opera omnia iussu Leonis XIII P. M. edita* (Vol. 24/2). Roma-Paris: Commissio Leonina-Éditions Du Cerf.

Burgoa, L. V. (1999). ¿Abstracción formal o separación? Desde Tomás de Aquino a Cayetano. *Estudios Filosóficos, 138*, 211–256.

Elders, L. (1974). *Faith and science: an introduction to St. Thomas' Expositio in Boethii De Trinitate.* Roma: Herder.

Heidegger, M. (1991). *Ser y Tiempo* (J. Gaos, Trans.). Buenos Aires: Fondo de Cultura Económica.

Marechal, L. (1936). *Laberinto de amor.* Buenos Aires: Sur.

Maritain, J. (1978). *Los grados del saber. Distinguir para unir.* Buenos Aires: Club de Lectores.

Pasnau, R. (2007). Abstract Truth in Thomas Aquinas. In H. Lagerlund (Ed.), *Representation and Objects of Thought in Medieval Philosophy* (pp. 33–61). Aldershot-Burlington (England-USA): Ashgate.

1

El problema de la abstracción en el universo tomista

Consideraciones preliminares

Como se explicó en la introducción de este trabajo, la abstracción ha sido un tema abordado con enorme frecuencia por parte de la tradición tomista, y con mayor particularidad a lo largo del siglo XX. Con todo, el tratamiento siempre se ha dado dentro de un mismo contexto, buscando en la abstracción la respuesta para una problemática determinada.

Por este motivo, si todo intento por retomar el asunto debería –de antemano– demostrar que hay algo nuevo que decir al respecto, el objetivo de este capítulo consiste en exponer que lo dicho hasta aquí no basta para explicar aquello que Tomás quiso significar cuando habló de abstracción. La hipótesis de trabajo puede resumirse así: el contexto que ha caracterizado la pregunta por la abstracción ha ocultado la verdadera naturaleza de la doctrina presentada por Tomás.

Debo decir que la comprobación de tal hipótesis solo se alcanzará hacia el final del siguiente capítulo. Para poder llegar a ello es necesario sintetizar el tratamiento que se ha hecho de la abstracción en los desarrollos doctrinales elaborados por los comentadores –tanto clásicos como actuales– de la obra de Tomás. Lo cual implica, a su vez, presentar –aunque sea brevemente– el contexto dentro del cual tales desarrollos se han visto enmarcados, ya que este parece darse por supuesto y no se discute ni explicita.

De esta manera, se plantean dos grandes etapas que deben ser cumplidas en este capítulo. La primera de ellas será la más general y consistirá en la explicación del universo más general dentro del cual se han desarrollado los principales estudios, la cual servirá como una introducción a la problemática. La segunda, abordará de un modo más analítico las propuestas de estos mismos estudios. Finalmente, estos dos pasos darán lugar a un tercero (presente en el capítulo siguiente) donde se intentará cotejar la correspondencia entre estas afirmaciones y lo que el propio Tomás parece indicar en algunos textos que han sido considerados particularmente como fuentes principales de su doctrina.

Debe notarse que, al menos en la primera parte de esta indagación, algunas de las afirmaciones y posturas se expresan de un modo escolar y casi manualístico. Esto se explica por un motivo metodológico. El mismo consiste en que aquí no se intenta confrontar principalmente contra una postura particular acerca de la abstracción, sino contra un espíritu o cosmovisión que se ha asumido de un modo acrítico en todos los casos y que determina –de algún modo– la interpretación que se ha hecho de los textos tomasianos sobre la abstracción. Por ello, antes de poder analizar con cierto detalle y precisión las diversas propuestas de los autores que más se han destacado en este campo, es necesario introducirse progresivamente en el universo que otorga sentido a esos mismos desarrollos, en tanto se configuran como posibles respuestas a un problema comprensible solo desde una óptica determinada.

Desde otro punto de vista también se puede apreciar la conveniencia de este modo de proceder. En efecto, y debido a la amplitud, magnitud y multiplicidad de los estudios existentes acerca de la abstracción en la obra tomasiana, un intento por resumir –sin más– cada uno de ellos en una síntesis unitaria traspasaría los límites lógicos de un libro sin aportar un resultado esclarecedor. Pero si se muestra que, por muy variado que sea el panorama, las principales exposiciones y desarrollos doctrinales que han aparecido a lo largo de tantos siglos interpretan la noción y naturaleza de la abstracción dentro de un contexto común que obliga a enfocar el tema desde una óptica ajena al pensamiento del Aquinate, entonces es posible constatar –en una cantidad mucho menor de páginas– que ninguna de ellas podría ser capaz de responder con total propiedad a la pregunta por la naturaleza de la abstracción. En otras palabras, por más que se verifiquen profundas diferencias entre los estudiosos más importantes –tanto clásicos como modernos– el hecho de que todos ellos intenten solucionar el mismo problema permite encontrar algunas generalidades que funcionan como denominador común e hilo conductor para la presentación sintética de sus posiciones. En el fondo, en ellos reina una misma concepción fundamental acerca de la abstracción tomasiana y solo el despliegue ordenado de sus propuestas es capaz de ponerla de manifiesto.

Con todo, una exposición de la naturaleza descrita no bastaría para justificar lo que se pretende, esto es: la necesidad de una nueva investigación acerca de la abstracción en Tomás de Aquino. Por ello, luego de explicar cuál sea este contexto común a las diversas interpretaciones y qué es lo que cada una de ellas aportan dentro del mismo, será necesario constatar efectivamente si toda la temática desarrollada por la tradición tomista –desde su particular óptica– ha sido capaz de abordar adecuadamente el sentido otorgado por el Aquinate a la abstracción en el todo de su obra. O, lo que es lo mismo, establecer si para el Angélico la doctrina de la abstracción puede leerse dentro del universo doctrinal explicado por los tomistas o posee un sentido que trasciende este ámbito. Para ello bastará con una breve revisión de algunos textos de Tomás que –con particular frecuencia– han sido citados anteriormente en los estudios de esta naturaleza.

El contexto tomístico de la abstracción

La abstracción como proceso intelectual

Comenzando a desandar el camino por el lado de las generalidades, debe decirse que hablar de abstracción en Tomás de Aquino ha implicado en todo momento la referencia a una operación intelectual o un proceso cognoscitivo. Se trata del acto a través del cual se capta intelectualmente una cosa separadamente de otra. Así ha sido interpretado por la tradición filosófica en general, tal como lo evidencia Ferrater Mora (1964, p. 35): "la abstracción es un modo de pensar mediante el cual separamos conceptualmente algo de algo". Este significado se asocia en general con los pensadores medievales ya que en ellos esta doctrina parece haber encontrado su desarrollo más importante. Magnavacca (2005, p. 35) declara que esta idea acerca de la abstracción se encuentra particularmente presente en los autores medievales "... que siguieron una posición no solo gnoseológica, sino también metafísica de corte aristotélico". Por ende, es algo común en aquellos "... que sostienen un realismo o un nominalismo moderados". Dentro del segundo caso, la figura destacada sería la de Guillermo de Ockham, mientras que en el primero cobra relevancia la obra de Tomás de Aquino.

Así, hacia el interior de la órbita de los estudios tomísticos, las definiciones de la abstracción se encuentran en esta misma línea. Mondin afirma que "[abstracción] designa una de las principales actividades del intelecto, por la cual obtiene la idea universal, derivándola de los datos particulares que le vienen proporcionados por la imaginación" (1991, p. 66). Se trata, entonces, de un modo de explicar el proceso cognitivo humano opuesto a la iluminación, la cual constituyó la doctrina corriente en este campo hasta el inicio del siglo XIII. Anderson, por su parte, explica la abstracción en sentido amplio como "el acto mental de obtener el universal desde el sensible particular" (1972, p. 234). En otras palabras, el intelecto humano, que por su condición de encarnado tiene a las cosas materiales como objeto propio (Connolly, 1953, p. 72), requiere una habilidad especial "para volver las características comunes de las cosas individuales realmente inteligibles..." (Sayre & Bobik, 1963, p. 35): esta es la misión que tiene a su cargo la abstracción.

Son numerosos los autores que reconocen el peso del significado etimológico del término en orden a desentrañar su auténtico sentido en el lenguaje filosófico. Así, como señala García López "... según su primera significación, la abstracción se refiere a la acción física o transitiva de separar o sacar una cosa de otra..." (1975, p. 207), para lo cual se basa en lo afirmado por Santiago Ramírez en una célebre serie de artículos.[1] Allí el filósofo español declara que, de acuerdo con la noción nominal –"a partir de lo que es impuesto el nombre" (Ramírez, 1970, p. 68)–, abstracción designa la acción física de sacar una cosa de otra, como el agua del pozo. Pero desde una óptica exclusivamente filosófica, denomina aquel acto intelectual señalado con anterioridad: "*trahere aliquid ab aliquo*, separar un contenido de otros a los que se encuentra unido para que lo considere aisladamente".[2] Así, puede afirmarse como elemento nocional común que esto es lo que tradicionalmente se ha entendido por abstracción en el campo de los estudios tomísticos, más allá de la existencia de múltiples diferencias y polémicas.[3] A su vez, también existe un fuerte consenso con respecto a la presencia de la intelección aristotélica como antecedente de esta doctrina tomasiana. En efecto, según lo afirmado por autores de la talla de Blanche, Philippe, Mansion y Elders, Aristóteles postuló la existencia de una operación intelectual especial denominada *aphairesis* que consistía en la captación del ente matemático mediante un acto de separación desde la materia sensible (Elders, 1974, p. 99). En este sentido, indicaría una acción contraria a la empeiría o experiencia en la que no hay desprendimiento de lo sensible (Philippe, 1948, pp. 462–465). Según Blanche (1923), Tomás de Aquino habría tomado esta operación aristotélica, pero habría extendido su ámbito de acción más allá del propio de la ciencia matemática para abarcar también a la física. De este modo la doctrina tomasiana implicaría en este, como en otros aspectos, una profundización del camino filosófico abierto por el Estagirita (García Chiarello, 1997, p. 85).[4]

En tanto se identifica la abstracción con una operación cognoscitiva humana, es natural que se la asocie al proceso intelectual de formación de conceptos (Horgan, 1939, p. 164.) a partir de la imagen sensible representada por el fantasma, una operación que –como se dijo– correspondería con exclusividad al intelecto del hombre (Burgoa, 1963b, p. 44). Sin embargo, también es posible hallar en algunas oportunidades el empleo del término abstracción para referirse al conocimiento sensible ya que en él también se daría una cierta captación de una cosa dejando de lado otra, como cuando se capta el color rojo de la manzana sin captar su aroma. Nuevamente, es Ramírez (1970, pp. 68–70) uno de los principales referentes que traen a cuento este sentido particular de la operación[5] aunque, como advierte Núñez Pliego (2008, p. 23), tal denominación debe aceptarse solo de un modo limitado ya que el conocimiento sensible carece de algo que es central en el intelectual: la universalización.[6] Por ello, la mayoría de los estudios se caracterizan por abordar la abstracción en el marco de la que sería su dimensión específica: el conocimiento intelectivo.

Abstracción del agente y abstracción del paciente

Ahora bien, dentro de este ámbito más específico, existe otra idea presente explícitamente en los textos de algunos de los especialistas que previamente han dedicado estudios a este tema: la distinción de dicha operación según que la misma sea realizada por el intelecto agente o el pasivo. Si bien no se conocen pasajes en los cuales Tomás establezca claramente una división tal,[7] ciertos autores piensan que la misma tiene suficiente fundamento a partir de lo afirmado indirectamente por el Aquinate[8] y de lo interpretado en sus obras por el más célebre de sus comentadores: Tomás de Vio Cardenal Cayetano.[9] De acuerdo con esta clasificación, existiría una operación abstractiva del intelecto agente, que es denominada "abstracción aprehensiva o productiva", y una del intelecto pasivo que es denominada "formativa" (Pascual, 2003, p. 73, nota 46) o considerativa.[10]

En ambos casos se trata de pasos o momentos de un mismo proceso de formación conceptual a partir de la captación de lo sensible, aunque presentan profundas diferencias entre sí. El primero de ellos, atribuido a la labor del intelecto agente, consiste en una acción desmaterializante (Dondeyne, 1938a, p. 16; Ferrari, 1961, p. 75) o una precisión (Cunningham, 1958, p. 252; García Alonso, 1984, p. 105) sobre los fantasmas de la imaginación mediante la cual el ente sensible –que es inteligible solo en potencia– deviene inteligible en acto (Núñez Pliego, 2008, pp. 24 y 45). Se trata de una auténtica "iluminación del fantasma"

(Ramírez, 1970, p. 70) a través de la cual se abandona el territorio de lo sensible y concreto para pasar al de lo inteligible y universal.[11]

Por su parte, la abstracción del pasivo es una consecuencia de la primera operación (Ramírez, 1970, p. 72; Cromp, 1980a, p. 186) y consistiría en una "penetración gradual" (García Alonso, 1984, p. 105) realizada por el intelecto en la concepción ya formada por el agente.[12] Como explica Ramírez, la abstracción del pasivo consiste en una "percepción de la quididad o la forma según sí misma, negando o no percibiendo las condiciones individuantes".[13] Esto es lo que Cayetano caracterizaba como un despojo de la cosa abstraída efectuado por el pasivo "mediante una negación de la atención o la consideración".[14] Un punto importante a tener en cuenta aquí es que, de acuerdo con esta posición, este es el paso o momento propiamente cognoscitivo de todo el proceso abstractivo. En efecto,

> … si la abstracción [entendida] psicológicamente[15] se asume como una cognición, la abstracción debe ser formalmente atribuida a lo que formalmente conoce. Ahora bien, es el intelecto posible el que formalmente conoce y no el intelecto agente que sólo hace que el intelecto posible conozca. Por lo que la abstracción debe ser atribuida formalmente sólo al intelecto pasivo… (Ramírez, 1970, p. 72)[16]

Así, sería posible establecer una precisión adicional con respecto al concepto de abstracción. Si ya se había dicho que el mismo pertenecía específicamente a nuestro conocimiento en su dimensión intelectiva, ahora puede agregarse con mayor rigor que, dentro de las operaciones del intelecto, su lugar más propio sería el intelecto pasivo en donde se consuma el proceso cognitivo humano. Y aunque solo un puñado de autores se exprese abiertamente acerca de esta distinción, es posible afirmar que la misma constituye un trasfondo necesario para la comprensión que la gran mayoría de los estudios manifiesta acerca de la abstracción.

La abstracción del intelecto pasivo: conocimiento y objeto

Ya desde el comienzo del presente capítulo se dejó en claro que, para la tradición tomista en conjunto, la abstracción señala un acto cognoscitivo propiamente humano mediante el cual se alcanza la captación de lo inteligible partiendo de lo sensible. Se trata entonces del modo de solucionar el problema planteado por la inadecuación de aquellas cosas que constituyen el ámbito propio dentro del cual el intelecto humano –al menos en su *status viae*– debe perfeccionarse. En efecto, se parte de que los entes materiales no son inteligibles en acto y por ende, para ser conocidos, deben ser trabajados por el propio intelecto para adecuarse a su naturaleza espiritual. En otras palabras, el objeto propio del conocimiento humano no sería algo completamente dado sino que, en algún sentido, debería ser hecho *per abstractionem*.

De esta manera, la doctrina de la abstracción constituye el modo canónico según el cual se ha intentado dar respuesta desde el tomismo a un problema muy antiguo: ¿cómo conoce el hombre? Ahora bien, este problema, expuesto en el contexto de tal tradición, adquiere la formulación indicada más arriba: ¿cómo pueden captarse intelectualmente objetos universales y necesarios a partir de los individuos materiales y contingentes sin faltar a la verdad? Y si bien las derivaciones y particularidades de esta propuesta –en especial frente a otros planteos como el idealismo o el empirismo– son por demás interesantes, lo que interesa específicamente aquí es centrarse en uno de los aspectos de dicho procedimiento que ha sido intensamente tratado por los tomistas: me refiero al rol de la abstracción como causa de la formación y la multiplicidad de los objetos cognoscitivos.

En efecto, es posible verificar un fuerte consenso entre los comentadores de Tomás acerca de la capacidad del intelecto para captar diversos objetos en razón de distintos mecanismos o estrategias cognoscitivas aplicadas sobre la especie inteligible presentada por el intelecto agente. De este modo se explica para ellos la posibilidad de que se puedan conocer diversos objetos incluso partiendo desde un mismo ente material y concreto. Por caso, a partir de la percepción sensible de un ente viviente como un perro, yo puedo conocer que es un ente físico y, por ende, que está sometido al movimiento. Pero también puedo analizarlo desde el punto de vista matemático y extraer del mismo caracteres cuantificables como su peso o medida. O incluso referirme a él simplemente como algo que existe, dejando de lado las particularidades que lo hacen ser tal o cual ente determinado. Cada uno de estos aspectos se constituye como un objeto particular, y esto en función de una operación abstractiva distinta realizada por el intelecto.

En otras palabras, la posibilidad humana de poseer conocimientos de diversos órdenes estaría íntimamente vinculada con la capacidad del intelecto de aplicar procedimientos abstractivos diversos sobre la especie recibida para formar objetos múltiples. Esto implica exigir un rol activo u operativo de parte del intelecto que va más allá de la labor desmaterializante o iluminativa que unánimemente se le atribuye al agente. Es aquí donde cobra sentido lo afirmado unas líneas más atrás: aunque la distinción entre abstracción del agente y del paciente haya sido trabajada solo por algunos autores, la misma se vuelve necesaria toda vez que la diversidad de operaciones abstractivas que se postulan desde el tomismo trascienden el ámbito restringido del intelecto agente.[17]

La abstracción y su rol en la división de las ciencias especulativas

Una vez analizada la importancia asignada por la tradición a la operación abstractiva en la captación del objeto cognitivo, y vista la posibilidad de que diversos modos de dicha operación sean capaces de explicar la existencia de múltiples objetos inteligibles, es fácil deducir la trascendencia que este proceso tendrá también en la determinación de la forma más elevada y perfecta del conocimiento humano: la ciencia especulativa. En efecto, Tomás repite en varios pasajes que la ciencia, como todo hábito, se determina y diferencia de otros hábitos en razón de su objeto.[18] De este modo, si se admite que la diferencia y multiplicidad de géneros de objetos es determinada por los modos de abstracción del intelecto pasivo, entonces es lógico concluir que serán también estos modos los responsables de determinar con propiedad la naturaleza y el campo de estudio de cada ciencia especulativa.[19]

Ahora bien, más allá de que existe –como se dijo– un consenso amplio referido a la presencia de múltiples operaciones abstractivas dentro del intelecto pasivo, con todo, no puede hallarse un acuerdo tal con respecto a los nombres de tales operaciones, sus procedimientos y sus productos respectivos. Ciertamente, estas diferencias de criterio son las que han causado y alimentado en forma notable las discusiones sobre la abstracción a lo largo del último siglo, convirtiéndolo en uno de los temas más estudiados dentro del pensamiento tomasiano.

Sin dudas, estas polémicas deben ser consideradas y sintetizadas en un trabajo de esta naturaleza, que pretende justamente responder la pregunta por el significado de la abstracción según el Aquinate. Pero, como se dijo en un comienzo, es innecesario explicar al detalle cada uno de los argumentos esgrimidos por los diversos intérpretes en esta materia y las contradicciones que entre ellos se generan. Por el contrario, lo que se intentará es realizar esta síntesis bajo la guía de un principio rector: ver de qué modo cada una de estas propuestas constituye un intento por resolver el problema que implica explicar cómo el intelecto humano es capaz de captar diversos objetos inteligibles a partir de lo sensible.

Los primeros comentadores y la doctrina tradicional de la abstracción

Es ampliamente aceptado por la propia tradición tomista que la primera síntesis especulativamente relevante orientada a resolver este problema corresponde al ya citado Tomás de Vio Cayetano. En su comentario al *De ente et essentia*, el Cardenal aborda una cuestión que, al menos en su formulación estricta, es ajena a la mente del Aquinate: ¿de qué modo puede decirse que el ente es lo primero que cae en la consideración del intelecto? Ciertamente, en la misma pregunta puede reconocerse la huella del Doctor Común que, en varios pasajes, atribuye al ente la prioridad en el acto intelectivo.[20] Pero, más adelante, este principio fue puesto en entredicho por el célebre teólogo Juan Duns Escoto y por algunos de sus seguidores, como Antonio Trombetta. En efecto, el Doctor Sutil había argüido que el ente no es lo primero conocido por nuestro intelecto, aduciendo tres argumentos.[21] Uno de estos apuntaba que, de ser cierta la postura tomasiana, la metafísica –ciencia que estudia el ente en cuanto ente– sería la primera en el orden del conocer, cosa a todas luces falsa (*In de Ente et Essentia*, p. 221).

Ante esto, Cayetano intenta defender la doctrina del Angélico aduciendo que "el ente puede coronar el acto del intelecto de un triple modo" (*In de Ente et Essentia*, p. 221): según la abstracción total (*abstractio totalis*), según la abstracción formal (*abstractio formalis*) y según una abstracción neutra (*ut neutram*). A los efectos de solucionar la cuestión, Cayetano declara que es según este tercer modo que el ente es lo primero conocido por nuestro intelecto: del modo que el intelecto capta la quididad del ente concreto sensible a partir de los fantasmas presentados por la imaginación (*In de Ente et Essentia*, p. 222).

Pero el de Gaeta no se limita simplemente a explicar esto, sino que también determina con claridad cuáles serían los otros modos de captar el ente a través de nuestro intelecto. Así, en adición al modo ya detallado, establece que puede darse una doble abstracción en tanto se atiende a una doble composición en la cosa: la composición de materia y forma, y la composición del todo y las partes. Existe, entonces, una abstracción del intelecto por la cual este abstrae "lo formal de lo material" y otra por la cual abstrae "el todo universal de sus partes subjetivas". Como es posible que no se entienda con claridad a qué se refiera cada una de ellas a partir de sus nombres, es necesario aquí referirse a los ejemplos aportados por el propio autor. A través de la primera abstracción (la formal) el intelecto es capaz de abstraer la cantidad de la materia sensible, y, mediante la segunda (total) es capaz de abstraer el género animal del león (*In de Ente et Essentia*, pp. 221-222).

A renglón seguido, Cayetano pasa a enumerar y explicar cuatro aspectos según los cuales las abstracciones total y formal se diferencian, y que sirven de ayuda para profundizar más en su naturaleza.

La primera distinción entre ellas consiste en aquello que es conservado en cada una. En el caso de la formal son conservados los conceptos completos de ambas cosas, lo que es abstraído y aquello desde lo que se hace la abstracción, lo formal y lo material. Pero en la abstracción total "no permanece el concepto completo de ambas cosas [...] sino solo uno de ellos, a saber, el que es abstraído".

De acuerdo con los ejemplos utilizados anteriormente, en el caso de la abstracción formal se conservan tanto el concepto de una cantidad determinada como el concepto de materia sensible, ya que uno no está incluido en el otro. Pero en el caso de la abstracción total solo se conserva el concepto de animal y no el de aquello que pertenece al león en cuanto león.[22] Esto es, en el caso de la abstracción total, se considera una parte de la razón de algo separado de otra. En cambio, en la abstracción formal se consideran dos razones diversas.

El segundo modo según el cual ambas abstracciones difieren corresponde a la perfección de su producto. En el caso de la abstracción formal, "se alcanza en aquello que es abstraído actualidad, distinción, e inteligibilidad", pero en el caso de la abstracción total "se obtiene en aquello que es abstraído potencialidad, confusión y menor inteligibilidad".

El tercer modo según el cual difieren corresponde a la evidencia del producto de la abstracción. Así, según la abstracción formal, mientras más abstracto es un concepto, más evidente es según su naturaleza. En cambio, según la abstracción total, mientras más abstracto es un concepto, más evidente es para nosotros, pero menos evidente por naturaleza. La causa de esto queda explicada en parte por la diferencia anterior: la abstracción formal produce actualidad en lo conocido, pero la total produce potencialidad.[23]

Finalmente, la cuarta diferencia tiene que ver con la relación entre cada tipo de abstracción y las ciencias especulativas. En este sentido, declara que la abstracción total es común a todas las ciencias, mientras que la abstracción formal se relaciona con la diversidad de ciencias especulativas (física, matemática y metafísica) como la causa con respecto al efecto. Esto es, "a causa de los diversos modos de abstracción formal son diversificadas las ciencias especulativas". Y la razón de esto consiste en que el producto de la abstracción total es un mero concepto lógico. En cambio, el proceso de la abstracción formal consiste en la captación de lo que es lo propio y específico del ente, separadamente de aquello que no es lo propio y específico. Al realizar tal acto se obtiene como producto una noción especulable, y, de acuerdo con una diversa gradación en este proceso de captación, la inteligencia obtiene tres órdenes de especulables distintos. Es de este modo que el ente se configura como objeto de la ciencia metafísica, pero solo en el tercer grado de abstracción.

Para sintetizar esta distinción, puede decirse que la abstracción total corresponde a la captación separada de un todo que es simplemente lógico (un género) a partir de sus partes subjetivas (las especies) y de este modo nuestro intelecto es capaz de concebir el ente como un todo universal y generalísimo, pero no como un objeto de ciencia especulativa. En cambio la abstracción formal implica la captación de un objeto inteligible (o formal) separadamente de la materialidad que limita su inteligibilidad y por ello permite que el ente –a través de un proceso–[24] sea concebido como ente natural, como ente *quantum* y como ente en cuanto ente, el cual se constituiría como el más alto principio formal de todas las cosas y –por ende– como el objeto de la metafísica.

Esta división, junto con la abstracción neutra ya apuntada más arriba, le permiten a Cayetano resolver el planteo de Escoto. Efectivamente, puede decirse que el ente es lo primero captado por nuestra inteligencia y que también es el objeto de la metafísica pero en sentidos diversos, ya que una cosa es captar que algo es de un modo confuso y otra captar el ente con toda la precisión con la cual se lo considera en la metafísica. En el segundo caso, se requiere de un proceso intelectual específico que permita dejar de lado lo potencial y material para quedarse con la más alta formalidad: esta es la cima de la abstracción formal.

Con todo, lo que reviste especial interés para la presente investigación es el sentido que se le otorga aquí a la abstracción. Claramente, la misma señala un tipo de procedimiento intelectual que le permite al intelecto hacerse con un objeto cognoscitivo particular. Así, como es posible hallar diversos modos en que tal procedimiento se realiza, entonces son múltiples los objetos que se ofrecen a la consideración intelectual. Un camino es el de la abstracción neutra que culmina en la captación confusa de lo que es, otro el de la abstracción total que arriba a la obtención de un concepto universal y generalísimo, y otro el de la abstracción formal que es capaz de ofrecer un objeto auténticamente científico. A su vez, este último camino se diversifica en tres momentos ya que tantas son las diversas formalidades que pueden ser captadas separadas gradualmente de la materialidad: natural, matemática y metafísica.

Ahora bien, podría preguntarse aquí si la distinción desarrollada pertenece a Tomás de Aquino y es meramente expuesta o comentada por Cayetano, o si constituye una doctrina completamente original elaborada por este último. La pregunta cobra total relevancia si se tiene en cuenta que –como se dijo– en el texto original que está siendo comentado por Cayetano (el *Proemio* del *De ente et essentia*) no se efectúa ninguna referencia a la abstracción, ni a sus tipos ni a sus productos. Sin embargo, el Cardenal encuentra que el procedimiento detallado encuentra suficiente fundamentación en otros textos de la pluma tomasiana como *S. Th. I* q. 40, a. 3. Allí, bajo el título "si, abstractas por el intelecto las relaciones de las Personas [Trinitarias], permanecen diferenciadas las hipóstasis" (IV, p. 411), el Doctor Común explica en el *corpus* que:

> La abstracción que se hace por el intelecto es doble. Una según la cual lo universal se abstrae de lo particular, como animal se abstrae de hombre. Otra, en cambio, según la cual la forma se abstrae de la materia, como la forma del círculo se abstrae por el intelecto de toda materia sensible. (IV, p. 416)

Y es precisamente, al comentar este pasaje, donde Cayetano afirma que:

> Según lo primero, [Tomás] distingue la abstracción, y la aplica a las cosas divinas. Ciertamente, distingue entre abstracción total y formal; esto es, aquella por la cual el todo universal abstrae de las partes subjetivas; y aquella por la cual la forma abstrae de la materia. (IV, p. 417)

Como puede verse, la asociación cayetanista entre la doble abstracción distinguida por Tomás y la abstracción total y formal es asumida explícitamente. Y, para eliminar cualquier duda que podría quedar, hacia el final del mismo párrafo agrega que "[y] si quieres ver de un modo más extenso estas abstracciones, lee nuestro Comentario al De ente et essentia, cuestión primera". Así, el Cardenal entiende que cuando el Aquinate habla de abstraer el universal del particular estaría haciendo referencia a una operación mental por la cual la inteligencia capta un género a partir de las especies mediante la no consideración de la diferencia específica. Por lo mismo, estaría haciendo referencia a un proceso cuyo producto resulta de mayor potencialidad y menor determinación e inteligibilidad que la realidad de la cual se partió. Por otro lado, también entiende que, cuando Tomás habla de abstraer la forma de la materia, se estaría refiriendo a una operación por la cual el intelecto humano captaría, a partir del conocimiento de un ente determinado, una formalidad inteligible liberándola de la materialidad. Operación que produciría en su objeto mayor inteligibilidad, perfección y distinción y que, atendiendo a sus diversos grados, sería la causa de la división de las ciencias especulativas. Y podría bien entenderse que esta identificación es sostenida por el de Gaeta en todos los pasajes donde el Angélico habla de *abstractio formae a materia* y *abstractio universalis a particulari* al no encontrarse ninguna aclaración que indique lo contrario.

Otro texto donde Cayetano dedica importantes líneas a su interpretación de la abstracción según Tomás corresponde a su comentario de *S. Th I* q. 85, a. 1. Allí la pregunta a responder, según se indica en el título, es si nuestro intelecto conoce las cosas materiales abstrayendo desde los fantasmas (V, p. 331). Y en este mismo sentido el Cardenal aclara que aquí se trata, precisamente, del modo y el orden según el cual nuestro intelecto conoce las cosas sensibles.[25] Ahora bien, este modo es la abstracción desde los fantasmas pero, según Tomás de Vio, la misma puede entenderse de dos maneras: como abstracción productiva de la especie inteligible o como abstracción considerativa del qué es de cada cosa.[26] Se trata –ni más ni menos– de la distinción ya apuntada entre abstracción del intelecto agente y del intelecto pasivo. Así, cuando el Aquinate enumera –en la respuesta a la segunda objeción del mismo artículo– tres tipos de especies que nuestro intelecto puede abstraer desde la materia, Cayetano interpreta que aquí se está refiriendo al fruto de diversos modos de abstracción considerativa del intelecto pasivo.

Para entender de un modo más profundo cuál sería la naturaleza de esta operación del intelecto pasivo será necesario remitir a un último texto: *S. Th I* q. 1, a. 3. Allí, Tomás explica por qué debe considerarse que la *Sacra Doctrina* constituye una única ciencia siendo que trata de numerosas cosas de diverso género. La respuesta consiste en que la unidad de una ciencia se toma a causa de su objeto pero no considerado materialmente (*materialiter*) sino "según la razón formal de objeto" (IV, p. 12). Por ello es posible que cosas tan diversas como el hombre, la piedra o el asno caigan bajo la consideración de la vista en tanto concuerdan en el ser coloreados.

Frente a esto, Cayetano agrega que la razón del objeto formal de toda ciencia es doble: una del objeto como cosa (*ut res*) y otra del objeto como objeto (*ut obiectum*). La diferencia entre ellas es que el objeto como cosa se refiere al término del acto del hábito o potencia (de qué trata la ciencia): entidad, cantidad, movilidad (IV, p. 12). En este sentido, las diferencias entre los objetos entendidos de este modo constituyen diferencias reales (Hund, 1960, p. 39). Por otro lado, el objeto en tanto que objeto señala el grado de inmaterialidad o al modo de abstraer o definir de la ciencia: "sin materia en metafísica, solo con materia inteligible en la matemática y con materia sensible en la [ciencia] natural" (IV, p. 12). Precisamente, para el Cardenal, es según esta última manera de entender el objeto que el mismo determina la unidad –y, por ende, la diferenciación– de una ciencia. A su vez, la separación de la materia que caracteriza al objeto como tal es producida por el modo de conocer del intelecto humano. Esto es, no se trata de una distinción real entre cosas sino solo mental. Así, este procedimiento abstractivo que, en tanto denomina la captación de una formalidad alejándola de la materia, se identifica con la *abstractio formalis* del *In de ente et essentia*, se configura ahora como la causa de la división de las ciencias especulativas.

A partir de los textos analizados puede sintetizarse lo que Cayetano entiende acerca de la abstracción en Tomás. Se trata a las claras de una operación intelectual, propia del hombre, que le permite a este último hacerse con un determinado contenido inteligible a partir de la captación sensible. Como tal posee diversos modos que rematan en la obtención de diferentes tipos de concepción intelectual. De acuerdo con uno de esos modos –la *abstractio formalis*– el hombre es capaz de acceder a la dimensión de la ciencia especulativa en tanto obtiene para sí una formalidad objetiva separándola de determinado tipo de materia. A su vez, como es triple la materia desde la cual se puede abstraer, entonces tres serán los objetos formales y tres las ciencias especulativas. Por su parte, si la abstracción es fundamentalmente una operación intelectual humana, lo abstracto no es más que un concepto.

Estas líneas dedicadas por Cayetano a la abstracción se constituyeron históricamente como la explicación canónica acerca de lo que el propio Tomás de Aquino pretendió decir en todo momento cuando habló sobre la misma. Probablemente tal situación se ha dado como consecuencia –aquí como en otros temas– del peso que tuvo durante siglos la figura del Cardenal como máximo sistematizador y promotor del pensamiento tomasiano.[27] De este modo, sus dichos dieron origen a una cierta doctrina tradicional o escolar que fue refrendada y profundizada a lo largo de varios años por una serie de importantes referentes del tomismo.

Entre estos últimos, ocupa un lugar de preponderancia el lusitano Juan de Santo Tomás. Su aporte principal en este campo se enmarca, precisamente, dentro un intento por profundizar la doctrina cayetaniana del objeto formal como causa de la especificación de las ciencias especulativas. En su *Cursus Theologicus*, el portugués sostiene que es la *ratio objecti sub qua* la responsable de esta especificación, pero introduce dentro de ella una distinción original. Aparentemente, con el objetivo de evitar lo que a sus ojos aparecía como una subjetivización excesiva de la doctrina de Cayetano a manos de Báñez (Hund, 1960, p. 46.), Juan afirma que existe una dualidad en el objeto *sub qua*: por un lado significa la luz intelectual del propio entendimiento humano en su función abstractiva, pero, por otro, significa algo que es propio del objeto y que es previo a la captación intelectual. Así, según sus propias palabras: "… es necesario distinguir una doble razón *sub qua*, una especificativa de parte del objeto, otra especificada de parte del hábito" (*Cursus Theologicus* I q. 1 Primae Partis, disp. 2, a. 7). Como puede verse, la *ratio sub qua* que se considera de parte del objeto es la "especificativa", la raíz última que determina la especificidad objetiva. Así, aunque la abstracción –formalmente hablando– sigue indicando un acto de la potencia intelectual y el ser abstracto implica para el objeto una "denominación extrínseca",[28] el lusitano defiende la existencia de una dimensión en el propio objeto que sería la causa última de toda especificación objetiva. Esta *radix* es denominada inmaterialidad o *abstrahibilidad*, concluyendo –en definitiva– que el fundamento de la especificación de los objetos y, por ende, de las ciencias especulativas se toma principalmente desde algo intrínseco al objeto y no desde la potencia cognitiva.[29]

Pero más allá de estas precisiones, lo que continúa quedando claro para Juan de Santo Tomás es que la abstracción como tal designa un acto del intelecto humano mediante el cual este es capaz de procurarse los objetos cognitivos. Tampoco se verifica algún tipo de modificación en la clasificación cayetanista de la abstracción dividida en total y formal, ni en la admisión de distintos tipos de abstracción contenidas dentro de estos dos grandes modos. Al menos eso es lo que manifiesta en un texto de su *Ars Logica*:

> ... se llama abstracción formal, por la cual la forma abstrae de la materia, el acto de la potencia, lo esencial y lo propio de lo extraño y lo ajeno; pero la abstracción total es por la cual lo superior abstrae de lo inferior y lo común del individuo, porque se encuentra como el todo con respecto a los inferiores, incluyéndolos virtual e implícitamente. (*Cursus Philosophicus Thomisticus*, p. 128, "Ars Logica" II q. 5, a. 2)

Lo único que se agrega es una consideración explícita de la fundamentación del acto abstractivo en las condiciones propias del objeto conocido ante el peligro que representaban algunos intentos de explicar tanto la determinación de los objetos como la división de las ciencias especulativas exclusivamente a partir de la operación del intelecto humano.

Finalmente, el parentesco estrecho entre la posición de Juan de Santo Tomás y la de Cayetano se corrobora completamente con solo examinar otro texto perteneciente a su *Ars Logica,* pero a la cuestión 27. Allí, tratando nuevamente acerca de la abstrahibilidad objetiva, explica que la inmaterialidad que la caracteriza no corresponde a la cosa en cuanto tal sino a la consideración que se realiza de la misma. Así, en los propios términos del lusitano:

> La diversidad de las ciencias se toma desde la diversa inmaterialidad objetiva o fundamental, no en cuanto entitativamente es en la misma cosa, sino en cuanto reluce en el medio o principio, por el cual aparece y se demuestra al intelecto. De modo similar, aquellas cosas que en sí son de diversa abstracción, como los ángeles y los cuerpos, pueden ser unidos en alguna razón, o medio superior a ambos, como en la razón de ente, la cual considera el metafísico a través de una única abstracción desde la materia sensible y la inteligible. (*Cursus Philosophicus Thomisticus*, p. 332, "Ars Logica" II q. 27, a. 1)

Esto quiere decir que los grados de inmaterialidad que considera la ciencia no son reales sino objetivos en tanto determinados por la actividad del propio intelecto que conoce, aunque con cierto fundamento en el objeto. Y, en este sentido,

> … la especificación de las ciencias no debe tratarse desde la unidad o diversidad del objeto *in esse rei*, sino *in esse objecti*, o sea no en el objeto entitativa y materialmente considerado en sí, sino en cuanto conduce y se proporciona a tal hábito o potencia. (*Cursus Philosophicus Thomisticus*, p. 328, "Ars Logica" II q. 27, a. 1)

En épocas más cercanas a la actual, se encuentra una de las síntesis doctrinales más completas referidas a la abstracción en Tomás de Aquino. Se trata de los ya citados artículos de Santiago Ramírez. Allí el dominico acepta, sin mayores reparos, la doctrina de Cayetano y Juan de Santo Tomás como la auténtica expresión de la *mens* tomasiana. Con todo, en su intento por brindar una explicación completa y exhaustiva del tema, introduce algunos agregados que encierran gran interés. Tal es el caso de su abordaje de la *abstractio formalis* cayetanista que caracteriza como la "causa eficiente de la Filosofía" esto es, de la ciencia especulativa. Admitiendo que ella se trata estrictamente de un proceso del intelecto posible que permite la captación de un aspecto formal separándolo de otro material, considera que esto puede hacerse de dos modos, atendiendo a los dos tipos de operación que caracterizan nuestra cognición: simple aprehensión y juicio.

Según el primero, la abstracción formal consiste en la captación de un principio formal dejando de lado algún aspecto material con el que coexiste. Se trata de un conocimiento *per modum simplicitatis* merced al cual solo se enfoca la atención en la esencia de una cosa sin afirmar o negar nada acerca de su existencia o *ese* (Ramírez, 1970, p. 74). En cambio, la segunda operación implica la afirmación o negación de la existencia conjunta de dos cosas, y aquí la abstracción formal significa la separación absoluta de lo formal con respecto a lo material. Si bien el español admite que en ambos casos puede hablarse de *abstractio formalis*, no obstante la misma corresponde con mayor propiedad a la segunda operación (Ramírez, 1970, pp. 72–74).

Con todo, algo que merece ser destacado en el contexto del presente trabajo es que los agregados o añadidos que Ramírez introduce en la clasificación cayetaniana manifiestan un cambio en el lugar especulativo desde el cual se pregunta por la abstracción. Porque, aun cuando para Cayetano lo abstracto no constituya más que un concepto, su reflexión se mueve en el campo de la ciencia lógica la cual es considerada por él como un reflejo del mundo real. En cambio, Santiago Ramírez, al otorgarle a la abstracción el rol de "causa eficiente" de la ciencia especulativa, parece querer circunscribirla dentro del ámbito de la *psiquis* humana más aun de lo que pretendieron nunca los primeros comentadores.

Así, la reflexión de los tomistas subsiguientes continuó transitando estos senderos especulativos, pero profundizando cada vez más el impacto del rol productivo de la abstracción. En este sentido puede traerse a cuento al filósofo francés Jacques Maritain quien también adscribió a este modo tradicional de entender la abstracción desde la óptica cayetanista. Así lo demuestra en su célebre obra *Les degrées du savoir*, donde presenta la abstracción formal como el proceso mediante el cual el intelecto separa lo necesario (o formal) de lo contingente (o material). Esta referencia a la abstracción formal le permite resolver una objeción contemporánea contraria a la posibilidad misma de la ciencia como disciplina humana: ¿cómo puede esta ser un conocimiento necesariamente verdadero y universal si, en general, las cosas reales a las que se refiere están sujetas a la contingencia y al cambio? Frente a ello, Maritain recurre a la distinción ya considerada entre objeto y cosa, admitiendo que la ciencia no va directamente "hacia lo real tomado en su existencia concreta y singular" (es decir, hacia la cosa real), sino "hacia lo abstracto, hacia las constancias ideales y las determinaciones supramomentáneas, es decir, hacia los objetos inteligibles que nuestro espíritu va a buscar y desentrañar en la realidad" (Maritain, 1978, p. 54). Y, justamente, la clave que permite establecer esta distinción entre objeto y cosa es la operación abstractiva formal del intelecto, la cual se coloca como el proceso a través del cual esos aspectos inteligibles son ofrecidos a la consideración del intelecto.

Pero la referencia a la abstracción formal no solo le permite al francés resolver ese problema particular, sino que también le otorga, por un lado, la clave para explicar la triple división de la ciencia especulativa (remitiendo a los tres grados de abstracción cayetanista). Y, por otro, le sirve para explicar las relaciones y –más importante– las diferencias entre las ciencias filosóficas y las modernas ciencias positivas o empiriológicas. En efecto, aunque muchas veces una ciencia como la filosofía de la naturaleza estudie la misma cosa que una ciencia positiva como la física, ambas ciencias se distinguen entre sí porque no la estudian desde el mismo punto de vista: mientras la filosofía de la naturaleza lo hace desde el punto de vista del ente, la física lo hace desde el punto de vista de su movilidad. El punto de vista de cada una viene determinado –nuevamente– por el grado de abstracción que el intelecto aplica en cada caso, lo cual da origen a objetos formales diversos. Por tanto, si ambas poseen objetos formales diversos entonces deben constituir necesariamente saberes distintos. En definitiva, el planteo de Maritain es un claro ejemplo de cómo la cuestión de la abstracción comienza a restringirse cada vez más al ámbito de la gnoseología o epistemología, en tanto es interpretada como la causa o el fundamento de la ciencia.[30] Esta misma tendencia se confirma en los análisis de los autores contemporáneos a él y también en los posteriores.

La abstracción en el Super Boethium De Trinitate

Si bien existen muchos otros intérpretes cuyas apreciaciones podrían ser traídas a cuento como ejemplos,[31] considero que los casos citados bastan para mostrar hasta qué punto el modo de entender la abstracción tomasiana a partir de la interpretación cayetaniana constituyó la doctrina canónica a lo largo de numerosos años. Sin embargo, la legitimidad de la misma se vio fuertemente cuestionada a partir del descubrimiento de un manuscrito autógrafo de Tomás, correspondiente a su *Comentario al De Trinitate de Boecio.*

En efecto, en la cuestión quinta, artículo tercero de la citada obra, el Aquinate se avoca a la tarea de responder una pregunta acerca de la naturaleza del objeto de la matemática. Lo que se objeta es que, si lo matemático solo existe en la materia sensible, entonces no podría ser captado con verdad por el intelecto sin materia sensible. En su argumentación, enumera tres modos según los cuales puede decirse que el intelecto distingue dos cosas, clasificándolos según la operación intelectual a la que pertenezcan. Así, según la primera –denominada *intelligentia indivisibilium*– es posible captar la *ratio* de una cosa sin considerar la *ratio* de otra con la que le está unida y, en tanto la unión de las cosas es de dos tipos (de lo universal con respecto a lo particular y de la forma con respecto a la materia), este tipo de distinción también será doble: *abstractio universalis a particulari* y *abstractio formae a materia*. Por el lado de la segunda operación del intelecto –*compositio vel divisio*– este distingue al comprender que una cosa no es otra, que ambas existen separadamente en la realidad. Pero esta división no recibe el nombre de abstracción –el cual se reserva para las de la primera operación– sino el de separación.

A partir de la lectura de este texto, numerosos autores consideraron que el mismo contradecía en sus fundamentos la interpretación tradicional iniciada por Cayetano, principalmente en lo que hace a los grados de abstracción formal como modo de obtención de los diversos objetos de las tres ciencias especulativas: física, matemática y metafísica. Una de las principales críticas fue la realizada por el dominico francés Louis-Bertrand Geiger en un célebre artículo publicado a mediados del siglo pasado.[32] Su principal reparo no se queda simplemente en la falta de coincidencia textual entre Tomás de Aquino y el Cardenal, sino que apela a una diferencia radical que se verificaría entre los objetos de la ciencia considerados por cada uno. Esta diferencia se daría fundamentalmente en el caso de la metafísica. Según Geiger, el objeto de esta ciencia en la *mens* tomasiana lo constituye no un mero concepto sino los "entes reales" (Geiger, 2000, p. 161). Por ello, si la metafísica afirma algún tipo de inmaterialidad absoluta, esta no puede corresponder a la del concepto como concepto sino que conviene al ente. Lo cual implica que, para la perfecta captación del objeto de la metafísica, es necesario tomar conocimiento de la "existencia de seres inmateriales *in rerum natura*".

Con todo, este proceso no podría ser alcanzado por un proceso abstractivo que parta desde la percepción sensible del ente material y lo desnude progresivamente hasta desvincularlo completamente de la materia, sino que se requeriría una operación distinta.[33] En este caso se trata de un juicio de separación que expresa que el ente, en su nivel propio de inteligibilidad, trasciende el existir en la materia o fuera de ella.[34] Y a esto es a lo que Tomás se referiría cuando habla de *separatio* como distinción del intelecto según su segunda operación.

Sin dudas esto implica un duro golpe a la estructura que representaban los tres grados de abstracción formal ya que el objeto de la metafísica no se alcanzaría en el tercer momento de este proceso sino mediante un camino completamente distinto. Pero, además de lo dicho, Geiger también se manifiesta en contra de la supuesta fundamentación tomasiana de los conceptos tradicionales de *abstractio formalis* y *abstractio totalis*. Ya se vio más arriba de qué modo Cayetano identificaba estos modos de abstracción –que no son citados por Tomás– con la *abstractio formae a materia* y la *abstractio universalis a particulari* que aparecen en numerosos textos del Aquinate. Lo que Geiger descubre en la lectura de este texto es que la mentada correspondencia no es tal. Por un lado la *abstractio universalis* o *totius* no tiene nada que ver con un proceso lógico y precientífico sino que "pone a la inteligencia en posesión del verdadero inteligible, [...] de la esencia" (Geiger, 2000, p. 171), con particular relevancia en la captación del objeto de la física. Por su parte, la *abstractio formae* no se identifica con la *abstractio formalis* cayetanista, ya que la primera "tal como la entiende santo Tomás, y él mismo lo subraya, no concierne entonces más que a 'la forma accidental que es la cantidad y la figura' " (Geiger, 2000, p. 174). Por ello tiene especial incidencia en la captación del objeto matemático y sería un error ver en ella un procedimiento que concerniera a la captación de diversas formalidades científicas desde lo particular.[35]

Con todo, más allá de las diferencias que la propuesta de Geiger establece frente a la tradicional, es notable que aún se mueva en un mismo horizonte doctrinal. Esto se evidencia desde el comienzo mismo de su artículo, donde explica que el problema que se trata de resolver mediante la apelación a la abstracción o la separación es el de explicar la naturaleza "del pasaje desde lo empírico a lo inteligible, universal, necesario e inmaterial" (Geiger, 2000, p. 140). Así, tanto la abstracción como la separación son interpretadas como distintos procesos cognitivos que posibilitan la captación de ciertos objetos inteligibles. La novedad estaría centrada en que el proceso abstractivo como tal no sería apropiado para la captación del objeto metafísico.

Aun así, sus afirmaciones constituyeron una auténtica divisoria de aguas, constatándose a partir de este punto, 1) posturas contrarias a Geiger y defensoras acérrimas de la doctrina tradicional; 2) posturas que admiten su descubrimiento y profundizan la línea crítica a la doctrina tradicional; y 3) posturas que, admitiendo las diferencias entre lo dicho por Tomás y lo propuesto por los comentadores clásicos, intentan lograr una síntesis entre ambas doctrinas.

En defensa de la doctrina tradicional

Entre las primeras, puede contarse como una de las más destacadas la desarrollada por el también francés Leroy. En el anexo a un artículo publicado en el año 1948 bajo el título *Le savoir speculatif*, aborda de lleno la crítica de Geiger afirmando que la misma solo se limita a constatar una variante terminológica que aparece en el *Super Boethium de Trinitate*, pero que la doctrina defendida es siempre la misma: la de los tres niveles de abstracción formal. En el fondo, la distinción entre abstracto y separado solo designa de otro modo la "oposición entre los *abstracta* (o *separata*) *secundum intelectum…*" y los "*abstracta* (o *separata*) *etiam secundum esse*" (Leroy, 1948, p. 333), que, como tales, son captados a través de dos modos de distinción intelectual. Una que "distingue dos cualificaciones inteligibles lógicamente independientes y realizadas en un mismo sujeto", y otra que "distingue dos realidades efectivamente separadas". La primera se efectúa por la simple aprehensión y la segunda a través del juicio. Pero en ambos casos se trata de captar una formalidad separada de la materialidad y, por ende, se asimilan perfectamente con la clasificación cayetaniana de los tres grados de abstracción formal que Leroy entiende como una expresión de la más auténtica tradición aristotélico-tomista en el tema.[36] Así, más allá de la diferencia terminológica, el texto del *Super De Trinitate* q. 5, a. 3, desarrollaría la misma doctrina que la que se expresa en *S. Th. I* q. 85, a. 1, ad 1 y 2, pasaje citado como doctrinal por el propio Cayetano. Incluso sería lo mismo que Tomás explica en el comienzo del comentario al *De sensu et sensato*, cuando afirma –siguiendo a Aristóteles– que los géneros de ciencia se distinguen según el diverso modo de separación de la materia,[37] el cual sería triple. Aquí, para Leroy, el modo de captación de los tres objetos de ciencia especulativa sería designado con el término *separación* (Leroy, 1948, p. 338), con lo cual se demostraría que la distinción terminológica del *In De Trinitate* no es algo que el Aquinate mantenga a ultranza durante toda su vida. Por lo demás, como puede verse, abstracción sigue señalando para el autor un acto del intelecto humano que permite la captación de lo inteligible separando formalidades desde lo material.[38]

En una línea similar y crítica de la propuesta de Geiger se sitúan autores como Francisco Guil Blanes y Gustavo Ponferrada quienes muestran mayor reticencia a aceptar como fuente en estos temas el texto del *Super De Trinitate*. Le achacan –entre otras cosas– el ser un texto de juventud (Guil Blanes, 1954, p. 393; Ponferrada, 1978, p. 279), el ser una obra incompleta (Ponferrada, 1978, p. 279), y el traer a cuento una doctrina que luego sería abandonada en la madurez (Guil Blanes, 1954, p. 399). Todas estas críticas son discutibles y, a mi entender, han sido correctamente refutadas por Gelonch (2002, pp. 79–86) en su investigación sobre la *separatio* publicada hace casi dos décadas. Por mi parte, lo que aquí me interesa destacar es algo que ambos autores notan: la enorme dificultad que presenta el intento por compatibilizar las referencias que se hacen en este texto a la abstracción y a la separación con las que se verifican en los textos posteriores. Por ejemplo, Guil Blanes (1954, p. 396) llega a decir que, cuando Tomás habla de *abstractio formae a materia*:

> El asunto se complica extraordinariamente si se tiene en cuenta que, comentando a Aristóteles, y en otras fases más maduras de su producción, llama así al movimiento cognoscitivo mediante el cual se capta la inteligibilidad de la realidad exterior, concreta y sensible, prescindiendo de las determinaciones materiales, y la complicación llega a más todavía [cuando en el …] cuerpo del art. 3 de la cuestión 5 del *In De Trinitate* de Boecio dice […] que es la [abstracción] que compete a la Matemática.

Esto es, si la *abstractio formae a materia* es la operación intelectual por la cual el hombre capta lo inteligible y formal prescindiendo de lo material, no puede limitarse a la dimensión de la ciencia matemática sino que tendría que valer para todas las ciencias especulativas. Algo similar ocurriría en el caso de la *abstractio universalis a particulari* o *abstractio totius* que en algunos casos señala la captación de un concepto universal lógico a partir de los particulares y, en otros, la de la inteligibilidad formal a partir de un ente concreto sensible (p. 397). Es decir, según la óptica del español, para captar dos contenidos intelectuales de diversa índole se necesitaría contar con dos procesos cognitivos diversos, cosa que no parece quedar clara en el *Super De Trinitate*. A raíz de estas incompatibilidades, Guil Blanes termina por sustraerle a este texto todo valor probativo en la cuestión, en tanto concluye que las distinciones aquí establecidas contradicen la doctrina posterior (pp. 398–399).

Ponferrada opta por aplicar un criterio hermenéutico no tan distinto. Partiendo del hecho de que el *Super De Trinitate* es una obra de juventud, entonces todo lo que se diga allí debe ser interpretado a la luz de las obras posteriores. Así, o bien se demuestra que la doctrina vertida en esta obra es la misma que la contenida en las posteriores, o bien la primera debe ser calificada como una doctrina superada y abandonada por el Aquinate.

Ponferrada se inclina más bien por la primera opción y concluye que entre *totius* y *formae* y *totalis* y *formalis* solo hay diferencia terminológica. Lo que Tomás llamó *totius*, los comentadores lo llamaron *totalis* y no existiría entre ellos diferencia doctrinal alguna (Ponferrada, 1978, p. 271). Por su parte, la distinción entre *abstractio* y *separatio* no revestiría mayores problemas ya que el propio Tomás no parece respetarla en obras posteriores donde intercambia constantemente el uso de ambos términos para explicar la misma doctrina. Tal sería el caso del texto del *In De Sensu et Sensato*, I, 1, donde Tomás afirma que las ciencias se diferencian entre sí según la diferente separación de la materia. Ponferrada interpreta esta separación de la materia como un producto causado por la operación intelectual humana. Lo mismo ocurriría en el *Comentario a libro VI de la Metafísica* donde Tomás –siguiendo al Estagirita– distingue las ciencias especulativas atendiendo a cómo las cosas que estudian son separables o no de la materia.

En el fondo, para Ponferrada, todos estos textos expresan la misma doctrina que *S. Th. I* q. 85, a. 1, ad 2: un proceso del intelecto por el cual se obtienen tres formalidades inteligibles desde lo material (p. 283). Por lo demás, los pasajes del *Super De Trinitate* que presenten demasiados problemas para ser asimilados a la doctrina posterior deberían ser descartados como resabios neoplatónicos, propios de la juventud del Doctor Angélico, y que más adelante fueron superados en las obras de madurez.

De este modo, si bien las propuestas de ambos autores se asimilan a lo dicho por Leroy, es interesante notar sus reparos explícitos ante las incompatibilidades conceptuales que encuentran entre el *Super De Trinitate* y los textos tradicionalmente considerados como fuente de la doctrina tomasiana de la abstracción. Esto significa que, ante dos o más textos de probada autenticidad, estos comentadores detectan dificultades insalvables que impiden –a sus ojos– considerar la naturaleza de la abstracción como una constante homogénea a lo largo de la obra de Tomás de Aquino.

Por otro lado, existe un grupo adicional de autores que también podrían ser considerados entre aquellos que defienden una postura más bien tradicional en este tema. Entre ellos se destacan Georges Van Riet y Leo Elders. Van Riet, en su artículo titulado *La théorie thomiste de la abstraction*, parte de la idea básica de que la abstracción en Tomás designa una distinción efectuada por la inteligencia. Tomado en sentido amplio, esta distinción puede ser hecha según la primera o segunda operación del intelecto, aunque la abstracción según la primera operación es la forma más común y propia (Van Riet, 1952, pp. 355 y 356). Esta abstracción tomada en sentido propio se divide en total, formal y del ente (p. 358). La total corresponde a aquella que es llamada por Tomás *universalis a particulari* o *totius*. Es la que produce el género y la especie, y la que encarna de un modo más perfecto la naturaleza de la abstracción. La formal es la que correspondería a la *abstractio formae a materia*. Concierne al orden accidental y es la responsable de concebir la cantidad sin lo sensible. Por ende, es propia de la matemática (p. 381). Finalmente, la del ente es una abstracción de la primera operación por la que se obtiene el ente común. Por ende, se rechaza la necesidad epistemológica de un juicio negativo para asegurar la captación del ente como objeto de la metafísica, y se lo reduce a una mera necesidad psicológica presente en la abstracción de cualquier noción: la constatación intelectual de que una cosa es independiente de otra y no existe necesariamente en otra (pp. 387–388).

Por su parte Elders, en un estudio que había sido proyectado como una introducción a la edición japonesa del *Super De Trinitate*, expone su propuesta acerca de la abstracción en su comentario a la cuestión V del texto tomasiano. Allí, preguntándose por el motivo que llevó a Tomás a recomenzar en varias oportunidades la redacción del artículo 3, afirma que, en la primera redacción, resuelve el problema de la división de las ciencias mediante una explicación que coloca diversos procesos intelectuales que llevan a que el alma se adecue a la realidad. Así, el fundamento principal de tal división de las ciencias sería la multiplicidad de niveles de inteligibilidad en la realidad. En la segunda redacción, Tomás habría invertido esta idea poniendo como fundamento principal de la diversidad a las propias operaciones intelectuales, esto es, a los modos de abstracción (Elders, 1974, pp. 106–107). De este modo, la abstracción designa la operación a través de la cual el intelecto forma y distingue los diversos objetos de las ciencias, y encuentra que la explicación más clara de la misma se halla en el texto de la *S. Th. I* q. 85, a. 1, ad. 2 como también en el artículo de Van Riet.[39]

Abstracción y Separación

Pasando al grupo de aquellos que se hicieron eco de la interpretación de Geiger, debe decirse que sus posturas son un tanto más homogéneas y que no se apartan –en lo fundamental– de lo planteado por el dominico francés. Así, en todos ellos se verifica que la causa que motiva su crítica a la doctrina tradicional es la incompatibilidad que presenta el objeto de la metafísica con aquello que puede ser alcanzado por el proceso abstractivo, entendiendo este dentro de los límites específicos que establecen a partir del *Super De Trinitate* q. 5, a. 3: una distinción intelectual realizada según la simple aprehensión.

Así, Merlan afirma que admitir la doctrina de los tres grados implica limitar el conocimiento metafísico a las cosas que pueden conocerse a partir de los entes sensibles. Pero esta sería una limitación que Tomás jamás podría admitir ya que este último considera que Dios y los ángeles son objetos de esta ciencia y estos no pueden conocerse por abstracción desde lo sensible (Merlan, 1953, p. 285).[40] En esta misma línea, Wippel destaca la importancia de distinguir abstracción y separación como dos operaciones distintas ya que, si todas las ciencias se fundaran en la abstracción formal según sus diversos grados, entonces el ente se convertiría sin más en una mera noción abstracta. Y, "como tal, difícilmente puede servir como sujeto de una ciencia que es tan universal y tan trascendental que no solo corresponde a aquello que es en tanto que es, sino también a las diferencias individuales entre las cosas" (Wippel, 1978, pp. 443–444).[41]

Por su parte, Fabro dedica algunas líneas al tema de la abstracción según la mente tomasiana, y allí la define como un proceso de "aislamiento nocional" íntimamente emparentado con las ciencias natural y matemática según sus dos formas que él denomina total y formal. Pero aunque utilice esta terminología –más bien cercana a la doctrina de Cayetano– se muestra crítico de la misma al declarar que la teoría de los grados de abstracción se vuelve "superflua" (Fabro, 1963, p. 134)[42] ante las distinciones del *Super De Trinitate*. También defiende que el método propio de la metafísica es la *separatio* que consiste en la captación de las cosas tal como existen, a diferencia de la abstracción que permite mayor "libertad" (p. 133) a las ciencias, al consistir simplemente en la captación de nociones separadas no realmente sino solo en y por la mente del cognoscente (p. 129).

Otro autor interesante que puede ser considerado en este lugar es Lorenzo Vicente Burgoa quien, en una serie de artículos, examina en detalle el texto del *Super De Trinitate* concluyendo que la doctrina auténticamente tomasiana acerca de la abstracción no es la que han transmitido Cayetano o Juan de Santo Tomás,[43] sino la triple distinción intelectual tomada en base a las dos operaciones de nuestro entendimiento: simple aprehensión y juicio. Así habla de una *abstractio universalis o totius* que consiste en la captación de un todo sin sus partes, ya sea que se trate de un todo lógico y sus partes subjetivas o de un todo esencial sin sus partes materiales o individuales (Burgoa, 1963a, p. 210). En segundo lugar, existe una *abstractio formae a materia* que tiene como misión captar el objeto de la matemática y que se diferencia de la primera abstracción por el modo según el cual procede ya que, mientras la *totius* se hace por una simple no consideración de la materia individual, en el caso de la *formae* es requerida una consideración positiva de una forma determinada de la cual se desprende indirectamente la no consideración de la materia sensible (pp. 214–215). Y, por último, una *separatio* entendida como distinción según el juicio que permite alcanzar una inmaterialidad completa en el objeto cognitivo (p. 194). Lo que debe recordarse en todo momento es que la abstracción como tal consiste en una distinción puramente racional en tanto que las cosas que son separadas por la operación existen juntas en la realidad (pp. 212–213). En cambio, la separación exige la distinción real entre ambas cosas.

Otra propuesta es la de Nordberg quien declara que, como para Tomás el objeto de la metafísica no lo constituye solo el ente común sino también lo que es realmente separado de la materia, entonces pretender explicar la división de las ciencias especulativas con el esquema de los tres grados de abstracción es erróneo porque el mismo no puede dar cuenta de las particularidades que presenta el objeto de la metafísica según Tomás: la existencia separada de toda materia. Este objeto no puede ser alcanzado por la mente a partir de un proceso abstractivo que parta desde lo sensible. Por lo tanto pretender que el mismo se alcance en un tercer grado de abstracción formal implicaría "deformar la noción de metafísica de Tomás" (Nordberg, 1990, p. 148).[44]

Más cerca en el tiempo es posible encontrar dos investigaciones, escritas en lengua castellana, que retoman la posta en este tema y se inscriben en la línea doctrinal de Geiger. Una de ellas pertenece a Rafael Pascual quien afirma –sin dar lugar a equívocos– que la doctrina de los grados de abstracción formal no solo no está presente en la obra tomasiana, "sino también que su sentido es ajeno, e incluso opuesto, a la doctrina expresa del Doctor Angélico" (Pascual, 2003, p. 10). Su argumento consiste en que es muy clara la intención de Tomás de establecer dos tipos de distinciones intelectuales por las cuales se alcanza el conocimiento de la quididad y del ser, respectivamente (p. 95). Una es la abstracción que consiste en un proceso de "conceptualización" correspondiente a la simple aprehensión (p. 96). La otra es la separación que, como tal, pertenece a la segunda operación o juicio y que capta la existencia de las cosas (p. 95). Sin embargo, la doctrina cayetaniana de los grados de abstracción es incapaz de dar cuenta de esta precisión y, por ello, constituye una ruptura frente al Aquinate. La otra tesis corresponde a Núñez Pliego quien insiste en esta misma clasificación de dos distinciones intelectuales diferentes según la operación a la que pertenezcan, la cual se mantendría a lo largo de todas las obras del Angélico, más allá de las diferencias terminológicas (Núñez Pliego, 2008, pp. 30–37).

Los casos detallados bastan para darse una idea de cuáles son los principales postulados de aquellos autores que han planteado una crítica a la doctrina tradicional de los tres grados de abstracción representada por Cayetano y retomada por otros autores posteriores. Y si bien algunos de los trabajos de estos autores apuntan, más bien, a estudiar la *separatio* y –por ende– dedican mayor cantidad de páginas a ella, la totalidad de ellos conviene en una misma consideración acerca de la naturaleza de la abstracción, la cual a veces es desarrollada explícitamente y otras es solamente dada por supuesta. Para todos ellos la abstracción es, propiamente, una distinción del intelecto realizada según su primera operación y cuyo objetivo es posibilitar el conocimiento de las quididades de las cosas mediante la formación de conceptos. Esta caracterización de la operación abstractiva constituye, en su opinión, una constante a lo largo de todas las obras de Santo Tomás, más allá de que, en algunas ocasiones se la designe mediante términos alternativos como *separatio secundum rationem* o *abstractio secundum intellectum* (diferenciándose, en este último caso, de la *abstractio secundum rem* o *separatio* entendida propiamente). De esta manera, por más que representen una postura crítica a la del cardenal de Gaeta, su concepto de abstracción no difiere en lo esencial: sigue tratándose de una operación intelectual orientada a la captación de los objetos científicos (o, por lo menos, de algunos de ellos) por parte del entendimiento humano.

Síntesis y complementariedad entre Tomás de Aquino y Cayetano

Por último, resta analizar un grupo de autores que representan una tercera posición posible ante los estudios de Geiger. Se trata de aquellos que, aun admitiendo diferencias entre la doctrina que Tomás explica en sus textos y la propuesta de los comentadores clásicos, entienden que existe más bien una complementariedad entre sus afirmaciones.

Esto es precisamente lo que plantea Edward Simmons: la *abstractio totalis* y la *formalis* de los comentadores no puede ser comparada directamente con la *abstractio totius* y la *formae* que Tomás explica en el *Super Boethium De Trinitate.* Sin embargo, las dos primeras se encuentran supuestas de un modo implícito en la teoría del conocimiento tomasiana ya que sería imposible dar cuenta de la inteligibilidad del objeto sin recurrir a la *abstractio formalis* o explicar la comunicabilidad de las nociones intelectuales sin basarse en la *abstractio totalis.* Así, por más que tales términos no aparezcan nunca en la obra del Aquinate, para Simmons las operaciones que estos términos designan están necesariamente presentes. Por ello, lo que Cayetano haría con la clasificación desarrollada en el comienzo del *In de ente et essentia* sería poner de un modo explícito las ideas implícitas que sostienen todo el edificio gnoseológico y epistemológico presentado por Tomás de Aquino (Simmons, 1959, pp. 37–40).[45]

Ahora bien, podría preguntarse con todo derecho de qué modo pueden compatibilizarse ambas clasificaciones. Simmons propone, por un lado, que en Tomás se verificaría un doble sentido en la *abstractio totius*. En primer lugar, un sentido amplio según el cual significa la consideración de un todo separado de sus partes (cualesquiera sean estas). Y así, puede significar la separación de un todo esencial o de un todo lógico. Es en este segundo caso donde coincide con la *abstractio totalis* de Cayetano. Pero en un sentido preciso, *abstractio totius* significa la consideración "de un todo esencial físico separado de sus características materiales individuantes, que no son partes esenciales" (Simmons, 1959, p. 59).[46] Así, tomado en este sentido, la *abstractio totius* es uno de los modos de *abstractio formalis* descritos por Cayetano, porque implica la captación de un objeto inteligible sin la materia que imposibilita su inteligibilidad.

Por otro lado, que la *abstractio formae* designe para Simmons otro de los modos de la *abstractio formalis* es mucho más sencillo de explicar ya que la primera, en tanto consiste en la captación de una parte quididativa de un todo determinado como es la cantidad, cumple de un modo pleno las condiciones propias de la segunda, y el aspecto de lo real concebido por ella se constituye así como objeto de una ciencia determinada: la matemática (Simmons, 1959, pp. 60–61).

Finalmente, la *separatio* para Simmons consiste también en un caso de *abstractio formalis* ya que no es otra cosa que una separación mental de un objeto inteligible desde una materia que limita e imposibilita su inteligibilidad. Su particularidad consiste en que aquí la abstracción toma la forma de una distinción que separa dos cosas que de hecho o existen separadas o podrían hacerlo. Por ello, esta abstracción "supone un juicio negativo que enuncia la independencia existencial del abstracto de aquello desde lo cual ha sido abstraído" (p. 63). Así, como punto culmen de la *abstractio formalis*, la *separatio* revela que su objeto, el ente, "no es simplemente anterior ontológicamente hablando a toda materia", sino que también es "capaz de existir sin materia" (p. 64).

Similar es el aporte realizado por Leo Ferrari, aunque este se preocupa más bien por explicar de qué modo pueden complementarse la *abstractio totius* de Tomás y la *abstractio totalis* de Cayetano. Antes, en un texto del año 1961, Ferrari encara la tarea de distinguir –con total claridad– entre la *abstractio totius* y la *abstractio totalis*, descubriendo algunos puntos que revelan su incompatibilidad. Entre ellos uno de los más evidentes consiste en que, mientras la *abstractio totius* implica para Tomás la separación de un todo esencial desde la materia individual y sus consecuencias, la *abstractio totalis* de Cayetano parece significar un modo de abstraer conceptos más universales desde los menos universales. Así, la *abstractio totalis* se inscribe en el ámbito de la lógica mientras que la *totius* en el de la ciencia especulativa (Ferrari, 1961, pp. 84–86).

Ahora bien, una vez establecida esta diferencia entre las dos operaciones, Ferrari plantea en un artículo posterior que existe evidencia suficiente para demostrar que la *abstractio totalis* también se halla presente en el pensamiento de Tomás de Aquino, aunque no se la identifique con ese nombre. Se refiere puntualmente a un par de textos donde se describe cómo el intelecto es capaz de abstraer un género desde diversas especies al modo en que se capta el todo desde las partes.[47] Como lo captado aquí es un todo lógico más universal que se extrae desde otros conceptos lógicos menos universales, entonces Ferrari concluye que no puede tratarse de un caso de *abstractio totius* que indica la captación de un todo esencial desde un particular (Ferrari, 1965, p. 446).

El razonamiento de este autor parece claro: si los diversos objetos conocidos por nuestra mente dependen para su diversidad de las diferentes operaciones que los captan, entonces, ante una dualidad de objetos debe corresponder una duplicidad de operaciones. Por ello, Ferrari concluye que en el Angélico la *abstractio universalis a particulari* funciona como un género de operaciones que posee dos subtipos: una *abstractio totius* referida puntualmente a la captación de los objetos físicos, y una *abstractio totalis* que –aunque no sea nombrada explícitamente– se hace presente como modo de captar los conceptos lógicos (Ferrari, 1965, p. 462).

Por último, es posible citar aquí otra propuesta en favor de una lectura complementaria entre la doctrina tradicional de Cayetano y la que Tomás desarrolla en el *Super De Trinitate*. La misma es representada por el ya citado Lorenzo Vicente Burgoa quien, en un artículo rectifica su posición –manifestada con anterioridad– mediante la cual descalificaba las afirmaciones hechas por el cardenal de Gaeta en su *In de ente et essentia* como contrarias a las del Doctor de Aquino. En esta oportunidad, el autor admite que "[d]espués de largas reflexiones llegamos a la conclusión de que ambos textos [se refiere a *In de ente et essentia* q. 1 y *Super Boethium De Trinitate* q. 5] no son irreconciliables y que incluso pueden ser complementarios doctrinalmente hablando" (Burgoa, 1999, p. 223). Una de las condiciones necesarias para esta complementariedad es reconocer que ninguno de ellos agota la problemática de la abstracción ni presenta una solución definitiva. Así, la postura de la tradición, que tomó los grados de abstracción formal de Cayetano y los absolutizó como una explicación completa y satisfactoria de la abstracción científica, continúa mostrándose para Vicente Burgoa como "profundamente antiaristotélica y antitomista". La razón de esto es que la misma "cae en el defecto de los platónicos, que no distinguen entre separación y abstracción –entre lo que de suyo y realmente está separado de la materia y lo que es inmaterial por abstracción" (Burgoa, 1999, p. 221).

Pero tampoco el texto del *Super De Trinitate* permite resolver todos los interrogantes acerca de la abstracción. Vicente Burgoa le adscribe dos limitaciones principales (Burgoa, 1999, p. 222): 1) no dar cuenta de cómo el intelecto forma los conceptos universales absolutos (como *humanidad*, *blancura*, etc.); 2) no establecer "una clara distinción entre la abstracción universal (*abstractio totius*), que se considera común a todas las ciencias, y la abstracción propia de la ciencia física". Esta última limitación se le hace más manifiesta a Lorenzo al considerar que "... como muestra el texto de Cayetano, entre la *abstractio totalis* o *totius* y la formal o propia de cada ciencia hay insalvables diferencias...".[48]

Por ello, el autor propone un esquema que –en su opinión– sintetiza los planteos tanto del Aquinate como de su célebre comentador, y que brinda una explicación satisfactoria para los puntos oscuros señalados con anterioridad. En primer lugar existe un modo de abstracción que denomina *totius* o *totalis* y que implica la captación de un universal concreto que no sería más que un "todo lógico" (Burgoa, 1999, p. 242).[49] En segundo lugar, se ubica la *abstractio formae* o *formalis* que posibilita la aprehensión del universal abstracto –que también denomina "abstracto puro o absoluto" (p. 242).[50] La misma representa un proceso de formalización que se diversifica específicamente por cada ciencia especulativa (pp. 251–252). Por último, se halla la *separatio* que, como tal, indica un juicio acerca de lo realmente separado y es una consecuencia de la *abstractio formalis* que, cuando alcanza su grado máximo, descubre que hay cosas que no requieren de la materia para existir o que –directamente– no pueden existir en la materia.

De este modo, aunque las afirmaciones de Burgoa en este texto muestran claras diferencias frente a la doctrina defendida con anterioridad, se mantiene intacto el concepto fundamental: la abstracción consiste en un procedimiento destinado a la captación de diversos objetos inteligibles. Incluso podría decirse que es justamente por mantener esta idea que Vicente Burgoa se ve obligado a reformular su postura ya que encuentra que, o bien hay objetos para cuya captación no se había explicitado algún tipo determinado de abstracción, o bien hay confusión en algunos textos de Tomás donde se utiliza el mismo término para referirse a operaciones que –por ser causa de objetos diversos– necesitan ser distinguidas.

Notas

1. Los mismos se publicaron originalmente en la revista *Ciencia Tomista* durante la década del 20 del siglo pasado (Ramírez, 1922) pero se publicaron nuevamente en Ramírez, 1970. Todas las referencias a esta obra se harán siguiendo esta última edición, salvo que se aclare lo contrario.
2. García López, 1975, p. 207; Núñez Pliego, 2008, pp. 18–19. Cfr. también Ramírez, 1970, p. 70; Cunningham, 1958, p. 257; Burgoa, 1963b, p. 42.
3. Cfr. Núñez Pliego, 2008, pp. 18–19. También adhieren a este modo de entender la abstracción autores como De Koninck, 1960, p. 53; Burgoa, 1963b, p. 42; Kelly, 1965, p. 21.
4. Cfr. también Cunningham, 1958, p. 257; Pascual, 2003, p. 62.
5. También se refiere a la misma Pascual, 2003, p. 112: "Ya a nivel de conocimiento sensitivo se puede hablar de una cierta abstracción, pues ya en este orden se da una cierta *inmaterialización* o *espiritualización* del objeto, sin la cual no sería posible aprehenderlo. También puede hablarse de una abstracción sensitiva desde otro punto de vista: cada sentido capta un aspecto de la cosa y *prescinde* de los demás" (El énfasis corresponde al original).
6. Cfr. también Llano Cifuentes, 2005, p. 12.
7. Cfr. Pascual, 2003, p. 73 nota 46: "Aunque tal distinción al parecer no se encuentra formulada explícitamente en el Aquinate, sin embargo sí responde, a nuestro juicio, a su pensamiento, pues sto. Tomás habla por una parte de la abstracción que es llevada a cabo por el intelecto agente, en orden a educir la *species intelligibilis* a partir del *phantasma*, [...] que es distinta de la abstracción que es llevada a cabo por el intelecto posible...".
8. Los textos que se consideran como fundamento para tal división de la operación abstractiva son, principalmente, *S. Th. I* q. 85, a. 1, ad 1 y ad 4: "Illuminantur quidem quia sicut pars sensitiva ex coniunctione ad intellectum efficitur virtuosior, ita phantasmata ex virtute intellectus agentis redduntur habilia ut ab eis intentiones intelligibiles abstrahantur" (V, p. 332). Secundariamente, también se consideran *DeSpirit.* a. 10, co.: "[...] actio intellectus agentis, quae est abstrahere universale, est actio huius hominis, sicut et considerare vel iudicare de natura communi, quod est actio intellectus possibilis" (XXIV/2, p. 106); y *S. Th. I* q. 85, a. 2, ad 3: "Et utraque haec operatio coniungitur in intellectu. Nam primo quidem consideratur passio intellectus possibilis secundum quod informatur specie intelligibili. Qua quidem formatus, format secundo vel definitionem vel divisionem vel compositionem, quae per vocem significatur" (V, pp. 334–335). Por su parte, Rodríguez Arias 1998, p. 285, aporta como testimonios dos textos de *SCG II* pertenecientes respectivamente a los capítulos 73 y 76. El más significativo pareciera ser el primero de ellos donde el Angélico admite que, aunque se lo llame intelecto pasivo, una vez puesto en acto a través de la recepción de la especie inteligible, el mismo "puede obrar por sí mismo" (*agere per*

seipsum) (XIII, p. 462). Con todo, ninguno de los textos citados constituye evidencia que incline la balanza definitivamente en favor de admitir un proceso abstractivo del intelecto pasivo.

9. Cfr. especialmente su comentario a *S. Th. I* q. 85: "Ubi, primo, nota quod abstrahere a phantasmate quandoque significat operationem intellectus agentis, quandoque operationem intellectus possibilis: intellectus agentis quidem, quando dicitur quod abstrahimus species intelligibiles a phantasmatibus; intellectus vero possibilis, quando dicitur quod cognoscimus quod quid est hominis, abstrahendo ab hoc et illo homine. Tantum autem interest inter abstractionem utramque, quod abstractio illa est realis productio rei abstractae, scilicet speciei intelligibilis: ista aùtem solum est exspoliatio rei abstractae, non per realem denudationem, sed per negationem attinctionis seu considerationis" (*S. Th. I* q. 85, a. 1 "Comentaria Cardenalis Caietani", p. 332).
10. Cfr. las palabras de Cayetano ya citadas: *exspoliatio rei abstractae* (*S. Th. I* q. 85, a. 1 "Comentaria Cardenalis Caietani", p. 332) y Ramírez, 1970, p. 72, donde remite a la explicación que el Cardenal Lorenzelli desarrolla en su *Philosophiae theoreticae institutiones*.
11. Para un estudio detallado de este acto abstractivo del intelecto agente, cfr. el minucioso trabajo doctoral de Cromp, 1980a, pp. 171–194, y los más recientes de Cory, 2013, 2015b, 2015a.
12. Cromp, 1980a, p. 194 "Estas consideraciones no deben incitarnos a confundir la abstracción del intelecto agente con la abstracción del intelecto posible. El intelecto posible considera el universal sin ocuparse del singular. Es una abstracción 'totius' que se encuentra tanto en la filosofía de la naturaleza como en la matemática".
13. Ramírez, 1970, pp. 70–71.
14. Cfr. *S. Th. I* q. 85, a. 1 "Comentaria Cardenalis Caietani", p. 332: "exspoliatio rei abstractae, non per realem denudationem sed per negationem attinctiones seu considerationis".
15. Léase, por oposición a la abstracción física o real (i.e., la extracción de agua de un pozo).
16. Cfr. también Núñez Pliego, 2008, p. 29.
17. Es posible obtener una confirmación al menos negativa de esta afirmación mediante una nueva referencia a la citada tesis doctoral de Cromp, quien se propone explícitamente como objetivo la misión de realizar el primer estudio histórico-científico referido al intelecto agente y su operación abstractiva según el texto de la *Summa Theologiae*. Precisamente, la justificación de su tarea se apoya en que "el problema de la abstracción del intelecto posible según santo Tomás" ya habría sido aclarado a través de los numerosos estudios dedicados a él durante el siglo XX, pero no así el problema de la abstracción del agente que solo ha sido estudiado "fragmentariamente" (Cromp, 1980b, pp. 72–73).

18. Una de las referencias más célebres se encuentra en *SBDT* q. 5, a. 1. Como indica Gelonch, 2008, p. 127, esta afirmación tiene orígenes antiguos al punto de encontrar sus raíces en el propio Platón.
19. Así se manifiesta, por ejemplo, Horgan, 1939, p. 161, "en la concepción tradicional, la función de la abstracción en la clasificación de las ciencias es, ante todo, la de constituir, en su nivel intelectual propio, los principios particulares a cada ciencia [...] conferir a cada una de ellas su carácter intelectual especial". Cfr. también Acerbi, 2012, p. 319. El autor afirma allí que, como según Tomás todo hábito se diferencia según su objeto, entonces es necesario indagar en el modo según el cual son constituidos los objetos cognitivos para poder determinar la naturaleza de cada uno de los hábitos científicos. De esta manera se manifiesta con claridad de qué modo se le concede la primacía a la operación cognitiva humana y cómo el problema de la abstracción se halla delimitado al horizonte de la indagación gnoseológica.
20. Además del propio *Proemio* al *De ente et essentia*, donde Tomás afirma que "...ens autem et essentia sunt que primo intellectu concipiuntur, ut dicit Auicenna in principio sue Methaphisice..." *DeEnte.*, p. 369, puede verse también la referencia al mismo principio en *InMet.* lectio 2 §46: "Primo in intellectu cadit ens, ut Avicenna dicit..." (p. 13); *DeVer.* q. 1, a. 1, co.: "Illud autem quod primo intellectus concipit quasi notissimum, et in quod conceptiones omnes resolvit, est ens, ut Avicenna dicit in principio suae metaphysicae" (XXII/1–2, p. 5); *S. Th. I* q. 5, a. 2, co.: "Primo autem in conceptione intellectus cadit ens, quia secundum hoc unumquodque cognoscibile est, inquantum est actu, ut dicitur in IX Metaphys. Unde ens est proprium obiectum intellectus, et sic est primum intelligibile, sicut sonus est primum audibile. Ita ergo secundum rationem prius est ens quam bonum" (IV, p. 58). Con todo, en ninguno de estos casos se pregunta por el *modo* de entender esta primacía. Y esto es perfectamente lógico ya que el propio interrogante sugiere la presencia de un entredicho o refutación, algo con lo que el Aquinate no parece estar lidiando.
21. Cayetano remite al texto del comentario escotista al *Sententias* I, d. 3, q. 2 (*In de Ente et Essentia*, p. 221).
22. Según Cayetano "[e]l fundamento de esta diferencia es que aquella abstracción [la total] se hace por la consideración de algo que pertenece a la *ratio* de lo inferior, y por la remoción, es decir, la no consideración de algo que pertenece a la *ratio* de aquello mismo inferior. Pues es abstraído animal de hombre por el hecho de que el intelecto considera en el hombre animal y no [considera] racional, de los cuales ambos es la razón de hombre. En cambio, aquella otra abstracción [formal] no se hace por la consideración de algo que pertenezca a la razón de aquella materia y por la no consideración de algo que pertenezca a aquella razón, sino más bien por la separación de estas cosas que pertenecen a la razón formal de estas que pertenecen a la razón material y viceversa [...]". *In de Ente et Essentia*, p. 222.
23. Así, en palabras de Tomás de Vio: "El fundamento de estas diferencias consiste en que la abstracción formal se hace por la separación de las potencialidades materiales y

cosas de tal tipo. Pero la abstracción total se hace por la separación de las actualidades específicas, [y] cuanto algo es más separado de ellas tanto más potencial es […]". *In de Ente et Essentia*, p. 222.

24. Debe decirse que hay autores como Lorenzo Vicente Burgoa o Edward Simmons que niegan la presencia en Cayetano de un proceso gradual de abstracción formal prefiriendo hablar más bien de diversos *modos* de abstracción Cfr. Simmons, 1959, p. 65; Burgoa, 1964, pp. 290–291. Con todo, es el propio Cardenal quien explica que existe un ordenamiento entre las diversas especies formales captadas por el intelecto, donde las más inteligibles funcionan como formas de las menos inteligibles: "Propter quod metaphysicalia ut sic non comparantur ad naturalia per modum totius universalis ad partes subiectivas, sed ut formailia ad materialia, sicut et mathematicalia, licet enim gradus metaphysicales sint universaliores aliis, et comparari possint ad alia ut ad partes subiectivas, eo quod eidem potest utraque abstractio convenire, inquantum stant sub consideratione metaphysicali, non sunt universalia respectu naturalium, sed formae, et naturalia sunt earum materiae, hoc est valde notandum" *In de Ente et Essentia*, p. 222. Así, el ente cuantificado sería forma con respecto al ente natural, y el ente en cuanto ente forma de sus inferiores. Por ende, si en la abstracción formal se trata de ascender desde lo material hacia lo formal, no es ilógico pensar que la misma se ordene como un proceso dividido en tres grados, partiendo desde el ente físico, pasando por el matemático hasta llegar al metafísico.
25. Cfr. *S. Th. I* q. 85, a. 1 "Commentaria Cardenali Caietani" (V, p. 332): "tota praecedens quaestio quaerit formaliter de his per quae intelligimus, ut sic; ista vero de modo et ordine quo intelligimus".
26. Cfr. *S. Th. I* q. 85, a. 1 "Commentaria Cardenali Caietani" (V, p. 332): "Ubi, primo, nota quod abstrahere a phantasmate quandoque significat operationem intellectus agentis, quandoque operationem intellectus possibilis: intellectus agentis quidem, quando dicitur quod abstrahimus species intelligibiles a phantasmatibus; intellectus vero possibilis, quando dicitur quod cognoscimus quod quid est hominis, abstrahendo ab hoc et illo homine. Tantum autem interest inter abstractionem utramque, quod abstractio illa est realis productio rei abstractae, scilicet speciei intelligibilis: ista aùtem solum est exspoliatio rei abstractae, non per realem denudationem, sed per negationem attinctionis seu considerationis, ut in responsione ad primum dare patet in littera".
27. Para una reseña más detallada de los autores que han tomado la figura de Cayetano como la de un auténtico y fiel comentador del pensamiento de Tomás de Aquino en este y en otros temas, cfr. Muñoz Medina, 2014 y 2016, pp. 25–45.
28. "Quod vero attinet ad abstractionem dicimus quod licet esse abstratum solum dicat denominationem extrinsecam in objecto, tamen non est hoc id quod specificat objective, sed esse radicaliter abstractum, seu immateriale…" (*Cursus Theologicus* I, q. 1 Primae Partis, disp. 2, a. 7).

29. *Cursus Theologicus* I, q. 1 Primae Partis, disp. 2, a. 7: "...quod non est aliud quam fundare ex se proportionem ut aliquid possit tali vel tam abstracto lumine attingi, secundum diversam inmaterialitatem et abstrahibilitatem potius quam abstractionem. Quare nunquam ipse actus intellectus, vel aliquid illi intrinsecum, potest esse prima radix specificandi".
30. En efecto, resulta más que clara la pertinencia del problema tratado a una visión moderna de la ciencia y el conocimiento. Por caso, para los pensadores antiguos y medievales no existía diferencia alguna entre el concepto de ciencia y el de filosofía. Por ello se explica que llamaran con tanta naturalidad *físicos* a todos aquellos estudios que Maritain, sin dudarlo, inscribiría dentro de la *filosofía de la naturaleza.* Este punto es explicado por algunos discípulos del filósofo francés como Yves Simon (Cfr. Simon, 1943, pp. 89–97).
31. V. gr. Dondeyne, 1938a, 1938b; Horgan, 1939, pp. 161–164; Deledalle, 1950; García López, 1975.
32. Geiger, 1947. Reeditado en Geiger, 2000. Todas las referencias al texto se realizarán siguiendo esta última edición.
33. Geiger, 2000, p. 161: "si uno se atiene al ser material como punto de partida, uno no podría extraer *por simple abstracción* más que el ente inmaterial del concepto de ente que formamos por su contacto. Pero *hablando formalmente*, no es legítimo transformar este concepto inmaterial del ente material en realidad inmaterial".
34. Cfr. Geiger, 2000, p. 161: "Este es el sentido profundo de la *separatio* [...] para captar el ente a su nivel propio de inteligibilidad [...] la inteligencia debe concebirlo, reencontrarlo como objeto, como trascendente de los modos de ser material e inmaterial [...] como estando abierto sobre los dos. [...] Pero pronunciarse así sobre el ser es juzgar".
35. Cfr. Geiger, 2000, p. 176: "...como ella [la *abstractio formae*] extrae una forma idéntica de una diversidad de sujetos, comprendemos que los espíritus hayan estado tentados de ver ahí el modelo de la abstracción por el cual nosotros extraemos el universal de los casos singulares. [...] Santo Tomás ha rechazado tal asimilación: la forma sustancial no está en la materia como un accidente en su sustancia".
36. Cfr. Leroy, 1948, p. 336: "Entendido en su significado inmediato como también reubicado en sus perspectivas, la *triplex distinctio* del artículo 3 retoma exactamente los *grados de abstracción* del aristotelicismo, y adjunta allí con una terminología poco habitual el beneficio de una profundización [...]". Así, el llamado *juicio de separación* no es más que el grado más perfecto y elevado de abstracción formal que alcanza la captación de un concepto absolutamente desmaterializado: el de ente (Cfr. p. 338). Por lo tanto, no es un juicio que "afirme la existencia, previamente conocida, de realidades inmateriales" (p. 334), sino uno que enuncia que no pertenece a la *ratio* de ente existir necesariamente en la materia. En el fondo, la diferencia entre las propuestas de Geiger y Leroy depende de una diversidad en la concepción de lo que sea el objeto de la metafísica, pero esto trasciende los límites de la investigación actual.

37. La cita corresponde al libro VI de la *Metafísica.*
38. Otro autor que adscribió con posterioridad a la postura de Leroy es Hellín, 1961.
39. Cfr. Elders, 1974, p. 105. Con todo, en una obra posterior, Elders plantea la necesidad de recurrir a un juicio negativo de separación para elaborar el concepto de *ente común*, el cual constituiría el objeto de la metafísica para Tomás de Aquino. Esta afirmación se asemeja notablemente a lo que defienden los autores que se considerarán en el siguiente apartado, Cfr. Elders, 1993, p. 170.
40. En este mismo texto, Merlan dirige una fuerte crítica a Leroy quien, como se vio, defendía que la explicación canónica acerca de la abstracción como causa de la división de las ciencias era brindada por Tomás en *S. Th. I* q. 85, a. 1. Ante ello Merlan le recuerda que, en el pasaje citado, Tomás no está agotando los objetos de ciencia en tanto no se refiere al conocimiento de las cosas superiores al hombre (Cfr. p. 287).
41. En la p. 445 agrega: "Apelando a un juicio negativo, a la *separatio*, entonces, uno puede afirmar que aquello por cuya razón algo es reconocido como ente no debe ser identificado con aquello por cuya razón es material o cuantificado o de una clase restringida".
42. Fabro, 1963, p. 134.
43. Si bien esto es absolutamente cierto acerca de la serie de artículos citados, con todo Lorenzo Vicente Burgoa modificó posteriormente su opinión original para plantear la posibilidad de que exista complementariedad más que contradicción entre las propuestas de Tomás y Cayetano. Sobre este punto, cfr. especialmente Burgoa, 1999, texto al que también se hará referencia más adelante en este mismo capítulo.
44. Algo semejante propone Joseph Kockelmans al afirmar que "para la constitución del objeto de la metafísica es esencial un juicio negativo en adición al tercero y último grado de abstracción, en el cual la materia inteligible es completamente excluida…" Kockelmans, 2001, p. 61.
45. Cfr. Simmons, 1959, pp. 37–40.
46. Simmons, 1959, p. 59.
47. Uno de ellos corresponde a las *QQ.DeAn.* q. 4, co.: "Cum enim natura speciei, quantum ad id quod per se ad speciem pertinet, non habeat unde multiplicetur in diversis, sed individuantia principia sint preter rationem ipsius, poterit intellectus accipere eam preter omnes conditiones indiuiduantes. Et sic accipietur ut aliquid unum. Et eadem ratione intellectus accipit naturam generis, abstrahendo a differentiis specificis, quasi unum in multis et de multis speciebus" (XXIV/1, p. 33).
48. Esta observación guarda enormes semejanzas con la postura de Ferrari recién analizada. En el fondo, lo que ambos reclaman es lo mismo: la necesidad de que por cada tipo de noción intelectual exista una operación exclusiva que se constituya como su causa.
49. Se trataría de lo que Tomás denomina *forma del todo*: hombre, caballo, etc.
50. En línea con el tipo de abstracción anterior, el objeto alcanzado por esta es identificado con la *forma de la parte*: humanidad, equinidad, etc.

Referencias

Acerbi, A. (2012). Aquinas's Commentary on Boethius' De Trinitate. [Essay]. *Review of Metaphysics, 66* (2), 317–338.

Anderson, T. C. (1972). Aristotle and Aquinas on the Freedom of the Mathematician. [Journal Article]. *Thomist: A Speculative Quarterly Review, 36*, 231–255.

Aquinatis, T. (1888). Summa Theologiae. Pars Prima *Opera omnia iussu impensaque Leonis XIII P. M. edita* (Vol. 4). Romae: Ex Typographia Polyglotta S. C. de Propaganda Fide.

Aquinatis, T. (1889). Pars prima Summae theologiae *Opera omnia iussu impensaque Leonis XIII P. M. edita* (Vol. 5). Roma: Ex Typographia Polyglotta S. C. de Propaganda Fide.

Aquinatis, T. (1918). Summa Contra Gentiles I. In F. Praedicatorum (Ed.), *Opera omnia iussu impensaque Leonis XIII P. M. edita* (Vol. 13, pp. 3–270). Roma: Typis Riccardi Garroni.

Aquinatis, T. (1970). Quaestiones disputatae de veritate *Opera omnia iussu Leonis XIII P. M. edita* (Vol. 22/1–2). Roma: Ad Sanctae Sabinae/Editori di San Tommaso.

Aquinatis, T. (1971). In duodecim libros Metaphysicorum Aristotelis expositio. In M. R. C. R. M. Spiazzi (Ed.). 2° ed. Taurini-Romae: Marietti.

Aquinatis, T. (1976). De ente et essentia *Opera omnia iussu Leonis XIII P. M. edita* (Vol. 43, pp. 315–381). Roma: Editori di San Tommaso.

Aquinatis, T. (1992). Super Boethium De Trinitate *Opera omnia iussu Leonis XIII P. M. edita* (Vol. 50, pp. 1–230). Roma-Paris: Commissio Leonina-Éditions Du Cerf.

Aquinatis, T. (1996). Quaestiones disputatae de anima. In B. C. Bazán (Ed.), *Opera omnia iussu Leonis XIII P. M. edita* (Vol. 24/1). Roma-Paris: Commissio Leonina-Éditions Du Cerf.

Aquinatis, T. (2000). Quaestio disputata de spiritualibus creaturis. In J. COS (Ed.), *Opera omnia iussu Leonis XIII P. M. edita* (Vol. 24/2). Roma-Paris: Commissio Leonina-Éditions Du Cerf.

Blanche, F. A. (1923). La théorie de l'abstraction chez saint Thomas. In D. d. l. P. d. France (Ed.), *Mélanges thomistes* (pp. 237–251). Paris: Revue des sciences philosophiques et théologiques.

Burgoa, L. V. (1963a). De modis abstractionis iuxta Sanctum Thomam. *Divus Thomas*, 189–218.

Burgoa, L. V. (1963b). De modis abstractionis iuxta Sanctum Thomam. *Divus Thomas*, 35–65.

Burgoa, L. V. (1964). De modis abstractionis iuxta Sanctum Thomam. *Divus Thomas*, 278–299.

Burgoa, L. V. (1999). ¿Abstracción formal o separación? Desde Tomás de Aquino a Cayetano. *Estudios Filosóficos, 138*, 211–256.

Cajetanus, T. d. V. (1995). Super librum de Ente et Essentia Sancti Thomae Aquinatis, in septem capita divisus *Opuscula Omnia* (pp. 220–283). Hildesheim-Zürich-New York: Georg Olms Verlag.

Connolly, F. G. (1953). Abstraction and Modarate Realism.. *New Scholasticism, 27*, 72–90.

Cory, T. S. (2013). The Liber De Causis, Avicenna and Aquinas's Turn to Phantasms. [Article]. *Tópicos. Revista de Filosofía*, (45), 129–162.

Cory, T. S. (2015a). Averroes and Aquinas on the Agent Intellect's Causation of the Intelligible. *Recherches de Théologie et Philosophie Médiévales, 82* (1), 1–60.

Cory, T. S. (2015b). Rethinking Abstractionism: Aquinas's Intellectual Light and Some Arabic Sources. *Journal of the History of Philosophy, 53*(4), 607–646.

Cromp, G. (1980a). L'intellect agent et son rôle d'abstraction. Doctorat en Philosophie, Université de Montréal, Montreal.

Cromp, G. (1980b). Les sources de l'abstraction de l'intelect agent dans la Somme de Theologie de Thomas d'Aquin. Doctorat en Philosophie, Université de Montréal, Montreal.

Cunningham, F. A. (1958). A Theory on Abstraction in St. Thomas. . *Modern Schoolman: A Quarterly Journal of Philosophy, 35*, 249–270.

De Koninck, C. (1960). Abstraction from Matter: Notes on St. Thomas' Prologue to the Physics. [Journal Article]. *Laval Theologique et Philosophique, 16*, 53–69.

Deledalle, G. (1950). Réflexions sur l'abstraction et la nature de l'abstrait. À propos de la philosophie de J. Laporte. *Revue Philosophique de Louvain*, 63–89.

Dondeyne, A. (1938a). L'abstraction. *Revue néo-scolastique de philosophie*, 5–20.

Dondeyne, A. (1938b). L'abstraction (suite et fin). *Revue néo-scolastique de philosophie*, 339–373.

Elders, L. (1974). *Faith and Science: An Introduction to St. Thomas' Expositio in Boethii De Trinitate.* Roma: Herder.

Elders, L. (1993). *The Metaphysics of Being of St. Thomas Aquinas in a Historical Perspective.* Leiden-New York: E. J. Brill.

Fabro, C. (1963). *La nozione metafísica di partecipazione secondo S. Tomasso d'Aquino.* 3° ed. Torino: Societá Editrice Internationale.

Ferrari, L. C. (1961). "Abstractio Totius" and "Abstractio Totalis".. *Thomist: A Speculative Quarterly Review, 24*, 72–89.

Ferrari, L. C. (1965). A Thomistic Appraisal of Thomas de Vio Cajetan's "Abstractio Totalis".. *Angelicum: Periodicum Trimestre Pontificiae Studiorum Universitatis e Sancto Thoma Aquinate in Urbe, 42*, 441–462.

Ferrater Mora, J. (1964). *Diccionario de Filosofía.* 5° ed. Vol. I (A–K). Buenos Aires: Sudamericana.

García Alonso, L. (1984). La abstracción en el pensamiento tomista. [Journal Article]. *Logos, Revista de Filosofía (México), 12*, 103–115.

García Chiarello, M. (1997). Ciencias fisico-matematicas em Tomas de Aquino: as ciencias intermediarias no Comentario sobre o Tratado da Trinidade de Boecio. *Cadernos de historia e filosofia da ciencia, 7*(2), 73–97.

García López, J. (1975). La abstracción según Santo Tomás. *Anuario Filosófico, 8*, 205–221.

Geiger, L. B. (1947). Abstraction et séparation d'après s. Thomas "In de Trinitate" q. 5, a. 3. *Revue de sciences philosophiques et théologiques, 31*, 3–40.

Geiger, L. B. (2000). Abstraction et Séparation d'après Saint Thomas In de Trinitate, Q. 5, A. 3. In R. Imbach (Ed.), *Penser avec Thomas d'Aquin* (pp. 139–183). Fribourg-Paris: Éditions Universitaires-Éditions du Cerf.

Gelonch, S. R. M. (2002). *Separatio y objeto de la metafísica. Una interpretación textual del Super Boethium De Trinitate, q5 a3, de Santo Tomás de Aquino.* Pamplona: EUNSA.

Gelonch, S. R. M. (2008). Una contribución para la comprensión del nacimiento del representacionalismo. *Philosophia, 68*, 123–132.

Guil Blanes, F. (1954). Abstracción del todo, de la forma y por juicio negativo, según el comentario tomista al "De Trinitate" de Boecio. *Estudios Filosóficos, V*, 389–404.

Hellín, J. (1961). Obtención del concepto del ente, objeto de la metafísica. *Pensamiento: Revista de Investigación e Información Filosófica, 17*(66), 135–164.

Horgan, J. (1939). L'abstraction de l'être. *Revue néo-scolastique, 62*, 161–181.
Hund, W. B. (1960). The Principles for the Division of the Speculative Sciences according to St. Thomas, Cajetan and John of St. Thomas. Master of Arts, University of Notre Dame, Notre Dame, Ind.
Kelly, C. J. (1965). Abstraction and Existence. . *Laval Theologique et Philosophique, 21*, 17–42.
Kockelmans, J. J. (2001). *The Metaphysics of Aquinas. A Sistematic Presentation.* Leuven: Bibliotheek van de Faculteit Godgeleerdheid.
Leroy, M.-V. (1948). Le savoir speculatif. *Revue Thomiste: Revue doctrinale de Theologie et de Philosophie, 48* (1–2), 236–339.
Llano Cifuentes, C. (2005). *Abstractio: Bases noéticas para una metafísica no racionalista.* Ciudad de México: Universidad Panamericana.
Magnavacca, S. (2005). *Léxico técnico de filosofía medieval.* Buenos Aires: Miño y Dávila.
Maritain, J. (1978). *Los grados del saber. Distinguir para unir.* Buenos Aires: Club de Lectores.
Merlan, P. (1953). Abstraction and Metaphysics in St. Thomas' *Summa*. . *Journal of the History of Ideas, 14*, 284–291.
Mondin, B. (1991). *Dizionario enciclopedico del pensiero di San Tommaso d'Aquino.* Bologna: Edizioni Studio Domenicano.
Muñoz Medina, C. P. D. (2014). Breve *status quaestionis* sobre el lugar de Cayetano en la historia del tomismo (siglos XX–XXI). *Rivista di filosofia neo-scolastica, 4*, 949–961.
Muñoz Medina, C. P. D. (2016). *Objetividad y ciencia en Cayetano.* Santiago de Chile: Ril.
Nordberg, K. (1990). Abstraction and Separation in the Light of the Historical Roots of Thomas' Tripartition of the Theoretical Sciences. In R. Tyorinoja (Ed.), *Knowledge and the Sciences in Medieval Philosophy. Proceedings of the Eighth International Congress of Medieval Philosophy (1987)* (Vol. III, pp. 144–159). Helsinki: Yliopistopaino.
Núñez Pliego, J. M. (2008). *Abstracción y separación. Estudio sobre la metafísica de Tomás de Aquino.* Pamplona: Eunsa.
Pascual, R. M. (2003). La división de las ciencias especulativas en Santo Tomás de Aquino. Doctorandus Excerpta ex dissertatione ad Doctorandum in Facultate Philosophiae, Pontificia Universitas Gregoriana, Roma.
Philippe, M.-D. (1948). Abstraction, addition, separation dans la philosophie d'Aristote. *Revue Thomiste: Revue doctrinale de Theologie et de Philosophie, 48*/ 1–2, 461–479.
Ponferrada, G. E. (1978). Nota sobre los "grados de la abstracción". *Sapientia, 33*, 267–284.
Ramírez, S. M. (1922). De ipsa philosophia in universum secundum doctrinam aristotelico-thomisticam. *Ciencia Tomista, 26*, 33–62; 325–364.
Ramírez, S. M. (1970). *De ipsa philosophia in universum.* Madrid: Instituto de Filosofía "Luis Vives".
Rodríguez Arias, J. (1998). Abstracción y ciencia en Santo Tomás de Aquino (I). *Ciencia Tomista, 125*(2), 259–316.
Sayre, K. M., & Bobik, J. (1963). Pattern Recognition Mechanisms and St. Thomas' Theory of Abstraction. *Revue Philosophique de Louvain*, 24–43.
Simmons, E. D. (1959). The Thomistic Doctrine of the Three Degrees of Formal Abstraction. [Journal Article]. *Thomist: A Speculative Quarterly Review, 22*, 37–67.
Simon, Y. R. (1943). Maritain's Philosophy of the Sciences. [Journal Article]. *Thomist: A Speculative Quarterly Review, 5*, 85–102.

Thoma, I. a. S. (1678). Cursus Philosophicus Thomisticus. In L. A.-P. Arnaud (Ed.). Lugduni.
Van Riet, G. (1952). La théorie thomiste de l'abstraction. *Revue Philosophique de Louvain*, *50*(27), 353–393.
Wippel, J. (1978). Metaphysics and *Separatio* according to Thomas Aquinas. *Review of Metaphysics*, *31*(3), 431–470.

2

La abstracción en el tomismo vs. la abstracción en Tomás de Aquino

A partir de lo observado en el capítulo anterior ha quedado en evidencia de qué manera el consenso común acerca de la abstracción considera que la misma –entendida con total rigurosidad– señala una operación intelectual humana, perteneciente con mayor propiedad al intelecto pasivo, y concerniente a la captación y formación del objeto inteligible a partir de la especie presentada por el intelecto agente. También ha podido verse que esta operación presenta diversos modos que serían los responsables principales de los distintos tipos de contenido inteligible que enriquecen nuestra cognición. La importancia crucial de este procedimiento dentro de la doctrina tomista consistiría, fundamentalmente, en que solo así podría explicarse la naturaleza específica del conocimiento humano, obligado a partir desde lo sensible pero llamado a concebir lo inteligible. De este modo, el objeto propio de la inteligencia del hombre no es algo dado y existente tal como es captado, sino que debe ser adaptado o actualizado mediante la abstracción. A su vez, también explicaría, como pudo verse, la existencia de diversos objetos inteligibles que se ofrecen al entendimiento y, por ende, la división de las ciencias que se ocupan del estudio de cada uno.[1]

Aspectos comunes dentro de la interpretación de los tomistas

Por tanto, podrían destacarse dos características centrales que poseería la abstracción según los tomistas, ya sea que lo indiquen expresamente o no:

i) La primera de ellas tiene que ver con la propia naturaleza de la abstracción en tanto la conciben, a las claras, como una operación productora de objetos. Se trataría de un proceso caracterizado por un punto de partida (*a quo*) –que, en general, sería cualquier ente sensible– y un punto de llegada (*ad quem*) –que lo constituiría el objeto inteligible. A su vez, este proceso, como toda actividad, debería poseer un sujeto que la lleva a cabo que, en este caso, sería el alma humana a través de sus diversas potencias: sentidos (externos e internos), intelecto agente e intelecto pasivo. Así, cada potencia constituye un peldaño o eslabón dentro de un único camino ascendente que se inicia en la captación sensible y se dirige hacia la consumación del acto cognoscitivo.

En cada una de estas instancias integrantes del proceso puede verificarse la presencia de estos elementos constitutivos. Se encuentra, en efecto, en el plano de lo sensible donde las diversas potencias captan un aspecto distinto de un mismo ente (como ya se dijo, frente a una manzana la vista percibe el color rojo, el olfato su aroma, etc.). Y también se encuentra en el ámbito intelectual donde el entendimiento es capaz de obtener diversos aspectos inteligibles a partir de una misma especie. Cada uno de estos aspectos –tanto los sensibles como los intelectuales– constituye un objeto cognoscitivo distinto, pero su diversificación no se da en el plano de la existencia ya que todos ellos comparten el ser en una única cosa. La misma, en cambio, se da por la propia relación que ellas guardan con respecto a cada potencia anímica.[2]

Ahora bien, esta relación implica en el plano inteligible un rol más activo para el sujeto de la operación (la potencia intelectiva) que el que puede darse en lo sensible. Esto es, mientras cada sentido es puramente pasivo frente al aspecto sensible que capta, la inteligencia no es completamente pasiva frente a su objeto sino que, de algún modo, tiene una participación importante en la formación del mismo. Así parece indicarlo Cayetano en su comentario a *Summa Theologiae I* q. 1, a. 3, al que se hizo referencia con anterioridad y en el cual distingue los objetos especulativos y, consecuentemente, las ciencias que los estudian en razón del *objectum ut objectum*, esto es, del modo de abstraer de cada una de las ciencias. Y es ciertamente esta suerte de elaboración del objeto intelectual lo que se pretende señalar cuando se habla de abstracción dentro de la tradición tomista posterior.[3] Un proceso que se sirve de la labor del intelecto agente,[4] pero que se completa en un nuevo momento donde el intelecto pasivo –ya actualizado por la especie inteligible– considera ciertos aspectos de la misma dejando de lado otros. Este considerar y dejar de lado, efectuado en el ámbito universal e inmaterial que ha sido habilitado por el trabajo del agente, constituye el acto abstractivo por antonomasia: la liberación de los aspectos inteligibles de aquellos otros que –aun estándoles unidos– no tienen parte en su concepto, con la consecuente formación del objeto especulativo.

Existe aún otra característica propia de la operación objetivante o abstractiva del intelecto pasivo que la separa de la que pueda darse en las otras potencias. Mientras cada sentido solo capta un único objeto sensible y el intelecto agente solo produce una única especie, el intelecto pasivo es capaz de formar diversos objetos especulativos a partir de esa única especie presentada por el agente.[5] Esto es, el rol abstractivo del intelecto paciente, que consiste en la formación del objeto cognoscitivo, puede ser efectuado de varias maneras distintas, atendiendo a la multiplicidad de aspectos objetivos que encierra una misma especie. Estas diferencias en las cosas consideradas justifican –según el común parecer de diversos autores– la postulación de una multiplicidad de operaciones abstractivas realizadas por el intelecto pasivo. Cada una de las cuales sería responsable de la formación de un objeto inteligible particular mediante una luz específica.[6] Y, en razón de ello, las mismas se diferenciarían entre sí por un punto de partida, un proceso y un punto de llegada (o producto) determinados. Así, debe decirse que –en líneas generales– para la tradición tomista, solo mediante este camino específico pueden generarse en nuestro entendimiento los diversos órdenes de conocimientos y objetos que caracterizan nuestro procedimiento intelectual.[7]

En síntesis, el objeto de conocimiento intelectual solo es tal en tanto y en cuanto ha sido constituido en toda su actualidad por la actividad del entendimiento agente humano que lo desmaterializa. Y, de la misma manera, los objetos científicos se constituyen como tales a través de una consideración intelectual especial pero, en este caso, dependiente del entendimiento pasivo. Esto es expresado de un modo muy claro por Burgoa (2008, p. 86) cuando afirma que

> … atendiendo a la argumentación de Tomás de Aquino, las diversas ciencias especulativas se diferencian lógicamente por el objeto que especulan (*speculabile*) en cuanto tal. Y tal objeto es "inteligible" o "especulable" más o menos, mejor o peor, por relación al entendimiento humano, en el que se recibe como tal objeto especulable. Es el principio de adecuación o proporción entre objeto y sujeto de conocimiento intelectual. Ahora bien, ese "nivel de inteligibilidad" o ese carácter

> de "especulabilidad" o de "cientificidad" ("escibilidad", de *scibile*) depende de la misma operación por la que nos es deparado; esto es, de una abstracción formal, por la que captamos la "forma" o estructura esencial y constante de algo, dejando de lado el sujeto material concreto, lo accidental (lo *per accidens*) y lo contingente como tal.[8]

Así, el objeto no se identifica sin más con la cosa que existe fuera de la mente, sino que es necesaria una elevación especial efectuada por la luz del propio intelecto que actualice su inteligibilidad potencial.[9] Y esta elevación y constitución del objeto es realizada –finalmente y luego del procedimiento descrito– por el intelecto pasivo mediante su acto específico de abstracción.[10] De esta manera, la abstracción –entendida en un sentido estricto– se circunscribe en una dimensión distinta a la de las cosas como tales: la dimensión de la *objetividad.*

ii) La segunda característica tiene que ver con los efectos de tal operación abstractiva. Si hablar de abstracción dentro de este contexto tomista implica referirse a la consideración intelectual de una cosa separada de otra, debe notarse que esta separación puede verificarse o no en la realidad. Si la separación no se halla presente en lo real a punto tal que ambas cosas no podrían existir separadamente, entonces se considera que estas cosas son separadas solo según el intelecto. A partir de este principio, no son pocos los autores que interpretaron en Tomás una distinción muy estricta entre lo que es realmente separado y lo que es separado únicamente en la razón. Así, Van Riet (1952, p. 354.) afirma que "[t]odo lo que es abstracto según el pensamiento, *secundum intellectum*, no es abstracto en lo real, *secundum rem*". De esta manera el autor concluye que, según la auténtica doctrina tomasiana, debe establecerse una cuidadosa distinción entre "lo que corresponde al real y lo que corresponde a nuestro modo humano de concebir lo real". Esto mismo es enfatizado por Burgoa (1963a, p. 42) cuando explica que la abstracción, entendida *formaliter*,[11] es una separación que se apoya en el acto intelectivo y que, por ende, el producto de tal separación (lo abstracto) depende fundamentalmente de la operación mental. Por ello, cuando Tomás habla de que algo es abstracto o separado según la razón, debe entenderse que se refiere a que ha sido separado por la razón y que esta es la causa inmediata y principal de la división. De otro modo, se caería en una solución de tipo platónico al defender que lo que es separado en la razón también lo es en la realidad.[12] Muy por el contrario, la distinción provocada por la abstracción no es una distinción real sino una distinción de razón (Burgoa, 1963b, p. 192).

Esto no implica que, para los autores citados, no exista ningún tipo de correlato en la realidad que permita realizar esta abstracción. Pensar de ese modo implicaría romper con la propia definición de verdad defendida por Tomás, la cual consiste en la adecuación entre la inteligencia y la realidad.[13] Por ende todos admiten la existencia de un fundamento *in rerum natura* aunque se sostenga, a la vez, que el objeto conocido en cuanto tal es constituido por su relación con la potencia cognoscitiva.[14] Esto es, que su estado de separación con respecto a la materialidad no responde a la realidad extramental sino al modo en que es considerada por la mente humana.

Diferencias entre los planteos

Ahora bien, es hasta este punto donde llegan los acuerdos ya que, en lo que hace a la determinación de cuántas y cuáles sean las operaciones que el intelecto realiza para captar sus objetos de ciencia, no ha sido posible hallar una doctrina homogénea. Y esto no se debe a una falta de inteligencia o de esmero por parte de los tomistas. En realidad, son los propios textos del Aquinate, o –más precisamente– las referencias que se hacen en ellos a la abstracción, los que parecen carecer de la precisión necesaria. Esta situación ha provocado que, por ejemplo, un destacado estudioso en esta materia como Burgoa admita que el uso del término *abstracción* en los textos de Tomás le resulta, por momentos, indiscriminado (1999, p. 247).

Formulado de un modo más preciso, el problema sería el siguiente: si para toda la tradición, la abstracción consiste en un proceso intelectual determinado que, según cada uno de diversos modos, debe permitir la captación de un tipo distinto de contenido inteligible (lógico, científico, etc.), entonces, uno esperaría que las referencias a estos modos en los textos conservaran un mínimo de homogeneidad. Pero ocurre algo muy distinto ya que, por ejemplo, la metafísica como ciencia es relacionada a veces con la separación pero otras con la abstracción.[15] En otras oportunidades, el Aquinate utiliza separación para referirse a los objetos de todas las ciencias especulativas.[16] Y con respecto a los tipos de abstracción, Tomás habla de la *abstractio universalis* o *totius* igualmente en relación con conceptos lógicos (como los géneros y las especies) y con objetos de la ciencia física (como la naturaleza de hombre o de asno).[17] Y esto no tiene nada que ver con una doctrina que haya ido madurando progresivamente en la mente del dominico: este tipo de referencias desconcertantes para los tomistas aparecen incluso con mayor frecuencia en los textos de madurez.[18] Tampoco se trata de una mera cuestión de laxitud terminológica, porque los debates entre los tomistas giran también en torno de cuáles sean los objetos de las ciencias, algo que se muestra con particular evidencia en el caso de la metafísica donde los autores toman partido por una u otra posición (por los grados de abstracción o la *separatio*, etc.) según consideren que el objeto de dicha ciencia lo constituye el concepto de ente común o las propias sustancias separadas.[19]

Por ello resulta entendible que la aplastante mayoría de autores que han abordado este problema se hayan visto forzados a adoptar una estrategia un tanto polémica. Lo que se verifica en todos ellos es la selección de un texto –o una serie de ellos– al que le atribuyen el carácter de representar la posición auténtica del Angélico sobre el tema de la abstracción para luego interpretar algunos de los pasajes restantes –ni siquiera todos– a la luz del primero. Así, hay algunos –los tradicionales– que otorgan este carácter al texto de la *S. Th. I* q. 85, a. 1, y que luego intentan leer (entre otros) el texto del *Super De Trinitate* bajo su óptica.[20] Otros proceden de un modo distinto, destacando que el comentario a Boecio constituye el lugar clave donde Tomás aborda con detalle el problema de la determinación de los objetos de ciencia a partir de la consideración intelectual, y que sería aquí donde se establecería con total propiedad la doctrina acerca de la abstracción (y de la separación, en este caso). Por ende, todos los demás pasajes deberían ser interpretados a la luz del mismo, esto es: comprendiendo que la distinción intelectual según la primera operación se denomina propiamente abstracción y corresponde a las ciencias física y matemática, y que la distinción según la segunda operación se denomina separación y corresponde a la metafísica, por más que la terminología utilizada no sea precisa.[21] Finalmente, aquellos que proponen una visión sintética entre los textos de Tomás de Aquino y las interpretaciones de sus comentadores más cercanos (Cayetano y Juan de Santo Tomás) son los que manifiestan con mayor claridad lo problemático que puede volverse el uso de la noción de abstracción en las obras del Angélico si se pretende que designe una operación cognitiva precisa y destinada a la captación de un objeto intelectual determinado.[22] En efecto, para cumplir con su objetivo, necesitan o bien postular la existencia en Tomás de distinciones y clasificaciones que no se explicitan en ningún pasaje,[23] o bien afirmar que la explicación de la abstracción en sus obras se halla incompleta y necesita ser perfeccionada a partir de los desarrollos pertenecientes a los comentaristas posteriores.[24]

Pero ninguno de estos caminos parece satisfactorio si se atiende a las más elementales reglas hermenéuticas. En los primeros dos casos la estrategia descripta implica establecer de antemano que habría un significado preciso de la abstracción, el cual se manifestaría solo en un puñado de textos. Pero en el resto de la obra tal precisión se diluiría en mayor o menor medida. Sin embargo, no parece correcto suponer *a priori* que exista una situación tal en los textos del Aquinate sin antes haberse detenido –dejando de lado los preconceptos– a analizar la totalidad de ellos para descubrir qué es lo que quieren indicar. Es decir, la estrategia implicaría forzosamente la falacia de pretender preguntar por la naturaleza de la abstracción en Tomás de Aquino suponiendo, anticipadamente, que abstracción significa tal o cual cosa.

De un modo semejante, las propuestas englobadas en el tercer caso requieren la formulación de una doctrina *ad hoc* que permita resolver el problema no solo terminológico sino también doctrinal que el uso del término abstracción y la mención de sus modos por parte de Tomás dejaría para la posteridad. Por otra parte, afirmar que el tratamiento acerca de la abstracción hecho por el Aquinate deja problemas sin explicar relacionados con la obtención de ciertos objetos por parte del intelecto o la determinación precisa de la diferencia entre las múltiples operaciones intelectuales, implica la suposición de que tales asuntos constituían también un problema para él. Esto es, que la determinación de los objetos inteligibles es, para Tomás de Aquino, un problema doctrinal que debe ser resuelto apelando a la abstracción como procedimiento cognitivo. Nuevamente, se da por supuesto el significado de la abstracción antes de analizar qué denomina dicho término en los textos.

Ahora bien, para refutar esta objeción que denuncia fundamentalmente la existencia de un argumento circular en las propuestas de los tomistas, no bastaría con aclarar que lo que se presupone es meramente un sentido genérico del significado de abstracción –entendida como alguna especie de distinción del intelecto– mientras se intenta determinar con mayor precisión en qué consiste. Porque, aun así, se siguen manifestando incompatibilidades en los casos de aquellos pasajes que no se prestan con tanta facilidad para encajar ni siquiera en esta concepción más benévola y amplia. Tales fragmentos sufren como destino inexorable, o bien el ser catalogados como usos impropios o laxos del término, o bien el ser forzados a decir algo que –si se los analiza en sí mismos– no parecen decir.

La tradición tomista frente a la evidencia textual

Pero de nada vale lanzar esta acusación sin traer a cuento algún tipo de evidencia que la sustente. Para ello, se recurrirá a continuación al análisis de dos textos del Aquinate que han sido citados por varios autores como lugares clave donde se hace referencia a la abstracción entendida como proceso intelectual.

a) El primero de ellos corresponde a *S. Th. I* q. 85, a. 1, el cual ya ha sido citado con anterioridad en el presente capítulo, aunque de un modo indirecto, con ocasión de las lecturas que otros autores han hecho sobre el mismo. Si ahora se lo mira en detalle, podrá verse que el problema general discutido por el Aquinate en ese pasaje viene adelantado con toda claridad por el título del artículo: "Si acaso nuestro intelecto conoce las cosas corpóreas y materiales a través de la abstracción desde los fantasmas" (V, p. 330). Tomás responde en el *corpus* que, efectivamente, es propio del intelecto humano conocer la forma que existe individualmente en la materia corporal pero no como existe en tal materia. Y esto es justamente "abstraer la forma de la materia individual" (V, p. 331) representada por los fantasmas.

Pero el texto que interesa destacar está incluido en la respuesta a la segunda objeción que cuestiona la posibilidad de que los entes naturales sean conocidos abstrayéndolos de la materia por advertir que la misma cae necesariamente en su definición. El Doctor Común responde introduciendo la distinción entre materia individual y la común. Y luego agrega que:

> Por consiguiente, el intelecto abstrae la especie del ente natural de la materia sensible individual, pero no de la materia sensible común [...] Pero las especies matemáticas pueden ser abstraídas por el intelecto de la materia sensible no sólo individual sino también común. Pero no de la materia inteligible común sino sólo de la individual. [...] Pero hay algunas que pueden ser abstraídas también de la materia inteligible común, como ente, uno, potencia y acto, las cuales también pueden existir sin materia como es patente en las sustancias inmateriales. (V, p. 331)

Numerosos autores han interpretado que en este pasaje se explica al detalle el proceso abstractivo del intelecto "constitutivo del conocimiento científico de la naturaleza, la matemática y la metafísica" (Elders, 1974, p. 105), es decir, la operación del intelecto pasivo que se ha denominado aquí como objetivante o causa de la distinción de los objetos. Así lo hicieron Cayetano y otros estudiosos como Ramírez, Leroy y Elders, quienes –como ya se ha visto– parecen encontrar aquí un fundamento para defender los célebres tres modos de abstracción formal. Pero también defienden lo mismo otros autores como Rafael Pascual que descarta esa doctrina y afirma encontrar aquí la explicación del esquema de operaciones intelectuales doble abstracción-separación, entendiendo que abstraer de la materia lo que puede existir sin materia supone, sin lugar a dudas, un juicio negativo de separación.

Cualquiera sea el caso, ambas posturas concuerdan en que el texto describe el proceso formalizador del intelecto pasivo ordenado hacia la determinación de los tres objetos de ciencia especulativa. Pero esta asunción no está exenta de algunas dificultades que pueden ser resumidas de la siguiente manera:

a. 1) En primer lugar, es evidente que, cuando Tomás habla de estas tres especies, en ningún momento las presenta explícitamente como los tres objetos de las ciencias especulativas. Y aunque resulte tentador concluir que sí se estaría refiriendo a ellos de un modo implícito, no debe olvidarse el contexto del asunto. El problema aquí gira en torno a lo que la mente humana puede conocer desde las cosas materiales. Pero, de hecho, existen ciertos objetos, que son considerados por la teología o ciencia primera, y que no podrían jamás ser fruto de la abstracción a partir de la materia ya que no existen en ella, como Dios y los ángeles.[25]

a. 2) Además, tampoco sería lícito considerar que estas tres especies se constituyen como los objetos de las ciencias especulativas si se atiende a lo que Tomás de Aquino afirma acerca de las mismas en el artículo segundo de la misma cuestión 85. Allí el Doctor Común se pregunta si acaso estas especies, que han sido abstraídas por el intelecto desde los fantasmas, son lo que (*quod*) conoce nuestro intelecto. Y la respuesta ya viene adelantada en el propio *Sed contra* donde afirma con total claridad que

> … la especie inteligible se ordena al entendimiento como la especie sensible al sentido. Pero la especie sensible no es aquello que es sentido sino, más bien, aquello a través de lo cual el sentido siente. Entonces, la especie inteligible no es lo que [*quod*] es entendido en acto sino aquello a través de lo cual el intelecto entiende. (V, p. 333)[26]

Luego, en el cuerpo del artículo, expone un argumento de gran importancia para la presente investigación. Porque si Tomás no puede admitir que las especies abstraídas por el intelecto desde los fantasmas sean el *quod* que el intelecto conoce es porque este *quod* se identifica con aquello de lo cual tratan las ciencias especulativas: las cosas extramentales.

> Por consiguiente, si aquellas cosas que conocemos fuesen sólo las especies que están en el alma, se seguiría que ninguna ciencia sería acerca de las cosas que existen fuera del alma, sino sólo de las especies inteligibles que están en el alma. (V, p. 334)[27]

De este modo, si las especies abstraídas del fantasma no son aquellas cosas de las que trata la ciencia sino solo el instrumento que utiliza el entendimiento humano para conocer, entonces difícilmente puedan tener ellas algo que ver en la determinación de las ciencias especulativas. Y así, el proceso de captación de tales ideas descripto por Tomás de Aquino en el artículo anterior no podría identificarse con una operación que constituya la cientificidad del objeto.

a. 3) Por último –y aunque por el momento solo pueda postularse de una manera hipotética– no parece afirmarse aquí que la distinción entre los tipos de especie en el texto de Santo Tomás se explique fundamentalmente por la diferente consideración del intelecto humano. En todo caso, lo que se insinúa estrictamente es que dicho intelecto conoce, efectivamente, abstrayendo especies desde los fantasmas, y que estas especies se diferencian entre sí por su relación con la materia. Ahora bien, no se afirma sin más que esta relación sea causada por el intelecto sino que, en sí misma, es una consecuencia de la constitución de las *rationes* de las especies como tales. Al menos eso es lo que parece decir cuando indica que el intelecto "puede abstraer la especie de hombre de esta carne y estos huesos, los cuales no pertenecen a la razón (*ratio*) de la especie…" (*S. Th. I* q. 85, a. 1, ad 2, V, p. 331). Ahora bien, ¿son estas *rationes* –como tales– un producto de la actividad intelectual humana? Por lo pronto, pareciera que no, porque de ser así, el Aquinate no cumpliría el cometido que tiene entre manos: explicar por qué el intelecto puede separar la especie de un tipo de materia pero no de otra.[28] En efecto, si la causa de esto fuese que la *ratio* incluye o no tal materia, pero esta *ratio* (con todo lo que le pertenece y no le pertenece) fuese también un producto del acto abstractivo del intelecto, entonces se caería inevitablemente en una falacia circular. Con todo, este punto solo podrá comprenderse con claridad una vez que se avance en el desarrollo de este trabajo.

De momento, es importante destacar que solo así puede entenderse la dinámica entre la objeción y su respuesta. Mientras la primera recuerda cómo la materia sensible cae necesariamente en la definición de los entes naturales (lo que equivale a decir que la misma pertenece a su esencia), el Aquinate, en su respuesta, no niega esto sino que aclare que, aun así, el intelecto humano puede abstraer su especie de la materia sensible individual porque esta última no pertenece a ella. Justamente, lo que puede ser abstraído (*potest abstrahi*) por el intelecto ya parece venir determinado de antemano por la *ratio* de la cosa o, más claramente, por su esencia.[29] Lo que aquí se afirma encuentra su fundamento en las propias palabras del texto ya que, al momento de explicar por qué la inteligencia puede captar la especie de hombre sin la materia individual, Tomás indica que es porque "esta carne y estos huesos" –individuales– no pertenecen a la razón (*ratio*) de la especie sino al individuo.

Se impone entonces la siguiente conclusión. Si bien en este texto abstracción significa ciertamente una operación cognitiva del intelecto humano, significa solo eso y está exenta de todas las otras connotaciones de orden epistemológico que gran parte de la tradición ha pretendido leer aquí. Es decir, no señala una operación destinada a la formación del objeto científico como tal, sino que describe de qué modo se distinguen entre sí las especies inteligibles que el intelecto humano utiliza para conocer la realidad sensible según el tipo de materia desde la cual pueden ser abstraídas y el tipo de materia que deben forzosamente contener. Ahora bien, la especie es un instrumento útil del conocimiento solo en tanto se configura como una similitud del objeto, esto es, de la cosa –*quod*– conocida.[30] Por ende, el proceso abstractivo del que se habla en el artículo 1 no se refiere al modo de distinguir los objetos científicos sino a las especies inteligibles en tanto semejanzas de tales objetos.

b) El segundo texto que se analizará corresponde al *Proemio* del *Comentario a la Metafísica* de Aristóteles. Allí Santo Tomás, al exponer una de las diversas razones que demuestran que la metafísica es la principal de las ciencias, afirma que:

> … son máximamente separadas de la materia las [cosas] que no sólo abstraen de la materia signada, como las formas naturales tomadas en universal, de las cuales trata la ciencia natural, sino [las que abstraen] completamente de la materia sensible. Y no sólo según la razón, como la matemática, sino también según la existencia, como Dios y las inteligencias. De donde la ciencia que considera acerca de esas cosas, parece ser la máximamente intelectual, y la principal o soberana de las otras. (*InMet.* "Proemium S. Thomae", p. 1)

A diferencia del anterior, este texto trata expresamente acerca de las ciencias especulativas y sus objetos respectivos y de allí se deriva el especial interés que despierta.

Suzanne Mansion, en un artículo que analiza específicamente este *Proemio*, entiende que Tomás está describiendo los pasos de una actividad desmaterializante realizada por el intelecto (1978, p. 52). En una línea similar, Pascual cree ver aquí una constatación de que la separación de la materia de cada objeto de ciencia especulativa es fruto de que cada una sea abstraída de un determinado tipo de materia, ya sea solo *secundum rationem* o también *secundum rem* (2003, pp. 124 y 175–176). Por su parte, Simmons utiliza este pasaje para refutar a aquellos que critican la doctrina cayetanista de los grados por no haber respetado la distinción entre abstracción y separación. Su punto reside en mostrar que ni siquiera el propio Tomás habría respetado dicha terminología en textos como el citado, donde utiliza indiscriminadamente los términos abstraer y separar para referirse a la captación de los objetos de las tres ciencias especulativas (1959, p. 44). En cualquiera de estos casos, lo que se está diciendo es que *abstraer* señala aquí un determinado tipo de operación intelectual ordenada a la obtención de un objeto particular.

b. 1) Sin embargo, si se analiza con atención el texto, se destaca un aspecto muy interesante. Ciertamente, Tomás habla de *abstraer* en referencia a los tres géneros de objeto científico: lo físico, lo matemático y lo metafísico. Por ello, si *abstraer* significara aquí una actividad intelectual humana ordenada a la captación de lo inteligible a partir de lo material, entonces se llegaría a la sorprendente conclusión de que tanto Dios como las inteligencias –identificados aquí como objetos de la metafísica– tendrían que ser abstraídos desde la materia para ser conocidos. Pero esto es imposible porque, como explica el Aquinate en otros pasajes,[31] las realidades que existen sin materia no pueden ser separadas de la materia por el intelecto.

b. 2) Tampoco es válida la salvedad que introducen autores como Burgoa,[32] Robert[33] o Van Riet,[34] indicando la diferencia entre *abstraer según la razón* y *abstraer según la cosa*. De acuerdo con ellos, *abstraer según la razón* es una expresión mediante la cual Tomás señala, en algunos textos, el acto considerativo propio de la primera operación intelectual para distinguirlo del de la segunda, *abstraer según la cosa o el ser*, donde la inteligencia reconoce la existencia separada de una cosa con respecto a otra. Es decir, se estaría hablando de la misma diferencia entre *abstractio* y *separatio* establecida a partir de su interpretación del texto del *Super De Trinitate* q. 5, a. 3, co., pero designada con otros términos. Con todo, aun si este fuera el significado de la frase en el texto del *Proemio*, se llegaría igualmente a la sorprendente conclusión de que tanto las cosas matemáticas como Dios y los ángeles serían objetos obtenidos a partir de un proceso intelectual desmaterializante, ya que a todos ellos se los caracteriza como los que abstraen de la materia sensible según la razón.

b. 3) Por otro lado, si se observa desde el punto de vista sintáctico el uso que el Aquinate hace aquí del verbo *abstraer* debe concluirse que el mismo no podría jamás ser interpretado como una operación intelectual. Si así fuera, entonces el sujeto del verbo *abstraer* –conjugado en voz activa– debería ser el intelecto humano o, en su defecto, el alma humana. Pero ninguna de estas cosas ocurre aquí. En cambio, el sujeto de la abstracción en este texto lo constituye la forma de la cosa misma que estudia la ciencia, la cual es más inteligible en la medida en que se halla más separada de la materia según su propio modo de ser. Así las de menor inteligibilidad son las formas naturales que solo abstraen de la materia signada; a continuación, se ubican las formas matemáticas que abstraen de la materia sensible solo *secundum rationem*; y, por último se encuentran aquellas cosas que también abstraen de la materia sensible *secundum rationem* pero porque no existen en la materia, es decir, porque abstraen de ella *secundum rem*.

Lo que aparece, entonces, es un sentido del verbo *abstrahere* que no corresponde a una acción del intelecto humano, sino que se refiere, más bien, a una propiedad de las cosas relacionada con su inteligibilidad. Una cualidad de la propia cosa o –más precisamente– de la *forma* de la cosa, a saber: la cualidad de prescindir de un determinado tipo de materia. Debe notarse que, si se interpreta el término de esta manera, entonces no solo se desactivaría inmediatamente la objeción que se hacía más arriba sobre la atribución del *abstrahere secundum rationem* tanto a lo matemático como a Dios, sino que también desaparecería cualquier motivo para considerar que el uso del término *abstrahere* es aquí "indiscriminado".[35] En efecto –y respondiendo a lo primero– si se considera que aquí *abstrahere* indica un modo de prescindir de la materia como propiedad de la forma de una cosa, entonces no hay ningún inconveniente en sostener que tanto lo matemático como lo espiritual compartan el no depender de la materia sensible para ser entendidos.[36] Así, y con respecto a lo segundo, sería precipitado concluir sin más que el término no se esté utilizando con propiedad en este texto. Ciertamente, existe una posibilidad que merece ser considerada: que, como el término *abstraer* no significa aquí para Tomás lo que la tradición pretende, entonces su sentido se vuelve confuso y desconcertante para los comentadores contemporáneos.

Corolario: el problema tomístico de la abstracción

El análisis realizado hasta el momento ha sido capaz de mostrar las dificultades intrínsecas que presenta el intento por determinar lo que sea la abstracción en la obra de Tomás de Aquino si se parte desde ciertos preconceptos de la tradición tomista. En efecto, las diversas explicaciones brindadas a lo largo de los años –lejos de aportar mayor claridad– se contraponen una a otra, pero sin ser capaces de brindar una elucidación exhaustiva e incontestable. En otras palabras, cada una de ellas representa una respuesta parcial y, por ende, equívoca a la pregunta por la naturaleza de la abstracción. Parcial porque en todos los casos se determina un significado propio para la abstracción, pero de modo apriorístico y tomando como fuente principal lo que se interpreta a partir de algunos textos seleccionados. Y equívoca, por un lado, porque, al fundamentarse en un significado preconcebido, bloquea la posibilidad de descubrir la riqueza semántica y doctrinal que se esconde detrás de otros usos que trascienden la visión presupuesta. Y, por otro, porque incluso tergiversa, en más de una oportunidad, el sentido que el término posee en los pasajes tomasianos seleccionados como fundamento de sus afirmaciones.

Ahora bien, esto no significa que los responsables de estos desarrollos hayan carecido de la suficiente inteligencia como para percatarse de la situación, ni tampoco se insinúa una falta de esmero en la búsqueda de una síntesis superadora. Muy por el contrario, lo que se evidencia a partir del análisis realizado es que cualquier esfuerzo invertido en esta tarea está condenado al fracaso si se toma como punto de partida el preconcepto de que *abstracción* designa propia y fundamentalmente una operación del intelecto humano. Como esta creencia constituye un paradigma asumido unánimemente por las explicaciones que han brindado los tomistas clásicos y contemporáneos más relevantes, entonces no pueden evitar quedar encerrados en una suerte de laberinto hermenéutico del que solo podrían liberarse si se vuelven conscientes de la limitación fundamental de la que han partido.

Visto de un modo sintético, las causas del problema en el que se han visto envuelto todos estos autores –particularmente, los del siglo XX en adelante– pueden ser resumidas en tres momentos concatenados causalmente:

1) Asociar la abstracción exclusivamente con un método intelectual de determinación del canon epistemológico de las ciencias especulativas.
2) Considerar *a priori* que la *abstractio –strictu sensu–* es una operación intelectual humana que permite obtener los objetos específicos de esas ciencias, o al menos algunos de ellos.
3) Ignorar la existencia de otros sentidos y usos relevantes del término abstracción, más allá de su relación con el conocimiento humano.

De este modo, es más que claro que el responsable de la aporía en la que se encuentran inmersos en la actualidad los estudios acerca de este tema no puede ser precisamente el propio Tomás o, al menos, no es lógico ni correcto suponer de antemano que así sea. Siendo que el problema aparece en el preciso momento en el que se quiere interpretar sus referencias a la abstracción unívocamente desde un punto de vista lógico, y se acentúa cuando se pretende que la misma resuelva la cuestión gnoseológica de la fundamentación del conocimiento, entonces cabe preguntarse si realmente será este el sentido bajo el cual el término está siendo utilizado en todos los pasajes. O, incluso, si acaso el término podría significar eso sin más para Tomás.[37]

La plena justificación de esta última afirmación solo podrá ser encontrada a partir de los análisis que se efectúen en los próximos capítulos. Por lo pronto, lo que se ha demostrado aquí es la existencia de una discrepancia entre el significado bajo el cual la abstracción es asumida por la tradición tomista y el que tiene en algunos textos clave de la obra tomasiana. En el primer caso, se impone la necesidad de que el término señale una operación intelectual que explique el modo según el cual el alma humana procede para formar sus objetos cognitivos. En cambio, en Tomás la situación es distinta. Primero, porque *abstraer* y *abstracción* no designan siempre una operación intelectual: así lo pone de manifiesto el texto del *Proemio* al *Comentario a la Metafísica*. Pero, segundo, porque, aun en los casos donde la abstracción sí designa un acto del intelecto, el mismo no posee las características que la tradición pretende de él: no determina la distinción de los objetos, no causa la división de las ciencias especulativas, etc. Así lo muestra, por ejemplo, el texto de *S. Th. I* q. 85, a. 1.

Entonces puede decirse que se ha alcanzado el objetivo propuesto algunas páginas más atrás. Porque si lo que se intenta en el presente trabajo es encontrar una respuesta satisfactoria a la pregunta por la naturaleza de la abstracción en la obra de Santo Tomás de Aquino, ahora resulta evidente la conveniencia de emprender una nueva investigación que ponga entre paréntesis las propuestas interpretativas que se han presentado hasta la actualidad. Pero no solo se ha logrado esto, sino que también ha sido posible descubrir algunas pistas capaces de anticipar el camino a seguir a lo largo de los próximos capítulos.

En efecto, si se pregunta por el significado de la abstracción en la obra del Angélico, parece que la respuesta no puede pretender ser unívoca ya que el término encierra sentidos diversos en un pasaje u otro. A veces designa un proceso cuyo sujeto es el alma humana o –más precisamente– sus facultades cognitivas. Pero otras veces designa una propiedad –y no un proceso– cuyo sujeto es una cosa determinada. Por ello se impone la necesidad de llevar a cabo un estudio de todos los textos del Doctor Común donde se utilice el término *abstracción*, o alguno de sus derivados. Esta tarea es de suma importancia ya que permitirá determinar cuál es el sentido preciso bajo el cual es tomado el término de acuerdo con su contexto de uso o, lo que es lo mismo, de acuerdo con el problema que intenta resolverse en cada caso.

Notas

1. 1 Según Burgoa (1963a, p. 35) el estudio de la abstracción en los años recientes responde a la necesidad de "establecer el canon epistemológico de las ciencias y para la justificación y recta fundación del realismo moderado".
2. En general, es así como se interpretan las palabras de Tomás en *S. Th. I* q. 77, a. 3 c.: "Sic igitur non quaecumque diversitas obiectorum diversificat potentias animae; sed differentia eius ad quod per se potentia respicit" (V, p. 241); o también el pasaje de *S. Th. I* q. 1, a. 3, c. (IV, p. 12), ya citado en el capítulo anterior.
3. Así lo afirma, por ejemplo, Hund, 1960, p. 13: "En el caso del intelecto, la determinación a causa del objeto no es completa y exhaustiva porque el intelecto, en un cierto sentido, causa su objeto porque su objeto no es realmente inteligible tal como existe

en la naturaleza sino que es hecho inteligible sólo a través de la actividad del mismo intelecto".

4. O de abstracción desmaterializante, como ya se vio.
5. Cfr., por ejemplo, Hund, 1960, p. 16.
6. Así lo entiende –por ejemplo– Burgoa (1999, p. 251) cuando, hablando sobre los tipos de abstracción, explica que "…no se trata de formas superpuestas, sino de movimientos o estrategias diferentes, y hasta divergentes, del intelecto abstractivo […] tales estrategias sólo tienen un fin, el de posesionarse intencionalmente del medio objetivo".
7. Ver por caso Burgoa, 1963a, p. 36; Núñez Pliego, 2008, p. 45.
8. La misma idea se encuentra en otros autores. Cfr., por ejemplo, Elders, 1974, pp. 91–94, donde el autor afirma que el objeto, como causa de la división de las ciencias, no es la cosa que existe sino algo producido por la inteligencia mediante la abstracción desde la materia sensible. En esto consistiría fundamentalmente la distinción entre sujeto y objeto: sujeto es la cosa sensible, objeto la cosa en tanto conocida por el intelecto. Para conocerla, el intelecto debe adecuar la cosa a sí mismo: desmaterializarla mediante su operación abstractiva. Según Elders, esto es lo que Tomás explica, por ejemplo, en *SBDT* q. 5, a. 1. Cfr. también Robert, 1947, pp. 210–211, donde el autor justifica la necesidad de la operación separativa argumentando que "allí donde hay un proceso intelectual diferente, allí hay también un objeto formal distinto […]. Santo Tomás hará de la metafísica una ciencia *sui generis* y netamente distinta de toda otra, si la constituye en dependencia de una actividad intelectual *sui generis* e irreductible a todas aquellas que él pone a la base de otras ciencias. Entonces este principio es el que destaca del comentario del De Trinitate q5 a3". Esto es, hay ciencia distinta donde hay objeto distinto; y hay objeto distinto donde hay proceso de captación distinto. De un modo semejante se expresan Horgan, 1939, p. 161; Leroy, 1948, pp. 297–300; Sanabria, 1971, p. 350; Moreno, 1984, pp. 587–601.
9. Leroy, 1948, p. 243: "Hay que decir que este objeto al punto que la inteligencia capta, es para ella 'lo otro', él se impone a ella, y que ella se le dona, ella lo hace objeto elevándolo a sí misma, en sus *ideas*. El conocimiento intelectual no es por creación, él no hace su objeto, ella lo revela; pero ella lo revela según su luz, él no está en las cosas según el ser preciso que ella le otorga, o más aún según este ser no está más que en potencia".
10. Es en este modo de entender la operación intelectual donde se apoya la tradicional división entre el objeto material y el objeto formal del conocimiento, según la cual el primero designa la cosa según su existencia extramental, y el segundo designa la cosa en tanto se encuentra efectivamente ordenada hacia una potencia anímica determinada. Si bien esta distinción no es siempre tematizada de un modo explícito por los autores al momento de hablar de abstracción en el Aquinate, puede adivinarse que la misma se encuentra supuesta detrás de todas sus propuestas orientadas al análisis

de cómo la abstracción es la que permite captar los diversos objetos científicos en su especificidad.

11. La denominación *abstractio formaliter* apunta a distinguir lo que la abstracción significa estrictamente (operación intelectual) de su producto, la cosa *abstracta*. Para designar esto último, Vicente le aplica el nombre de *abstractio denominative*. Esta distinción ya había sido formulada por Santiago Ramírez en su obra citada. Cfr. Ramírez, 1970, p. 72.
12. Defienden una posición similar todos aquellos autores que afirman la constitución del objeto intelectivo como un efecto de la actividad intelectual. Además de Leo Elders, Nordberg, y otros ya citados, cfr. Ponferrada, 1978, p. 269: "Todo lo conocido intelectualmente es fruto de la *abstracción*, proceso por el cual el entendimiento separa de la concreción material captada por percepción sensorial un aspecto inteligible"; Pascual, 2003, p. 119: "La abstracción se funda, pues, en la naturaleza del conocimiento, si bien, como veremos, tiene también un fundamento objetivo, por parte de la cosa misma".
13. Cfr., por ejemplo, *DeVer.* q. 1, a. 1, co.: "Hoc est ergo quod addit verum super ens, scilicet conformitatem sive adaequationem rei et intellectus, ad quam conformitatem, ut dictum est, sequitur cognition rei" (XXII/1–2).
14. A raíz de este fundamento que tiene la distinción en la realidad, Burgoa (1963b, p. 212) la llama "*distinctio rationis ratiocinatae*", siguiendo la doctrina clásica expresada por Cayetano y Juan de Santo Tomás.
15. Tal como se pudo apreciar más arriba, su relación estricta con la *separación* parece insinuarse en *SBDT* q. 5, a. 3, co. Pero en *S. Th. I* q. 85, a. 1, ad 2 se afirma que objetos que caen bajo su consideración son *abstraídos* desde lo material.
16. Cfr., por ejemplo, *InDeSensu.* I, 1: "....ea que sunt separata a materia secundum esse et rationem pertinent ad methaphisicum, que autem sunt separata a materia secundum rationem et non secundum esse pertinent ad mathematicum, que autem in sui ratione concernunt materiam sensibilem pertinent ad naturalem" (XLV/2, p. 3). Debe recordarse aquí que este texto ha sido señalado por autores como Leroy o Simmons como evidencia de que Tomás de Aquino no respetaría en todas sus obras la división terminológica del *In Boethii De Trinitate*. Por ende, es claro que leen aquí una referencia a los productos de las operaciones intelectuales formadoras de objetos.
17. Por ejemplo, en *In Physic.*, II, lectio 3, n. 5: "Sicut patet quod animal est prius homine, et homo est prius hoc homine (nam homo se habet ex additione ad animal, et hic homo ex additione ad hominem); et propter hoc homo non est de intellectu animalis, nec Socrates de intellectu hominis: unde animal potest intelligi absque homine, et homo absque Socrate et aliis individuis. Et hoc est abstrahere universale a particulari" (II, p. 62).
18. Valga como evidencia de esto los textos que se acaban de citar correspondientes a los comentarios de las obras aristotélicas, los cuales fueron redactados por el Aquinate a partir del año 1267, a la par de la *Summa Theologiae*. Cfr. Torrell, 2005, pp. 11–16.

19. Este punto es desarrollado con gran precisión por Gelonch (2002, pp. 86–151).
20. Tal sería el caso de los ya citados Leroy, Guil Blanes, Ponferrada, Elders y Van Riet.
21. Así lo han manifestado Nordberg, Pascual, Núñez Pliego y Burgoa (al menos en su primera época).
22. Como lo prueban los intentos de Simmons, Ferrari y Burgoa (en su segunda época).
23. Así proceden Simmons y Ferrari, cuando intentan demostrar la presencia de una *abstractio totalis* que se complementaría con la *abstractio totius* como subgéneros ya de una *abstractio totius* en sentido amplio, ya de una *abstractio universalis a particulari* englobante de ambas. Cfr. Simmons, 1959, pp. 57–59; Ferrari, 1965, pp. 455–462.
24. Es la opinión de Burgoa (1999, pp. 222–223).
25. Sobre Dios y los ángeles como objetos de la metafísica, cfr. –entre otros– el texto del *Proemio* al comentario tomasiano de la *Metafísica* que será considerado a continuación: *InMet.* "Proemium S. Thomae", p. 1. Se trata de una crítica semejante a la que Philip Merlan le dirige a M. Leroy en contra de su pretensión de hallar aquí la plena expresión de la auténtica doctrina tomística referida a la división de las ciencias especulativas. Esta crítica ya se analizó en el capítulo 1. Cfr. Merlan, 1953, p. 287 y también Doolan, 2011.
26. Otro lugar donde Tomás de Aquino distingue con total claridad la especie inteligible de aquello que se conoce es *InDeAn.* III, cap. 2 (XLV/1, p. 213).
27. Este argumento también está presente en *InDeAn.* III, cap. 2 (XLV/1, p. 213).
28. En efecto, si la causa de esto fuese que la *ratio* incluye o no tal materia, pero esta *ratio* (con todo lo que le pertenece y no le pertenece) fuese también un producto del acto abstractivo del intelecto, entonces se caería inevitablemente en un círculo vicioso. Con todo, este punto solo podrá comprenderse con claridad una vez que se avance en el desarrollo de este trabajo.
29. Cfr. Gelonch, 2002, p. 69.
30. Cfr. *S. Th. I* q. 85, a. 2, c.: "Et sicut forma secundum quam provenit actio tendens in rem exteriorem, est similitudo obiecti actionis, ut calor calefacientis est similitudo calefacti; similiter forma secundum quam provenit actio manens in agente, est similitudo obiecti. Unde similitudo rei visibilis est secundum quam visus videt; et similitudo rei intellectae, quae est species intelligibilis, est forma secundum quam intellectus intelligit" (V, p. 334).
31. Un pasaje paradigmático lo constituye *S. Th. I* q. 88, a. 2, c.: "…quantumcumque intellectus noster abstrahat quidditatem rei materialis a materia, nunquam perveniet ad aliquid simile substantiae immateriali. Et ideo per substantias materiales non possumus perfecte substantias immateriales intelligere"` (V, p. 367).
32. Cfr. Burgoa, 1964, pp. 293–294: "De donde la separación de la materia, en sentido lato, es interpretada como cualquier remoción de materia, ya sea *real* porque las cosas están separadas de la materia por sí mismas; ya sea sólo *intelectual* porque las cosas son separadas de alguna materia sólo en la consideración del intelecto. Y esta separación es propiamente abstracción". Cfr. también la p. 279 donde, al elaborar una lista de los

principales textos donde –según su criterio– Tomás habla sobre la abstracción, indica como característica común que en todos ellos la abstracción designa una operación del intelecto humano.

33. Cfr. Robert, 1947, p. 211: "Tomás emplea frecuentemente los verbos abstraer y separar como dos sinónimos [...] uno y otro verbo son susceptibles de tener dos sentidos completamente diferentes, sobre todo si se trata de sus formas pasivas. Aquellas designan un estado resultante de una operación mental de abstracción o separación, y afectando nuestra representación conceptual de la cosa; o, al contrario, una condición ontológica de la realidad misma, independientemente de toda consideración del espíritu [...] existen los abstracta o separata que lo son por sí mismos. Santo Tomás los llamara abstracta o separata secundum esse (o secundum rem)".
34. Cfr. Van Riet, 1952, p. 354: "Todo lo que es abstracto según el pensamiento, *secundum intellectum,* no es abstracto en el real, *secundum rem.* Es necesario distinguir lo que corresponde al real y lo que corresponde a nuestro modo humano de concebir lo real".
35. Tal como lo califica Simmons, 1959, pp. 44–45.
36. Ahora bien, resulta necesario anticipar aquí que esta comunidad entre lo matemático y lo metafísico desde el punto de vista de la comprensión responde a causas diversas. En efecto, lo metafísico es comprendido sin materia sensible porque no existe (o puede no existir) en la misma. En cambio, la razón por la cual lo matemático puede ser entendido sin materia sensible aunque solo exista en la misma es más compleja y constituye precisamente el objeto de indagación en otras obras del Aquinate, como por ejemplo el famoso texto del *SBDT* q. 5, a. 3, que tanto revuelo ha causado a lo largo de los últimos 70 años. Cuando sea el momento apropiado de analizar con mayor detalle dicho pasaje, quedará en claro cuál es esta razón y de qué modo debe ser entendida la abstracción en dicho contexto.
37. Es decir, como el contexto común que caracteriza las indagaciones de estos autores es el convencimiento de que el planteo y el desarrollo de la abstracción como proceso intelectual en el Aquinate responde a la necesidad de explicar cómo logra la inteligencia producir una multiplicidad de objetos cognitivos a partir de la captación sensible, entonces todas sus propuestas quedarían fuertemente contradichas si se pudiera demostrar que, en Tomás, esta pluralidad de objetos es explicada de otra manera. Más adelante, cuando la evidencia introducida así lo permita, se volverá sobre este punto.

Referencias

Aquinatis, T. (1888). Summa Theologiae. Pars Prima *Opera omnia iussu impensaque Leonis XIII P. M. edita* (Vol. 4). Romae: Ex Typographia Polyglotta S. C. de Propaganda Fide.

Aquinatis, T. (1889). Pars prima Summae theologiae *Opera omnia iussu impensaque Leonis XIII P. M. edita* (Vol. 5). Roma: Ex Typographia Polyglotta S. C. de Propaganda Fide.

Aquinatis, T. (1970). Quaestiones disputatae de veritate *Opera omnia iussu Leonis XIII P. M. edita* (Vol. 22/1–2). Roma: Ad Sanctae Sabinae/Editori di San Tommaso.

Aquinatis, T. (1971). In duodecim libros Metaphysicorum Aristotelis expositio. In M. R. C. R. M. Spiazzi (Ed.). 2° ed. Taurini-Romae: Marietti.

Aquinatis, T. (1984a). Sentencia libri De anima *Opera omnia iussu Leonis XIII P. M. edita* (Vol. 45/1). Roma-Paris: Commissio Leonina-J. Vrin.

Aquinatis, T. (1984b). Sentencia libri De sensu et sensato cuius secundus tractatus est De memoria et reminiscencia *Opera omnia iussu Leonis XIII P. M. edita* (Vol. 45/2). Roma-Paris: Commissio Leonina-J. Vrin.

Aquinatis, T. (1992). Super Boethium De Trinitate *Opera omnia iussu Leonis XIII P. M. edita* (Vol. 50, pp. 1–230). Roma-Paris: Commissio Leonina-Éditions Du Cerf.

Burgoa, L. V. (1963a). De modis abstractionis iuxta Sanctum Thomam. *Divus Thomas*, 35–65.

Burgoa, L. V. (1963b). De modis abstractionis iuxta Sanctum Thomam. *Divus Thomas*, 189–218.

Burgoa, L. V. (1964). De modis abstractionis iuxta Sanctum Thomam. *Divus Thomas*, 278–299.

Burgoa, L. V. (1999). ¿Abstracción formal o separación? Desde Tomás de Aquino a Cayetano. *Estudios Filosóficos*, *138*, 211–256.

Burgoa, L. V. (2008). La abstracción científica en el pensamiento maduro de Tomás de Aquino (o en torno a la última destrucción de la metafísica tomista). *Estudios Filosóficos*, *57*(164), 61–100.

Doolan, G. T. (2011). Aquinas on Separate Substances and the Subject Matter of Metaphysics. *Documenti e studi sulla tradizione filosofica medievale*, *XXII*, 347–382.

Elders, L. (1974). *Faith and science: an introduction to St. Thomas' Expositio in Boethii De Trinitate.* Roma: Herder.

Ferrari, L. C. (1965). A Thomistic Appraisal of Thomas de Vio Cajetan's "Abstractio Totalis". [Journal Article]. *Angelicum: Periodicum Trimestre Pontificiae Studiorum Universitatis e Sancto Thoma Aquinate in Urbe*, *42*, 441–462.

Gelonch, S. R. M. (2002). *Separatio y objeto de la metafísica. Una interpretación textual del Super Boethium De Trinitate, q5 a3, de Santo Tomás de Aquino.* Pamplona: EUNSA.

Horgan, J. (1939). L'abstraction de l'être. *Revue néo-scolastique*, *62*, 161–181.

Hund, W. B. (1960). The Principles for the Division of the Speculative Sciences according to St. Thomas, Cajetan and John of St. Thomas. Master of Arts, University of Notre Dame, Notre Dame, Ind.

Leroy, M.-V. (1948). Le savoir speculatif. *Revue Thomiste: Revue doctrinale de Theologie et de Philosophie*, *48*(1–2), 236–339.

Mansion, S. (1978). L'intelligibilité metaphysique d'apres le "Proemium" du Commentaire de Saint Thomas a la "Metaphysique" d'Aristote. *Rivista di Filosofia Neo-Scolastica*, *70*, 49–62.

Merlan, P. (1953). Abstraction and Metaphysics in St. Thomas' *Summa*. *Journal of the History of Ideas*, *14*, 284–291.

Moreno, A. (1984). The Subject, Abstraction and Methodology of Aquinas' Metaphysics. *Angelicum: Periodicum Trimestre Pontificiae Studiorum Universitatis e Sancto Thoma Aquinate in Urbe*, *61*(4), 580–601.

Núñez Pliego, J. M. (2008). *Abstracción y separación. Estudio sobre la metafísica de Tomás de Aquino.* Pamplona: Eunsa.

Pascual, R. M. (2003). La división de las ciencias especulativas en Santo Tomás de Aquino. Doctorandus Excerpta ex dissertatione ad Doctorandum in Facultate Philosophiae, Pontificia Universitas Gregoriana, Roma.

Ponferrada, G. E. (1978). Nota sobre los "grados de la abstracción". *Sapientia, 33*, 267–284.

Ramírez, S. M. (1970). *De ipsa philosophia in universum.* Madrid: Instituto de Filosofía "Luis Vives".

Robert, J.-D. (1947). La metaphysique, science distincte de toute autre discipline philosophique selon Saint Thomas. *Divus Thomas, 50*, 206–222.

Sanabria, J. R. (1971). El punto de partida de la metafísica, ¿abstracción o intuición? *Sapientia, 26*, 347–368.

Simmons, E. D. (1959). The Thomistic Doctrine of the Three Degrees of Formal Abstraction. *Thomist: A Speculative Quarterly Review, 22*, 37–67.

Torrell, J.-P. (2005). *Aquinas's Summa. Background, Structure and Reception* (O. S. B. Benedict M. Guevin, Trans.). Washington D.C.: The Catholic University of America Press.

Van Riet, G. (1952). La théorie thomiste de l'abstraction. *Revue Philosophique de Louvain, 50*(27), 353–393.

3

Los sentidos de la abstracción en Tomás de Aquino

Tal como quedó establecido en el capítulo anterior, todo intento por determinar la naturaleza de la abstracción en la obra de Tomás de Aquino deberá reparar en que, detrás de los términos, se esconden sentidos diversos, los cuales –de no ser advertidos– amenazan con volver esteril cualquier esfuerzo invertido. Ciertamente, se ha visto de qué modo el haber pensado que *abstracción* designa únicamente una operación intelectual llevó a interpretar en un texto de gran importancia como el *Proemio* del comentario a la *Metafísica* algo que el Aquinate no dice.

Por ello, al comenzar esta sección de la presente investigación, debe establecerse con claridad que el objetivo consistirá en intentar detectar todos los diversos sentidos en que es tomado el término *abstracción* y sus derivados en las obras tomasianas. Pero, antes de comenzar esta tarea, es necesario tener en cuenta que hay antecedentes de esfuerzos similares en la tradición tomista, aunque los mismos no satisfagan completamente las exigencias de este trabajo.

Los sentidos de la abstracción según la tradición tomista

Tal vez el caso más paradigmático lo constituya Santiago Ramírez quien, en su serie de artículos ya citada con anterioridad, desarrolla una detallada consideración acerca de la abstracción. Con todo, su objetivo explícito consiste en describir las características de la ciencia filosófica de acuerdo con su causa eficiente. De este modo, lo que puede encontrarse allí no es tanto un análisis semántico de las diversas apariciones del término en la obra de Santo Tomás, sino más bien un estudio especulativo que pone de manifiesto una concepción hermenéutica previa acerca de la doctrina de la abstracción. Con todo, el autor cree basar todas sus distinciones en la doctrina segura del Aquinate y, por este motivo, es válido considerarlo como una voz autorizada dentro de esta sección.

Ramírez entiende que la abstracción puede ser distinguida, en primer lugar, de acuerdo con la *noción nominal*, y desde este punto de vista se pueden establecer dos categorías. La primera de ellas se constituye "según aquello a partir de lo cual es impuesto el nombre o según la primera imposición del nombre" (1970, p. 68). Se refiere puntualmente a lo que podría denominarse *significado etimológico* del término abstracción. Y, dentro de esta categoría, Ramírez establece una nueva distinción entre la abstracción entendida como pasión según la cual algo es sustraído o separado de otra cosa, y la abstracción como acción según la cual algo sustrae o separa a otro desde un tercero. Para graficar su explicación recurre a un mismo ejemplo analizado desde dos puntos de vista: el agua que se extrae desde un pozo. Desde el punto de vista del agua que es extraída, la abstracción es denominada en sentido pasivo. Pero desde el punto de vista de aquel que realiza la acción de extraer el agua, la abstracción es designada en forma activa.

Por su parte, la segunda categoría correspondiente a la noción nominal del término abstracción se constituye "según aquello para significar lo cual es impuesto el nombre". Esto es, mientras la primera categoría constituiría el fundamento concreto de la imposición del nombre, la segunda categoría reflejaría el uso propio del término en el campo de la ciencia filosófica: la designación de un proceso psicológico cognoscitivo. Por ello, se trataría aquí de un fenómeno inmanente al hombre dentro del cual se distinguen dos órdenes: el orden de lo sensitivo y el orden de lo intelectivo. Y en ambos se explicitan un sentido activo y uno cuasipasivo o denominativo de entender la abstracción.[1] Según el primer orden, la acción de abstraer designa el acto por el cual algo es sentido sin que otra cosa que pertenezca a la misma realidad sea sentida. El ejemplo brindado en este caso corresponde al acto de percibir el sonido producido por algo sin percibir su color. Y, consecuentemente, la cuasipasión la constituye el hecho de que algo (como el sonido) sea percibido sin percibir otra cosa (como el color).

Por el lado del orden inteligible, la abstracción presenta también una consideración activa correspondiente con el acto de captar intelectualmente una especie o la quididad de una cosa (Ramírez, 1970, p. 70); y una consideración cuasipasiva que designa lo mismo pero desde el punto de vista de la cosa que es abstraída. En este último caso, Ramírez distingue entre la abstracción entendida *denominative* y la abstracción entendida *fundamentaliter*. El primero de estos modos designa "alguna *relación* de razón de lo abstracto hacia el abstrayente, fundada en la acción real abstrayente" (Ramírez, 1970, p. 72), esto es, el hecho de que algo sea abstraído por la inteligencia desde otra cosa –lo cual no implica una modificación real en la cosa–. En este punto, Ramírez remite a un texto de Cayetano donde se explica que *abstraer* significa dos cosas. En primer lugar, "cuando decimos que el *intelecto abstrae* (activa o formalmente) del hombre y del caballo" y, en este caso significa "*la misma operación del intelecto* que capta en ellos una cosa y no otra". En segundo lugar, "cuando decimos que *animal* (objetiva o pasivamente) *abstrae* de hombre y caballo" y, en cambio, aquí significa "*la denominación extrínseca a partir de aquella operación del intelecto, por la cual la cosa conocida es denominada abstracta*" (*Sobre la analogía de los términos*, cap. 5, §43, pp. 72–74).

Por su parte, *fundamentaliter* señala el modo de entender la abstracción como *composición* o *eminencia* de la cosa abstrahíble "que es transformada en abstrahíble formalmente" (Ramírez, 1970, p. 72). En otras palabras, señala el fundamento objetivo de todo el proceso abstractivo que debe corresponder con la misma abstracción y a la que también se refiere como la "*abstrahibilidad* o la *distinción tomada objetivamente*" (Ramírez, 1970, p. 70).

De esta manera, puede concluirse que, si bien para Ramírez la abstracción puede ser tomada en diversos sentidos, esta significa propiamente el acto del intelecto mediante el cual se conoce una cosa sin conocer otra. Esta denominación se fundamenta –ciertamente– en una imposición originaria del término relacionada con la acción física y transitiva de separar una cosa de la otra, pero constituye el modo específico de comprender el término en el campo de la filosofía. A su vez, es capaz de fundamentar otros sentidos derivativos utilizados para denominar pasivamente tanto la cosa abstraída como el fundamento de la abstracción –que solo son tales en tanto haya algo que realice la acción de abstraer. En síntesis, para Santiago Ramírez la abstracción en Tomás de Aquino significa específicamente una *acción inmanente* del intelecto que da lugar a su correspondiente *pasión inmanente* o *cuasi-pasión* (Ramírez, 1970, p. 69).

Por otro lado, es necesario reparar también en algunas obras de orden más técnico como el citado diccionario de Mondin. Sin embargo, su apartado dedicado al término "*astrazione*" no ofrece aportes demasiado novedosos. Tal como se destacó en el primer capítulo, *abstracción* designa para el italiano un proceso cognitivo a través del cual el hombre puede captar tres ideas distintas (física, matemática y metafísica) a través de la escisión desde diversos tipos de materia (Mondin, 1991, pp. 66–68).

En cambio, el panorama es muy diferente si se vuelca la atención sobre el *Thomas-Lexikon* publicado por Ludwig Schütz en el año 1895. En este trabajo de enorme erudición e importancia,[2] Schütz distingue cinco formas lingüísticas bajo las cuales el concepto de abstracción aparece en la obra de Tomás de Aquino: *abstracte, abstractive, abstractio, abstrahere,* y *abstractus-a-um.* Las primeras dos formas –que corresponden al uso adverbial– son tomadas como sinónimos y su sentido es derivativo de las posteriores. Su significado sería: *abstractamente* o *abstractivamente.* Si se analizan las tres formas restantes, se verá que la variante *abstractus-a-um* no es más que el participio del verbo *abstrahere.* Como tal, señala –en principio– el producto de la acción de abstraer, significa claramente *lo abstracto.* Por su parte, el término *abstractio* señala la misma acción que *abstrahere* pero en sentido sustantivo. De este modo, todo parece reducirse al análisis de la forma verbal *abstrahere* y es allí donde se centrará principalmente esta síntesis.

En primer lugar, el autor distingue dos significados para el verbo *abstraer.* Según el primero de ellos, el verbo indica la acción de *quitar, separar, remover o sacar.*[3] Ahora bien, esta acción puede ser considerada de acuerdo con cuatro sentidos diversos: a) El primero de ellos es denominado *ontológico* y, por lo que se deduce de los ejemplos introducidos por Schütz, se refiere a aquellos casos donde se verifica una *separación real* entre dos cosas. Esto ocurre cuando Tomás habla, por ejemplo, de *abstraerse* de las delectaciones de la carne,[4] del "ente divino, que es *abstraído* de la materia y el movimiento",[5] del siervo que se *sustrae* del servicio a su señor para abrazar la vida religiosa,[6] etc. b) El segundo sentido es denominado *psicológico* y parece señalar el fenómeno por el cual una potencia es arrebatada de su función normal a causa de algún factor externo a ella. Como ejemplos se citan, entre otros, los casos en que alguien *es abstraído* de la vida sensitiva a causa del sueño o la enfermedad (*De Ver.* q. 8, a. 12, ad 3), o en que *es abstraído* de la preocupación por las cosas temporales (*S. Th. I-II* q. 89, a. 2, ad 3).

c) El tercer sentido se muestra como el más importante dentro de esta clasificación y es denominado *epistemológico.* Corresponde al acto del intelecto mediante el cual este capta alguna cosa como separada de otra. Este acto puede tomar dos formas: según el modo de la composición y división, y según el modo de la simplicidad (*S. Th. I* q. 85, a. 1, ad 1). En el primer caso (c. 1) el intelecto capta el estado de separación o no separación de dos cosas tal como existen en la realidad. En cambio, en el segundo caso (c. 2), el intelecto capta una cosa separadamente de otra con la cual existe en la realidad. Es según este modo de abstracción que la inteligencia capta las esencias de las cosas materiales separadas de las condiciones individuantes y sensibles que la acompañan en su existir (*S. Th. I* q. 85, a. 2, ad 2).[7] d) Por último, en cuarto lugar, Schütz señala un sentido *místico* según el cual la abstracción designa el fenómeno de alienación mediante el cual el alma humana es arrebatada de los sentidos para contemplar lo divino (*S. Th. I* q. 12, a. 11 c. y *Super II Cor.*, 12, lectio 1).

Lo dicho sintetiza los diversos sentidos bajo los cuales el verbo *abstraer* es tomado de acuerdo con su primera significación en las obras tomasianas según Schütz. Ahora bien, el autor distingue una segunda significación según la cual *abstraer* señala el hecho de que una cosa *prescinda* o *se abstenga de* alguna otra. Más precisamente, y de acuerdo con los ejemplos suministrados, la referencia gira en torno a las especies inteligibles y sus relaciones con la materia. Así, puede leerse que "la cantidad matemática no abstrae de la materia inteligible" (*S. Th. III* q. 77, a. 2, ad 4).

Si se pasa ahora a la consideración de las otras formas lingüísticas analizadas por Schütz podrá verse que *abstractio* (abstracción) indica simplemente la forma sustantiva del verbo *abstrahere* pero solo según su primer significado, esto es: *abstractio* significa *sustracción* o *separación* pero no *prescindencia*. De este modo, se distinguen en la *abstractio* tantos sentidos como se hizo en *abstrahere* bajo el primer significado: *ontológico, psicológico, epistemológico y místico*. Y en cada uno de ellos los ejemplos son similares a los del caso anterior.

Lo mismo ocurre en el caso del participio *abstractus, a, um*: indica lo *removido, separado, retirado* como producto de la acción de *abstraer* entendida según el primer significado. Y también en este caso Schütz distingue los cuatro sentidos ya detallados. Por último, las formas adverbiales *abstracte* y *abstractive* se refieren únicamente a la acción de *abstraer* bajo su primer significado y según el sentido *epistemológico*. De esta manera, indican un modo según el cual el intelecto conoce, capta o significa las cosas.

Como corolario de esta exposición debe destacarse el hecho de que Ludwig Schütz considere dos significados en el verbo *abstrahere*, pero solo uno en sus formas sustantivas, participiales y adverbiales. Esto quiere decir que –según su opinión– mientras la forma verbal *abstraer* puede significar tanto *quitar o sustraer* como *prescindir o no depender*, toda vez que Tomás de Aquino habla de *abstracción* o de *lo abstracto* se refiere a la acción o al producto de *quitar, separar o sustraer* y nunca a la capacidad de una especie inteligible de prescindir de la materia ni a la especie misma en tanto sujeto de dicha prescindencia, lo cual resulta algo extraño.

Por otro lado, las clasificaciones de Ramírez y Mondin son incompletas en tanto parten de la convicción inicial de que *abstracción* designa una operación intelectual. Por este motivo, se justifica un nuevo análisis de sentidos que trascienda estas limitaciones y se fundamente, no en posturas previas, sino en lo que los propios textos enseñan.

Los sentidos de la abstracción en la obra de Tomás de Aquino

Con esta nueva manera de concebir la clasificación se intentará satisfacer dos objetivos diferentes. Por un lado, se pretenderá reflejar completamente la diversidad de usos que el término *abstracción* presenta en la obra del Aquinate. En este sentido, la propuesta es asimilable al trabajo lexicológico de Schütz. Pero, por otro, también se tratarán de considerar especulativamente todas las consecuencias que pueden seguirse en caso de comprobarse la existencia de múltiples sentidos bajo los cuales se tomen estos términos. Esto es, si es cierto que Tomás ha introducido una determinada pluralidad semántica en sus textos, entonces tal decisión debe tener un fundamento teórico coherente, so pena de que el uso del término sea completamente equívoco e indiscriminado.

De este modo, es necesario efectuar, en primer lugar, un relevamiento que ponga de manifiesto todos los pasajes donde Tomás de Aquino utiliza el término *abstrahere* o alguno de sus derivados. Para asegurar la exhaustividad en esta labor se ha recurrido a la utilización de un instrumento de probada eficiencia como es la búsqueda por lemas en el *Index Thomisticum* elaborado por Roberto Busa, S. J.[8] Esta tarea ha dado como resultado la aparición de más de 1100 casos del término en más de 700 lugares distintos y distribuidos bajo tres lemas diferentes: el #590 (*abstractio, abstraction-is*), el #590e (*abstractivus abstractiva abstractivum*) y el #593 (*abstrah-o abstrax-i abstract-um*).[9]

En segundo lugar, para establecer con precisión el sentido del término que está en juego en cada caso se requiere algún tipo de evidencia contextual que sugiera al menos cuál es el tema o problema que se está atacando. Por ello, se ha tomado en cuenta el carácter originariamente verbal del término, lo que ha permitido determinar que, en cada una de sus apariciones, la abstracción señala –implícita o explícitamente– un sujeto. Y es el descubrimiento del sujeto aludido en un pasaje el que puede constituirse como un auténtico *hilo de Ariadna*, capaz de desentrañar el sentido bajo el cual la *abstracción* es considerada. De esta manera, aplicando la metodología detallada, se han podido detectar tres sentidos distintos: un sentido *psicológico*, un sentido *general* y uno que se denominará *per se* o *absoluto.*

El sentido psicológico de la abstracción

El primer sentido del término *abstracción* que se analizará en este capítulo se encuentra profundamente relacionado con el intelecto humano y sus operaciones cognitivas. Se trata del sentido explorado casi con exclusividad en los textos de los autores pertenecientes a la tradición tomista,[10] y aquel bajo el cual el término ha sido tomado comúnmente en el campo de la lógica, la epistemología y la gnosceología incluso hasta la actualidad.[11]

En el caso de las obras del Aquinate, la *abstracción* tomada en este sentido señala, puntualmente, un acto de distinción realizado por el intelecto humano. El mismo puede ser caracterizado con mayor precisión como un acto desmaterializante mediante el cual se hace posible el conocimiento intelectual de las especies de los entes materiales.

Si se centra la atención en los pasajes englobados en este caso, podrá verse que, según Tomás, la necesidad de esta operación radica, por un lado, en la propia naturaleza de las cosas sensibles, y, por otro, en que sean ellas el objeto propio de la cognición humana. El primer aspecto atiende a que dicha naturaleza, tal como existe en cada uno de los singulares, no es inteligible en acto. Esto es lo que expresa, por ejemplo, en el siguiente pasaje de la *Summa Theologiae*: "... lo inteligible en acto no es algo existente en la naturaleza de las cosas por lo que toca a la naturaleza de las cosas sensibles que no subsisten más allá de la materia" (*S. Th. I* q. 79, a. 3, ad 3, V, pp. 264–265). Así, la razón por la cual no existe algo actualmente inteligible en las cosas sensibles es su materialidad la cual –en tanto principio potencial– repugna a la inteligencia.[12]

Con todo –y reparando en el segundo aspecto– son las especies de estas cosas materiales las que constituyen el objeto propio de la inteligencia humana, al menos en este estado de unión con el cuerpo. Así se expresa también en *S. Th. I* q. 85, a. 8, co.: "Respondo diciendo que el objeto de nuestro intelecto, según el estado presente, es la quididad de las cosas materiales..." (V, p. 328).[13] De esta manera, para posibilitar que lo inteligible en potencia pueda informar en acto nuestro intelecto, es necesario que se efectúe una actividad que libere a las naturalezas de las cosas sensibles de sus condiciones materiales individuantes. Tal acción es denominada *abstracción.*

Un lugar canónico donde esta postura es explicada por el Angélico lo constituye *S. Th. I* q. 85, a. 1. Allí se afirma que, frente al conocimiento puramente sensible (de los animales, por ejemplo) o puramente intelectual (de los ángeles):[14]

> El intelecto humano se encuentra en un punto medio: pues no es el acto de algún órgano sino cierta potencia del alma, la cual es la forma del cuerpo [...]. Y por este motivo es ciertamente propio de ella conocer la forma que existe individualmente en la materia corporal, pero no como existe en tal materia. Sin embargo, conocer aquello que existe en la materia, no como existe en tal materia, es *abstraer la forma de la materia individual,* la cual es representada por los fantasmas. (V, p. 331)[15]

Más adelante, en este mismo artículo pero con ocasión de la respuesta a la primera objeción, Tomás denomina este acto de conocimiento de las formas de lo material como "... *abstraer lo universal de lo particular*, o la especie inteligible de los fantasmas, es decir, considerar la naturaleza de la especie sin la consideración de los principios individuales que son representados por los fantasmas".

Ahora bien tal operación es atribuida –en numerosas oportunidades y de un modo explícito– a la facultad intelectual activa del hombre, conocida como *entendimiento agente.*[16] Es justamente la existencia de esta operación y su necesidad para el proceso cognitivo humano la que justifica la postulación de tal potencia. Así se expresa, por ejemplo, en *S. Th. I* q. 54, a. 4, ad 2:

> La necesidad de poner el intelecto agente consiste en que la naturaleza de las cosas materiales que nosotros conocemos no subsisten fuera del alma como inmateriales e inteligibles en acto, sino que son sólo inteligibles en potencia cuando existen fuera del alma: y por ello es necesario que exista alguna virtud que haga aquellas naturalezas inteligibles en acto. Y esta potencia es llamada en nosotros intelecto agente. (V, p. 50)

Más adelante agrega que, "... es propio del intelecto agente iluminar ciertamente no otro inteligente, sino las cosas inteligibles en potencia, en cuanto las hace inteligibles en acto *a través de la abstracción*" (V, p. 51). Por otro lado en la q. 79, a. 3, ad 3, añade que, como la naturaleza de las cosas sensibles no es inteligible en acto: "... para conocer no bastaría la inmaterialidad del intelecto posible, al menos que estuviese presente el intelecto agente, que las hace inteligibles en acto a través del modo de la abstracción" (V, p. 265).

Naturalmente, no se trata de una doctrina que solo se explique en la *Summa Theologiae*, sino que la misma se halla presente en toda la obra del Aquinate. En este sentido, es posible encontrarla en *QQ.DeAn.* q. 4, co., donde se discute la necesidad de que exista el intelecto agente. Allí, ante las diversas objeciones que plantean la posibilidad de que la cognición se perfeccione simplemente a través del intelecto pasivo, se destaca en la respuesta que, debido a la inteligibilidad potencial de las cosas materiales y el carácter meramente receptivo del intelecto pasivo –incapaz de producir aquello que lo actualiza–, es necesaria la existencia de un intelecto agente que "haga inteligibles en acto las cosas que mueven el intelecto posible" (XXIV/1, p. 33). Luego agrega que esto lo logra "*a través de la abstracción* de la materia y las condiciones materiales, que son los principios de individuación".

Esta incapacidad del intelecto pasivo de perfeccionar la cognición sin la asistencia del agente es reafirmada al responder a la sexta objeción, la cual propone que bastarían para actualizar al pasivo los mismos primeros principios de la intelección que este ya posee en acto. Ante ello, se responde que, aunque el intelecto pasivo pudiese perfeccionar todas sus cogniciones como si se tratase de conclusiones que extrae de los primeros principios, igual esto no bastaría para negar la necesidad el intelecto agente:

> Pues la cognición de los principios es captada desde las cosas sensibles, como se dice en el final del libro *De los Posteriores*. Pero las cosas inteligibles no pueden ser tomadas desde las cosas sensibles sino *a través de la abstracción* del intelecto agente. Y así es evidente que el intelecto en acto de los principios no basta para conducir el intelecto posible desde la potencia hacia el acto sin el intelecto agente; sino que en esta conducción el intelecto agente se encuentra como el artista, y los principios de la demostración como los instrumentos. (*QQ.DeAn.* q. 4, ad 6, XXIV/1, p. 36)

Así, el modo común que caracteríza el conocimiento humano –al menos en su estado de unión con el cuerpo– requiere de la intervención abstractiva del intelecto agente sobre el fantasma de la imaginación para actualizar sus aspectos inteligibles liberándolos de las condiciones materiales. Este procedimiento abstractivo conlleva la formación de especies que son las responsables de poner en acto el intelecto pasivo, tal como se explica en *S. Th. I* q. 85, a. 2, co.

De esta manera, ya es posible sintetizar algunas características que reúne aquella operación que es designada mediante el uso del término *abstracción* tomado en este sentido. Se trata de un acto del intelecto agente que consiste en una iluminación de los fantasmas sensibles formados por la imaginación. Esta iluminación provoca una desmaterialización mediante la cual la forma de la cosa sensible conocida se libera de las condiciones materiales que impiden su cognición.[17] Tal tarea es necesaria en tanto el objeto propio del intelecto humano lo constituyen los entes materiales que no son inteligibles en acto. Así, *abstracción* designa aquí una acción transitiva que –como tal– posee un sujeto (el intelecto agente), un punto de partida (el fantasma formado por la imaginación) y un punto de llegada que se configura como un producto o resultado de la operación (la especie inteligible que informa y actualiza el intelecto pasivo).

Ciertamente, debe decirse que esta doctrina no es una propuesta completamente original del Aquinate. Ya Aristóteles había planteado la necesidad de la acción desmaterializante del intelecto agente para proceder en el conocimiento de la realidad sensible y Tomás asume explícitamente esta herencia en *S. Th. I* q. 84, a. 6, co.:

> Y por este motivo, para causar la operación intelectual, no basta para Aristóteles la sola impresión de los cuerpos sensibles, sino que es requerido algo más noble, porque el que obra es más noble que el que padece. Sin embargo, no de modo tal que la operación intelectual sea causada en nosotros por la sola impresión de algunas cosas superiores, como propuso Platón. Sino porque aquello superior y más noble que actúa y que llama intelecto agente [...] hace inteligibles en acto los fantasmas captados por los sentidos, a través del modo de una cierta *abstracción*. (V, p. 324)

Por otro lado, en su exposición sobre los *Analíticos Posteriores* agrega que, según la doctrina del Estagirita, para completar el acto cognoscitivo no bastan los sentidos corporales y la memoria, sino que se requiere una naturaleza espiritual pasiva que reciba lo inteligible y una parte activa que haga las cosas "inteligibles en acto *a través de la abstracción* de lo universal desde lo singular" (*InPost.*, lib. 2 l. 20 n. 12, I, p. 402).

Si se fija la atención por un momento en los dos últimos pasajes citados, podrá verse que el modo de conocimiento propuesto por Aristóteles y reafirmado por Tomás de Aquino se opone, por un lado, a un conocimiento meramente intuitivo a partir de los sentidos y, por otro, a "la impresión de algunas cosas superiores" en nuestra mente. En este último caso, el defensor de tal doctrina es nombrado explícitamente: Platón. En efecto, según lo que expone el Angélico, el maestro de Aristóteles afirmaba que nuestro conocimiento se perfeccionaba, no a partir de las cosas sensibles, sino por la participación de las *Ideas*, que eran las causas de tales cosas pero separadas de y superiores a las mismas.[18]

Ahora bien, más allá de que el Aquinate descarte la propuesta platónica de que el conocimiento humano se realice comúnmente por vía de participación, esto no implica que haga lo mismo con la posibilidad de que este tipo de conocimiento se dé en otro orden de seres inteligentes e, incluso, en los mismos hombres aunque sea de modo ocasional. Así, es común hallar pasajes en la obra tomasiana donde se plantean dos modos distintos de conocer. Por ejemplo, en *S. Th. I* q. 89, a. 4, co, expresa que:

> … el modo de conocer es doble. Uno a través de la *abstracción* desde los fantasmas, y según este modo las cosas singulares no pueden ser directamente conocidas a través del intelecto, sino indirectamente, como ha sido dicho más arriba. Otro modo de conocer es a través de la influencia de las especies desde Dios, y a través de este modo el intelecto puede conocer las cosas singulares. (V, p. 378)

En este lugar, Tomás habla de la posibilidad de que nuestra inteligencia conozca los singulares. Siguiendo el camino de la *abstracción* realizada por el intelecto agente sobre el fantasma, no hay posibilidad de conocer lo singular porque –justamente– el acto abstractivo consiste en considerar la naturaleza del ente sensible separada de sus principios materiales que son aquí considerados como la causa de su individuación. En cambio, se afirma la posibilidad del conocimiento intelectual de los singulares cuando dicho conocimiento no proviene de las cosas materiales inferiores a nosotros y captadas por los sentidos, sino de las cosas superiores y espirituales: el motivo sería que estas últimas son individuales por su propia naturaleza.[19] Ahora bien, para acceder al conocimiento de tales cosas el camino no puede ser el de la *abstracción* desde lo inferior, sino el de la *influencia* desde lo superior. Esto mismo es indicado en el *SuperSent. I* d. 3, q. 1, a. 1, ad 3:

> Tercero, debe decirse que la especie, por la cual se produce la cognición, está en la potencia cognoscente según el modo del mismo cognoscente: por lo que la especie de las cosas que son más materiales que el intelecto está en el intelecto más simplemente que en la cosa; y por ello de esta manera se dicen que son conocidas por modo de *abstracción*. Pero Dios y los ángeles son más simples que nuestro intelecto; y por ello la especie que es producida en nuestro intelecto, por la cual son conocidos, es menos simple. De modo que no decimos conocerlas por *abstracción*, sino por impresión de los mismos en nuestras inteligencias.

Y también en el Comentario al *De divinis nominibus*:

> […] porque nada es conocido sino según que está en el cognoscente. Pero hay algunas cosas inteligibles, que están debajo de nuestro intelecto, que ciertamente tienen un ser más simple en nuestro intelecto que en sí mismas, como todas las cosas corporales. Por lo que se dice que tales cosas son conocidas por nosotros a través de la *abstracción*. Pero las cosas divinas son más simples y perfectas en

> sí mismas que en nuestro intelecto o en cualesquiera otras cosas conocidas por nosotros, por lo que se dice que la cognición de las cosas divinas es hecha no por *abstracción*, sino por la participación. (*InDeDivNom.* cap. 2, lectio 4)

Retomando el objetivo principal de la presente sección, debe indicarse que existen otros textos donde Tomás agrega detalles adicionales en orden a explicar en qué consiste esta consideración del intelecto. Es el caso del siguiente pasaje perteneciente al *Comentario a la Metafísica*:

> … nada prohíbe que algo que es tal, sea considerado por el intelecto no en cuanto tal con la verdad a salvo. Tal como el hombre blanco puede ser considerado no en cuanto blanco: de este modo el intelecto puede considerar las cosas sensibles, no en cuanto móviles o materiales, sino en cuanto son algunas sustancias o magnitudes. Esto significa que el intelecto *abstraiga* de la materia y el movimiento. (*InMet.* III lectio 7, §422, p. 117)

De este modo puede verse que abstraer según el intelecto significa para el Aquinate considerar una cosa de un modo diferente a aquel según el cual existe en la realidad. Según el primer ejemplo, frente a un hombre blanco existente, el intelecto puede considerarlo simplemente como hombre, dejando de lado el hecho de que sea blanco. Esto mismo ocurre con las cosas sensibles y sujetas al movimiento: el intelecto puede considerarlas en cuanto son un ser subsistente o extenso, dejando de lado el hecho de que se muevan o estén en tal lugar concreto: esto es abstraer de la materia y el movimiento.

Ahora bien, por lo que se expresa en otros textos, una condición es requerida para que tal acto considerativo del entendimiento sea llamado *abstracción* con toda propiedad, a saber: que lo que es tomado y lo que es dejado de lado existan juntamente en una misma cosa. Esta es la nota esencial que distingue a la abstracción intelectual de otra forma de distinción: la *separación*. Así se explica en *SBDT* q. 5, a. 3, co.:

> Por consiguiente el intelecto distingue así lo uno de lo otro de dos modos diferentes según diversas operaciones; porque, según la operación por la cual compone y divide, distingue lo uno de lo otro al conocer que uno no existe en el otro. En cambio, en la operación por la cual conoce lo que es cada cosa, distingue lo uno de lo otro cuando conoce lo que es esto, sin conocer alguna cosa acerca de lo otro, ni que exista con ello, ni que exista separado de ello. Por lo que esta distinción no tiene propiamente el nombre de separación, sino sólo la primera. Esta distinción es llamada rectamente *abstracción*, pero sólo cuando estas cosas, de las cuales una es conocida sin la otra, existen al mismo tiempo según la cosa. Pues

no se dice que el animal sea *abstraído* desde la piedra si el animal es conocido sin la intelección de la piedra. (L, p. 148)

Como puede leerse en la cita precedente, estos dos tipos de distinciones se diferencian entre sí porque pertenecen a dos operaciones intelectuales contrapuestas. El primer tipo de distinción corresponde a la operación de composición y división que también ha recibido el nombre de *juicio* o *segunda operación*. En cambio, la segunda distinción corresponde a la operación denominada *simple aprehensión, inteligencia de los indivisibles* o *primera operación*. Ahora bien, tales operaciones son, a su vez, diferentes porque atienden a cosas distintas: la *primera operación* o *simple aprehensión* atiende a la esencia de las cosas. Por su parte, la *segunda operación* o *juicio* atiende al ser. De este modo se entiende que la distinción efectuada a través de la segunda operación requiera la existencia de una separación real –esto es, en el ser– entre las cosas distinguidas. Y lo que hace el intelecto humano al efectuar la distinción es reconocer tal estado de cosas. En cambio, la distinción efectuada según la primera operación no requiere este tipo de separación entre las cosas distinguidas.[20]

Debe aclararse aquí que, si bien en algunos textos como el citado, Santo Tomás explicita la distinción entre *abstractio* y *separatio* como distinciones correspondientes a la primera y a la segunda operación del intelecto respectivamente, en otros textos utiliza la palabra *abstracción* para referirse indistintamente a ambos. Es el caso del texto de *S. Th. I* q. 85, a. 1, ad 1, donde afirma que "el abstraer ocurre de dos modos": por composición y división, o por modo de consideración (V, p. 331). Esta situación ya fue señalada en el primer capítulo como un punto en el cual varios tomistas han reparado, ya sea para desacreditar la doctrina de la *separatio*, ya sea para confirmarla como una postura constante en la *mens* tomasiana. Por mi parte, considero que –ateniéndose estrictamente a lo que los textos citados manifiestan– no hay inconveniente para admitir la existencia constante en Tomás de dos tipos de distinción intelectual realizadas de acuerdo con dos operaciones diferentes. A veces denomina estas distinciones con dos términos (abstracción y separación) pero otras con uno solo. Ahora bien, todas las demás notas que los comentaristas adscriben ya sea a la *separatio*, ya sea a la *abstractio* en relación con el constituir operaciones del intelecto pasivo o a causar la división de las ciencias especulativas, corren por cuenta y riesgo de sus propias interpretaciones ya que los textos considerados nada dicen al respecto.

Dejando de lado la distinción entre *separación* y *abstracción*, entendidas ambas como operaciones del intelecto, y enfocando la atención en la segunda de ellas, debe decirse que la misma puede ser llamada –con todo derecho– un procedimiento analítico. Esto es así ya que la misma consiste en la consideración de un principio esencial separado de otro con el cual existe conjuntamente. De este modo, la misma se diferencia de un proceso sintético, mediante el cual se procede en el conocimiento a través de la composición de principios que ya se conocen.

El Aquinate señala estas propiedades de la abstracción en algunos textos pero utilizando una terminología diferente. Así lo hace, por ejemplo, en *SCG* II, cap. 100, n. 4, al brindar un argumento que que justifica la posibilidad que tienen los seres separados de conocer intelectualmente los singulares:

> Las especies de las cosas inteligibles vienen hacia nuestro intelecto y hacia el intelecto de las sustancias separadas de un orden contrario. Pues hacia nuestro intelecto vienen por vía de resolución, por *abstracción* desde las condiciones materiales e individuantes: por lo que a través de ellas los singulares no pueden ser conocidos por nosotros. Pero al intelecto de la sustancia separada las especies inteligibles vienen como por vía de composición: pues tiene las especies inteligibles a causa de su asimilación a la especie inteligible primera del intelecto divino, que no ha sido *abstraída* desde las cosas, sino que [es] productiva de las cosas. (XIII, p. 596)

En este pasaje, se destacan dos cosas: por un lado, la identificación (nuevamente) de la *abstracción* con el modo según el cual las especies inteligibles advienen al intelecto humano. Y, por otro, la caracterización del proceso abstractivo como una *vía de resolución*.[21] En este último caso, lo que el Angélico quiere decir es que nuestro modo de acceder a lo inteligible consiste en un proceso cognoscitivo en el cual se parte desde algo complejo (el ente compuesto y concreto) para llegar a algo más simple (su naturaleza despojada de los principios individuantes). En cambio, en el caso de las sustancias separadas, el conocimiento es recibido desde lo que es más simple que lo concreto pero no porque haya sido abstraído desde él, sino porque es causa de su producción. Por ello el conocimiento abstractivo consiste en una resolución o análisis desde lo complejo a lo simple, frente al conocimiento por participación que implica una composición, síntesis o deducción desde lo simple hacia lo complejo.

Finalmente, es necesario hacer una última precisión acerca de la naturaleza de la abstracción tomada en este sentido *psicológico*. Como se trata de la consideración de un principio esencial de una cosa separado de otras características junto con las cuales existe, puede ser considerada doblemente teniendo en cuenta que es doble la unión por la que se dan juntas dos cosas en una esencia. O bien esta unión se da por el modo de la forma y la materia, o bien esta unión se da por el modo de lo universal y lo particular. Es aquí donde se introduce la célebre distinción entre *abstractio formae a materia* y *abstractio universalis a particulari*. Tomás señala esta distinción en varios pasajes de los cuales solo una pequeña porción será reproducida a continuación. Por ejemplo, en *De substantiis separatis* puede leerse lo siguiente:

> … nuestro intelecto utiliza una doble *abstracción* acerca de la inteligencia de la verdad. Ciertamente una según la que aprehende los números matemáticos y las magnitudes y las figuras matemáticas sin la intelección de la materia sensible: pues conociendo el binario o la terna o la línea y la superficie, o el triángulo y el cuadrado, no cae al mismo tiempo en nuestra aprehensión algo que pertenezca a lo cálido o frío, o algo que puede ser percibido por el sentido. En cambio nuestro intelecto usa otra *abstracción* cuando conoce algo universal sin la consideración de algo particular; por ejemplo, cuando conocemos "hombre", nada pensamos acerca de Sócrates o de Platón o de otro cualquiera. (*DeSeparat.* cap. 1, co, XL/d, p. 42)

Esta doble abstracción recibe una denominación más precisa en otros textos. Así, en *Compendium theologiae* afirma:

> Pues la resolución que se hace a través del intelecto es doble. Una según la *abstracción* de la forma desde la materia, en la cual ciertamente se procede desde lo que es más formal, hacia aquello que es más material: pues aquello que es sujeto primero, permanece último; pero la forma última es removida primero. Otra es la resolución según la *abstracción* de lo universal desde lo particular, que se encuentra en un orden de algún modo contrario: pues primero son removidas las condiciones materiales individuantes, de modo tal que es captado lo que es común. Pero aunque en Dios no haya materia y forma, ni universal y particular, sin embargo en Dios está lo común y lo propio, y el supuesto de la naturaleza común. (*C.Th.* lib. 1, cap. 62, co, XLII, p. 101)

Y en *S. Th. I* q. 40, a. 3, co, se afirma que:

> … la *abstracción* se hace doblemente por el intelecto. Una según que lo universal es *abstraído* desde lo particular, como animal desde hombre. Pero otra según que la forma es *abstraída* desde la materia; así como la forma del círculo es *abstraída* a través del intelecto desde toda materia sensible. (IV, p. 417)

Ahora bien, más allá de que se diga de uno de estos tipos de *abstracción* que abstrae la forma de la materia, esto no implica que solo en tal tipo de abstracción haya consideración desmaterializante. El abandono de la materia se da en ambos casos, y la diferencia viene dada por el tipo de materia que se abandona. Como se explica también en *SBDT* q. 5, a. 2, co. 2:

> Y por este motivo la *ratio* del hombre, que significa la definición y según la cual procede la ciencia, es considerada sin esta carne y sin estos huesos, pero no sin la carne y los huesos absolutamente. Y porque las cosas singulares incluyen en su *ratio* la materia signada, pero las universales la materia común, como es dicho en el VII de la *Metafísica*, por este motivo la citada *abstracción* no es dicha de la forma desde la materia absolutamente, sino de lo universal desde lo particular. (L, p. 143)

En el texto anterior, Tomás de Aquino indica una diferencia en la materia incluida en las cosas universales y las singulares. Mientras estas últimas incluyen "materia signada", las primeras solo incluyen "materia común". Así, abstraer lo universal de lo particular implica abandonar –o no considerar– la materia signada. Para entender mejor a qué se refiere el Angélico con estas clasificaciones de materias, conviene indicar –siguiendo las precisiones de otros textos– que materia signada señala a la materia considerada con dimensiones particulares, "éstas o aquellas".[22] Tal es la materia que se constituye como principio de individuación de las sustancias sensibles y que repugna a la inteligibilidad.[23] En cambio la materia común o no signada es aquella que es considerada sin la determinación de sus dimensiones particulares[24] y, por consiguiente, no es capaz de constituirse como principio de individuación. También a diferencia de la signada, esta materia común no repugna a la inteligibilidad y, por ende, las cosas que incluyen esta materia sí pueden ser consideradas por la inteligencia. Tal es el caso de los universales obtenidos a través de la abstracción del intelecto agente desde los individuos sensibles.

Por su parte, la *abstractio formae a materia*, supone también una abstracción de lo universal ya que también deja de lado la materia signada o individual. Pero como, además de esto, no considera la materia sensible –es decir, la materia en tanto está afectada por los accidentes que pueden ser percibidos por los sentidos como cualidad, relación, lugar, acción, etc.– puede recibir con mayor propiedad la denominación de *abstracción de la forma desde la materia*. Solo se considera la materia en este tipo de abstracción en tanto está afectada por el accidente cantidad, y esta materia tomada de tal modo se denomina *materia inteligible*.[25]

Si se vuelve en este punto al texto del capítulo 1 del *De Substantiis Separatis* se podrá recordar que allí, al distinguir los dos tipos de abstracción, Tomás de Aquino afirmaba que uno de ellos corresponde al modo según el cual la inteligencia aprehende los números y las figuras matemáticas. Esto mismo es lo que declara en el *Super De Trinitate* identificando de manera explícita este modo de abstracción con la *abstractio formae a materia* (*SBDT* q. 5, a. 3, co., L, p. 149). Por su parte, la *abstractio universalis a particulari* se constituye como un procedimiento común a todas las ciencias especulativas y, por ende, presente en la ciencia natural (*SBDT* q. 5, a. 3, co. [L, p. 149]; y *DeVer.* q. 2, a. 6, ad 1, XXII/1–2, p. 66).

Tal vez una mirada rápida de los puntos que se han analizado hasta aquí pueda dar la impresión de que no se ha dicho nada nuevo con respecto a lo que ya habían propuesto en líneas generales los demás comentaristas. En efecto, se ha hablado de la abstracción como una operación intelectual consistente en la captación de una especie separada de la materia con la cual existe. También se ha establecido la pertenencia exclusiva de esta operación al proceso cognitivo humano, en tanto su objeto propio lo constituyen las naturalezas de los entes materiales que no son inteligibles en acto.

Todos estos aspectos se imponen a las claras a partir de la lectura de los propios textos del Aquinate que han sido citados y, por ello, no queda más que admitir que los mismos se encuentran entre aquellas cosas que pueden ser afirmadas acerca de la abstracción entendida como acto intelectual. Sin embargo, la mayor novedad que puede ser introducida aquí con respecto a los aportes de los comentaristas anteriores reside, más bien, en la determinación de aquellas cosas que han sido dichas acerca de la abstracción tomasiana pero que no encuentran fundamento en sus textos:

a) Por un lado, se destaca la imposibilidad de afirmar a ciencia cierta que exista una operación abstractiva productiva de objetos cognitivos atribuible al intelecto pasivo. En el primer capítulo se expuso de qué modo tal idea fue asumida explícitamente por algunos autores, y hasta qué punto la misma se encuentra implícita en muchos otros en tanto sujeto necesario del tipo de operaciones cognitivas que pretenden englobarse bajo el signo de la abstracción. Con todo, no existe ningún tipo de evidencia que sugiera la presencia en la *mens* tomasiana de una operación semejante. Y aunque podría admitirse la posibilidad de una *consideración* abstractiva del pasivo en sentido impropio o débil, los textos no habilitan las pretensiones de los tomistas:

a. 1) Primero, porque, si bien cuando se habla de abstracción como una operación cognitiva humana, se la atribuye a varios sujetos, esta multiplicidad solo indica que se está tomando con menor o mayor precisión el sujeto que opera. A veces se dice que es el *alma* la que *abstrae*, otras que es el *intelecto* el que *abstrae* y –cuando se busca una mención más específica– se dice que es el *intelecto agente* el que *abstrae*. Pero nunca se dice nada acerca del intelecto pasivo como sujeto de la abstracción.[26]

a. 2) Segundo, porque en varias oportunidades Tomás de Aquino insiste en el carácter receptivo del intelecto pasivo en el proceso cognoscitivo. Esto se ha visto, por ejemplo, en el texto citado de las *QQ.DeAn.* q. 4, ad 6, donde se rechaza que el intelecto pasivo, incluso en acto de los principios, sea capaz de actualizar nuevos conocimientos sin la asistencia del intelecto agente. Este último es el *artífice* tanto de las abstracciones como de las demostraciones, por lo que no parece que el pasivo posea el rol productivo que algunos le reclaman.

a.3) Tercero, porque los textos que algunos comentadores han traído a colación como evidencia para admitir la existencia de una abstracción del intelecto pasivo no dicen necesariamente lo que ellos pretenden. En primer lugar, el texto de la *S. Th. I* q. 85, a. 1 no contiene ningún elemento que justifique la pretensión cayetaniana resumida en que "abstraer desde los fantasmas a veces significa la operación del intelecto agente, a veces la operación del intelecto posible" ("Commentaria Cardinali Caietani", V, p. 332). Tampoco es lícito concluir –como hace R. Pascual (2003, p. 73, nota 46)– que el Aquinate hable de la abstracción del pasivo cuando afirma que "considerar y juzgar" son acciones que pertenecen al intelecto pasivo (*DeSpirit.* a. 10, co., XXIV/2, p. 106). Si bien la abstracción entendida como operación intelectual es un *considerar*, esto no significa necesariamente que toda consideración sea propiamente una abstracción. Luego, tampoco podría justificarse la postulación de una actividad abstractiva del intelecto pasivo basándose en una breve referencia que hace Tomás a que este –una vez puesto en acto por las especies– puede "actuar por sí mismo". Tal intento –al que parece adscribir Rodríguez Arias (1998, p. 285, nota 80), por ejemplo– se muestra infructuoso porque, por un lado, que se admita cierta actividad en el intelecto pasivo no implica *per se* que se trate de un acto abstractivo; y, en segundo lugar, porque la *actividad* a la que se está refiriendo Tomás en ese pasaje puntual es la de comandar a la imaginación para que forme fantasmas coincidentes con la especie inteligible que lo ha actualizado.[27]

Estas mismas objeciones valen para aquellos otros pasajes donde la abstracción no designa la captación de especies desde los fantasmas sino de géneros desde las especies.[28] La relevancia de los mismos consistiría en que –en tanto aquí la abstracción se referiría a objetos lógicos– podría objetarse que solo puede corresponder al intelecto posible. Sin embargo se imponen las mismas críticas: 1°) no hay textos donde se atribuya explícitamente este acto al intelecto pasivo; 2°) tal operación podría ser explicada como una operación del agente sobre las especies presentes en el pasivo, al igual que la deducción desde los principios ya explicada;

y 3°) en algunos textos donde se habla de ella se la engloba explícitamente dentro de la *abstractio universalis* junto con la captación de las especies a partir de los fantasmas.[29]

b) Una vez establecida esta primera incompatibilidad, es más sencillo descubrir otra afirmación que difícilmente pueda ser fundamentada a partir de los textos del Aquinate. Me refiero a la defensa tomística de la existencia de diferentes procesos abstractivos orientados a la obtención de diversos objetos cognitivos. La dificultad radica, por un lado, en que tales procesos abstractivos han sido atribuidos por la tradición a una actividad del intelecto que trasciende la mera operación desmaterializante del agente, y –como se acaba de ver– no hay evidencia textual suficiente que permita hablar de la existencia de una operación tal en el Aquinate. Pero, por otro, en que, en los textos donde se introducen diferencias entre ciertos tipos de abstracción (*abstractio universalis* y *abstractio formae*, por ejemplo), no es ni evidente ni necesario que las mismas sean determinadas por el proceso que la inteligencia aplica en cada caso. Antes bien, lo que muestran textos como el de la cuestión 5 del *Super De Trinitate* citado más arriba es que la distinción viene exigida por lo que sea la cosa que se conoce (forma accidental, naturaleza sensible, etc.) y la relación que guarda esta con aquello que se deja de lado (todo a parte, forma a materia, etc.). Por lo demás, la *estrategia* aplicada por el intelecto parece ser siempre la misma: captar lo formal, inteligible o actual sin lo material, ininteligible o potencial. Por ello se explica que en *Summa Theologiae* I q. 85, a. 1 Tomás se refiera a la abstracción desde los fantasmas indistintamente como *abstracción de la forma* y *abstracción del universal*.[30] En otras palabras, no hay elementos que indiquen un rol fundamentativo de la abstracción intelectual con respecto a la distinción de objetos. Muy por el contrario, lo que se deja ver en numerosos casos es que el fundamento de las distinciones reside en las propias cosas conocidas: son estas las que determinan lo que el intelecto puede o no abstraer.

c) Por último, si no es posible encontrar fundamentos textuales para defender la existencia de una distinción entre operaciones intelectuales abstractivas que produzcan la multiplicidad de objetos, entonces tampoco lo será encontrar referencias en orden a demostrar el vínculo causal entre la abstracción intelectual y la división de las ciencias especulativas. Con todo, este punto quedará expuesto con mayor claridad más adelante.

De esta manera, ha quedado explicado a qué se refiere Tomás con el término *abstracción* cuando es tomado en sentido *psicológico*. Se trata, en términos generales, de una acción, cuyo sujeto es el intelecto humano, y que consiste en la consideración de una cosa separadamente de otra. Cuando el Angélico desea establecer una precisión mayor, aclara que solo debe llamarse *abstracción* al acto por el cual se consideran separadas dos cosas que existen juntas fuera de la mente. Es decir, la abstracción en sentido estricto se refiere exclusivamente a la consideración separada de los principios que constituyen la esencia de un ente, y no a la de dos cosas que, o existen separadas entre sí, o podrían existir separadas aunque de hecho no lo estén. De este modo, la abstracción representa un conocimiento analítico de la cosa que bien puede ser señalado como una *resolutio*. A su vez, como doble es el modo según el cual se relacionan entre sí los principios esenciales de un ente determinado, doble será también la abstracción: de la forma con respecto a la materia y de lo universal con respecto a lo particular.

El sentido general de la abstracción

Si se continúa con el análisis de los usos del término *abstracción* o sus derivados atendiendo a la diferencia de sujetos, puede distinguirse un segundo sentido. En los casos englobados bajo esta dimensión, el término *abstracción* se encuentra tomado en un sentido prácticamente literal y por ello a este sentido se lo denominará *general*. En efecto, no debe olvidarse que *abstrahere* significa etimológicamente *traer desde, sacar, separar* o *sustraer*, y que, por ende, posee originariamente una fuerte impronta física que no es obviada por el Aquinate.

Este uso del término *abstracción* aparece en numerosos lugares de la obra tomasiana y en relación con temas muy variados. Así, el Angélico apela repetidas veces a la *abstracción* cuando quiere referirse a cualquier tipo de separación. Por ejemplo,comentando el cuarto libro de las Sentencias declara que es en la viudez donde "… acaece la perfecta *abstracción* de las deleitaciones de la carne en cuanto a todas las circunstancias…" (*SuperSent. IV* d. 49, q. 5, a. 2, qc. 3, co.), con lo cual quiere afirmar que, en dicho estado, el individuo no utiliza ninguna persona o lugar que sean deleitables para la carne. Esto significa que el viudo se separa o sustrae completamente de las deleitaciones propias del apetito genésico, a diferencia de aquellos unidos por el lazo matrimonial que se separan de tales placeres solo en cuanto estos repugnan el mandato de la mutua fidelidad. Un uso similar puede encontrarse con motivo de la explicación de algunos pasajes bíblicos que se refieren a la abstinencia. Allí, *abstraer* significa, justamente, privarse o sustraerse del consumo de comidas o bebidas en tanto tal acto nubla el juicio e impide la contemplación y comprensión de las cosas espirituales. Esto ocurre, por ejemplo, al comentar la *Epístola a los Romanos* donde apunta a la cita de Ecl. II, 3, "consideré *abstraer* mi carne del vino, para que mi alma sea llevada hacia la sabiduría" (*Super Rom.* cap. 14, lectio 3).[31]

En segundo lugar, también habla Tomás de la abstracción en sentido general en contextos estrictamente filosóficos, como cuando se refiere al modo de generación de todas las cosas propuesto por el filósofo naturalista Anaxágoras. Así, en *SuperSent. II* afirma:

> [...] acerca de la salida de las cosas hacia el ser por la generación hubo una triple opinión. La primera fue de los que expusieron la latencia, a saber Anaxágoras, que ponía todo en todas las cosas, y la generación se hacía por *abstracción*; y así no exponía una verdadera generación, la cual implica que una nueva forma sustancial es adquirida por la material. Y en este defecto cae toda la opinión de los antiguos, quienes no exponían una verdadera generación, sino que la generación era o bien por congregación y segregación, o bien sólo por alteración... (*SuperSent. II* d. 1, q. 1, a. 4, ad 4)

Como puede verse, el término *abstracción* designa aquí un proceso de separación de las cosas desde un todo originario y homogéneo, a través del cual estas mismas cosas serían generadas. También repite lo mismo en *In De generatione*, lib. 1, cuando dice que "Anaxágoras afirmó que las cosas son hechas a través de la *abstracción* desde lo mezclado" (*InDeGen* I lectio 1, n. 5, III, p. 265).[32] El mismo sentido es aplicado al referirse, en el *Comentario a la Física,* a Aristóteles y su explicación de los distintos modos de generación por alteración a partir de un sujeto:

> ... dice que de los que se hacen, algunos se hacen por transfiguración, como la estatua se hace desde el cobre; pero algunos se hacen por añadidura, como es evidente en todos los aumentos, así como el río se hace de muchos arroyos; pero otros se hacen por *abstracción*, así como desde la piedra se hace la imagen de Mercurio a través de la escultura... (*In Physic.* I cap. 7, lectio 12, n. 11, II, p. 43)

Un tercer caso de utilización del término *abstracción* en sentido general se verifica en aquellos sitios donde Tomás de Aquino habla del *arrebato* o sustracción del hombre del contacto con sus facultades cognitivas sensibles. Esto ocurre repetidas veces cuando el Aquinate indaga acerca del fenómeno conocido como *rapto*. Se trata de un estado de trance producido por el influjo de la virtud divina en la inteligencia humana.[33] En este estado, el hombre es sustraído de su contacto con el mundo sensible para que le sea comunicado un contenido inteligible superior. De esta manera, el rapto es uno de los modos mediante los cuales se producen la revelación y la profecía. Para referirse a esa sustracción, Tomás utiliza el término *abstracción*.

Las referencias a este uso son numerosísimas y aquí se citarán solo las necesarias para dar una idea cabal del mismo.[34] Por ejemplo en *S. Th. II-II* q. 173, a. 3, co., luego de enumerar los diversos modos de revelación, declara que:

> cuando la revelación profética se hace según las formas imaginarias, es necesario hacer *abstracción* de los sentidos, para que tal aparición de los fantasmas no sea referida a aquellas cosas que son sentidas externamente. Pero la *abstracción* de los sentidos a veces se hace perfectamente, de modo que el hombre nada percibe por los sentidos. Pero a veces [se hace] imperfectamente, en tanto que algo percibe por los sentidos, aunque no discierne plenamente aquellas cosas que percibe exteriormente de éstas que ve imaginariamente… (X, p. 388)

Como puede verse, se trata de lo que Schütz llamó sentido *místico* de la abstracción. Sin embargo, es necesario aclarar que la sustracción o *abstracción* de los sentidos, no es una característica exclusiva del rapto. En efecto, en la cuestión 175, el Angélico agrega que tal *abstracción* puede ocurrir por una triple causa, y no solo por influjo divino:

> Pero este tipo de *abstracción*, para cualquier cosa que se haga, puede suceder por una triple causa. De un modo, a causa del cuerpo, como es evidente en estos que padecen a causa de alguna enfermedad de enajenación. En segundo lugar, a causa del poder diabólico, como ocurre con los posesos. Tercero a causa de la virtud divina. Y así hablamos ahora acerca del rapto, es decir como alguien es elevado por el espíritu divino hacia algunas cosas sobrenaturales, con *abstracción* de los sentidos, según aquello de Ez. VIII: "el espíritu me elevó entre la tierra y el cielo, y me condujo a Jerusalem, en las visiones de Dios". (*S. Th. II-II* q. 175, a. 1, co., X, p. 402)

Esta misma idea se refuerza en el *De Veritate* cuestión 13 donde se declara que:

> [el hombre] es transmutado del modo natural de su cognición, cuando *abstraído* desde los sentidos, considera algunas cosas más allá de los sentidos. Entonces esta transmutación alguna vez se hace a causa del defecto de la virtud propia, así como sucede en los locos, y en los otros enajenados. Está *abstracción* desde los sentidos no es una elevación del hombre, sino más bien una depresión. Pero a veces tal *abstracción* se hace con virtud divina y entonces es propiamente cierta elevación: porque como el agente se asimila al paciente, la *abstracción* que se produce desde la virtud divina, que está por encima del hombre, es en algo más alta que lo que es natural para el hombre. (*De Ver.* q. 13, a. 1, co., XXII/2–2, p. 417)[35]

De cualquier modo, es claro que, en este contexto, el término *abstracción* significa una cierta separación o apartamiento de la vida sensitiva, producida o bien por influjo de un ser espiritual (*supra natura*), o bien por una anulación de las propias potencias sensibles –como en el caso del estado de enajenación generado por la locura o la embriaguez (*contra natura*). Se manifiesta con mayor claridad el sentido *separativo* de este uso de la *abstracción* cuando se cae en la cuenta de que, a través de tal proceso, es posible que el hombre alcance una visión anticipada de aquello que debe ser conocido propiamente luego de que el alma sea separada del cuerpo con la muerte: la esencia divina. Esto se expresa en *S. Th .II-II* q. 175, a. 4 cuando se refiere al rapto padecido por Pablo de Tarso y relatado en la *Segunda Carta a los Corintios.* En dicho artículo Tomás trae a colación, como argumento de autoridad, una referencia al *Super Genesim ad litteram* de Agustín de Hipona donde se establece que los únicos caminos posibles para alcanzar la visión divina son, o bien la muerte, o bien la enajenación de los sentidos corporales (X, p. 406). Y agrega en el *corpus* que el entendimiento es la única potencia humana capaz de ver la esencia divina pero, para ello, debe ser apartado de su común y natural ordenación hacia las imágenes captadas desde las cosas materiales por los sentidos.

Un uso del sentido general de la abstracción similar a este último se constata en aquellos lugares donde Tomás de Aquino señala la posibilidad de que una potencia sea separada de su acción normal a causa de la vehemencia del acto de alguna otra. Este uso aparece, por ejemplo, en *DeVer.* q. 13, a. 3, co.:

> [...]encontramos en todas las potencias del alma, que cuando una potencia se extiende en su acto, otra o bien es debilitada en su acto o bien es *abstraída* del todo. Como es evidente que, cuando la operación de la vista se extiende fortísimamente, su oído no percibe aquellas cosas que son dichas, salvo que su vehemencia traiga hacia sí el sentido del oyente. Esto es así porque la intención es requerida para el acto de alguna potencia cognoscitiva, como prueba Agustín en el *de Trinitate.* (XII/2–2, p. 424)

Si bien la aplicación se asemeja notablemente a los casos anteriores, aquí debe destacarse que tal sustracción no implica un movimiento que trascienda la naturaleza humana sino que es consecuencia propia de las limitaciones de la capacidad atencional del hombre.[36] Esto que ocurre con las potencias cognitivas también sucede con las apetitivas. Así en la *Summa Theologiae* II-II explica que: "... cuando el hombre es *abstraído* por la violencia del apetito inferior del movimiento del apetito superior, es *abstraído* de aquello que le es propio" (*S. Th. II-II* q. 175, a. 2, ad 2, X, p. 404). Por este motivo, más adelante declara que uno de los fines de las virtudes morales consiste justamente en evitar que la vehemencia de las pasiones *abstraiga* al intelecto de la contemplación (*S. Th. II-II* q. 180, a. 2, co. X, p. 425). Lógicamente, el movimiento abstractivo puede darse a la inversa, cuando la mente se extiende tan fuertemente en su acto que los sentidos quedan alienados (*S. Th. II-II* q. 173, a. 3, ad 2 X, p. 389). Este sería el fundamento antropológico que posibilitaría el rapto, es decir la *abstracción* sobrenatural de los sentidos causada por el influjo divino a la cual ya se ha hecho referencia.

Podría objetarse –trayendo a colación, por ejemplo, la autoridad de los argumentos de Santiago Ramírez– que los textos analizados hasta aquí señalan un uso trivial del término por parte de Tomás, en tanto se refieren a casos que tienen más que ver con el significado corriente del mismo: aquel que pertenece al lenguaje común pero no a la terminología específicamente filosófica. Si esto fuera así, entonces no sería relevante considerarlos con tanto detalle en un trabajo que pretende dar cuenta con estricta propiedad del significado de la abstracción en el Aquinate, ya que el sentido otorgado al término no respondería al pensamiento auténtico del autor sino al uso corriente del mismo. En otras palabras, los casos detallados no darían cuenta del uso *técnico* del término sino de una concesión del Angélico al lenguaje vulgar.

Con todo, debe considerarse que tal objeción se basa precisamente en el prejuicio que intenta superarse aquí: la asunción *a priori* de que *abstracción* designa propiamente una acción cognoscitiva. Es la aceptación acrítica de tal postulado la que conduce forzosamente a clasificar usos *propios* e *impropios* de la abstracción en Tomás, y a restringir de manera ilegítima la profunda riqueza y la auténtica originalidad de la doctrina del Angélico. Precisamente, esta objeción queda desestimada ni bien se repara en la existencia de numerosos pasajes –de gran importancia metafísica para el todo de la obra tomasiana– donde el término *abstracción* y sus derivados son utilizados para significar una separación real. Se trata de su aplicación al modo de ser de aquellas sustancias que existen separadamente del orden material. Este uso se aplica fundamentalmente a dos casos: las ideas platónicas y las sustancias espirituales. En ambos se verifica lo que es, sin dudas, uno de los usos más interesantes y sugerentes del término *abstracción* tomado en sentido general.

Si se atiende al primer caso –el de las ideas platónicas– se verá que las referencias son tan numerosas como significativas. Por ejemplo, en el comentario tomasiano al segundo libro de la *Física*, se hace referencia explícita al modo bajo el cual Platón consideró las esencias de las cosas. Y allí se dice que "Platón afirmó que las naturalezas de las especies eran algunas formas *abstractas*, las cuales llamaba ejemplares e ideas; y a causa de esto afirmó el ejemplo o paradigma" (*In Physic.* II cap. 3, lectio. 5, n. 4, II, p. 69). Es bien sabido que –al menos según la interpretación del Aquinate– Platón consideraba que las cosas concretas como los hombres o los caballos eran tales y pertenecían a una misma especie porque participaban de una única forma separada común a todos ellos.[37] Esta forma separada era la *Idea* de esa cosa: una entidad completamente separada de lo material y, por ende, inteligible e inmutable. Para referirse a esta subsistencia separada de las ideas platónicas, Tomás no duda en calificarlas como *abstractas*. Lo mismo ocurre en el prólogo del comentario al *De divinis nominibus* del Pseudo Dionisio. Allí el Aquinate se expresa sobre la doctrina de los platónicos en los siguientes términos:

> [...] puede decirse que el hombre separado está sobre los hombres y que el hombre separado es la humanidad de todos los hombres sensibles, en cuanto la naturaleza humana pura compete al hombre separado, y es derivada desde éste hacia los hombres sensibles. Los platónicos no sólo consideraban con tal *abstracción* las últimas especies de las cosas naturales, sino también los comunísimos, que son el bien, el uno y el ente. Pues afirmaban un ente primero que es la misma esencia de la bondad, la unidad y el ser, que llamamos Dios, y que todas las otras cosas se llaman buenas o unas o entes, por derivación desde aquello primero. (*InDeDivNom.*, pr.).

A su vez, en *De substantiis separatis* agrega que los platónicos "afirmaron principios *abstractos* según el orden de las concepciones inteligibles" (*DeSeparat.* cap. 11, XL/d, p. 61) y aclara más adelante que cada uno de estos principios es una realidad separada, con lo cual se corrobora la identidad semántica entre *abstracto* y *separado*. Por su parte, en *In Metapysica* pueden hallarse numerosas referencias similares entre las que se destaca la siguiente:

> La segunda cuestión es, si existen algunas sustancias separadas de las cosas sensibles, y si son únicas –es decir de sólo un género– o son muchos los géneros de tales sustancias, como afirmaron algunos que proponen la doble *abstracción* –a saber de lo universal desde lo particular, y de la forma matemática desde la materia sensible– que ambos géneros subsistían. Y describieron las sustancias separadas, que son las cosas universales, con subsistencia *abstracta*, colocando entre éstas y las sustancias sensibles particulares las cosas matemáticas, es decir los números, las magnitudes y las figuras, con subsistencia separada. (*InMet.* III, lectio 2, §351, p. 99)

Si se atiende al contexto de la cita, puede verse con claridad que aquellos "que proponen la doble abstracción" son los platónicos. Esta doble abstracción consiste, fundamentalmente, en que tanto las cosas universales como las cosas matemáticas subsisten separadas de las sustancias sensibles particulares. Y, para referirse al modo de existencia de estas substancias, el Angélico utiliza la expresión "subsistencia abstracta". Nuevamente queda en evidencia una correspondencia total entre *lo abstracto* y *lo separado*.

Este parece ser el momento indicado para realizar un pequeño excurso referido a la posición de Tomás de Aquino frente a la doctrina de los platónicos. No hay dudas de que la defensa platónica de la subsistencia de las cosas universales y de los entes matemáticos fue siempre criticada por Tomás de Aquino. Algo de esto ya se adelantó en el apartado anterior cuando se hizo referencia a la *abstracción* del intelecto agente como modo de conocimiento natural del hombre en el actual estado. Esto mismo ha sido señalado por numerosos comentaristas de la obra tomasiana aunque considero que –en muchos casos– el enfoque de su análisis no es del todo correcto. En efecto, suele ser común encontrar referencias a que la crítica a Platón y su escuela se desenvuelve en el campo de la gnoseología: Platón se equivocó porque desconoció el modo en que nuestro intelecto procede para conocer la realidad. Ante ello, la doctrina de Aristóteles sería ampliamente superadora al describir el proceso de la abstracción intelectiva desde lo sensible. Así, al adscribir a la propuesta gnoseológica del Estagirita, el esfuerzo de Tomás estaría orientado a criticar a Platón en la dimensión de la teoría del conocimiento, echándole en cara no haberse percatado del proceso lógico o psicológico que estaba en juego en cada acto cognoscitivo.

Sin embargo, esto no es del todo correcto. Porque si Platón no consideró el proceso intelectual fue porque antes concibió que lo auténticamente real (y, por ende, lo que debía ser conocido) era lo que subsistía separadamente de la materia y no lo sensible. Esto lo entendió a la perfección Tomás de Aquino, y así lo expresa en las *QQ. de anima* cuando dice que si las cosas universales existieran como tales en la realidad entonces "no habría necesidad para afirmar la existencia del intelecto agente porque las mismas cosas inteligibles moverían por sí mismas el intelecto posible" (*QQ.DeAn.* q. 4, co., XXIV/1, pp. 33–34). Y en *Super De Trinitate* q. 5, a. 2 agrega que esta postulación de las ideas es el único camino que le quedó a Platón en tanto dio por ciertas las ideas de Cratilo y Heráclito acerca de que todo lo sensible estaba permanentemente en flujo y no podían constituir objeto de ciencia (*SBDT* q. 5, a. 2, L, pp. 142–143).

Por ello, dentro de este contexto, la mera idea de un proceso intelectivo que actualice la inteligibilidad de lo sensible resultaría absurda ya que –aunque existiera– sería incapaz de mostrar algo auténticamente real. En otras palabras, no es que Platón haya afirmado la existencia separada de las ideas porque desconoció la existencia del proceso abstractivo sino que, como lo auténticamente real no se encuentra en el mundo sensible sino en el inmaterial, entonces un proceso abstractivo desde lo sensible resultaría superfluo.

De esta manera, el contrapunto entre platonismo y aristotelismo no es gnoseológico sino metafísico. Esto es, no reside fundamentalmente en la diferencia entre los modos de conocimiento sino en aquello que, en cada caso, se considera que es lo real: la idea inmaterial o la naturaleza que existe en lo sensible. Solo una vez que se determina definitivamente qué es lo real (y, por caso, qué es lo que conozco) y cómo existe, entonces puede preguntarse por el modo en que lo conozco: participación, iluminación, reminiscencia, abstracción, etc. Si bien esta aclaración podría parecer trivial para algunos, su importancia reside en que, si se invierten los términos del razonamiento entonces estaríamos en presencia de una propuesta filosófica de corte moderno mediante la cual se intentaría fundamentar la posibilidad y el modo del conocimiento de lo real antes de determinar qué es lo real. Por lo demás, tanto Platón como Aristóteles y Tomás de Aquino coinciden en que aquello que constituye el objeto de nuestro conocimiento es lo auténticamente real, es decir, los principios universales y necesarios de las cosas.[38]

Volviendo al análisis de los usos del término *abstracción*, debe decirse que también es posible encontrar este mismo paralelismo entre lo *abstracto* y lo *separado* cuando Tomás de Aquino se explaya sobre los seres espirituales. Tal es el caso de los ángeles y a ellos se refiere en el artículo ocho del *De spiritualibus creaturis.* En dicho lugar, el Doctor establece la imposibilidad de que exista una multitud de ángeles que compartan una misma especie, y la razón de esto consiste en que "… el ángel es una forma simple *abstracta* de la materia…" (*DeSpirit.* a. 8, co, XXIV/2, p. 80), esto es, el ángel existe completamente separado de la materia. Así, como su forma no es recibida en un coprincipio potencial que la multiplique, debe ser individual por sí misma. Sin entrar en detalles específicos del problema tratado en el pasaje citado, lo que interesa es la calificación de la forma angélica como *abstracta.* Claramente lo que se intenta señalar con él es el carácter separado de la misma con respecto a la materia, y esto queda confirmado si se atiende a un pasaje paralelo –contenido en el *Comentario al De anima* aristotélico– que explica el *status* ontológico de estas mismas sustancias pero llamándolas, en este caso, *separadas.*[39]

Otro pasaje donde se replica este mismo uso del término *abstracto* es la "Expositio capituli secundi" del comentario al *De Trinitate.* Allí Tomás comenta la distinción boeciana de las ciencias especulativas. Siguiendo a Aristóteles, el filósofo romano había establecido una división tripartita de tales disciplinas teniendo en cuenta la separación de la materia y el movimiento de sus sujetos respectivos. Así, de acuerdo con las palabras del Doctor Angélico, la ciencia natural o física "… es *en el movimiento, no abstracta*, esto es versa su consideración acerca de las cosas móviles no abstractas de la materia…" (L, p. 134). Por su parte, la matemática "… *es sin movimiento*, esto es sin movimiento ni consideración de las cosas móviles, en lo cual difiere de la natural, *no abstracta*, esto es considera las formas que según su ser no son abstractas de la materia, en lo cual conviene con la natural…". Finalmente, la teología, ciencia divina o metafísica,

> … es *sin movimiento*, en lo cual conviene con la matemática y difiere de la natural, *abstracta*, a saber de la materia, *e inseparable*, a través de las cuales dos cosas difiere de la matemática. Pues las cosas divinas son según el ser *abstractas* de la materia y el movimiento, pero las matemáticas no *abstractas* … (*SBDT* pars 3, pr. 5, L, pp. 134–135)[40]

Nótese aquí a qué hace referencia el término *abstracta*. Claramente indica la propiedad de una cosa de existir fuera de la materia, esto es, que tal cosa, según su ser, es capaz de subsistir *separada* de la materia. Esta constatación se confirma con lo que agrega Tomás más adelante en el mismo párrafo: lo propio y principal de la ciencia divina es estudiar la sustancia de Dios, de donde la ciencia toma el nombre. Y justamente Dios es máximamente separado de la materia (L, p. 135).

Así, al hablar aquí de lo *abstracto* y lo *no abstracto* el Aquinate se está refiriendo a la condición de una determinada cosa de existir o no en la materia. Y, a diferencia de aquellos casos citados con anterioridad que podían ser desestimados como referencias impropias a la *abstracción*, este uso del término tiene que ver de lleno con *el tema* que los tomistas han intentado resolver apelando a ella. Por esto la formulación particular que toma aquí la división de las ciencias ha significado un auténtico dilema para ellos en tanto parece reñirse con lo que más adelante explica acerca de la *abstracción* y la *separación* en la q. 5, a. 3.[41] Baste señalar que no es necesario poner en duda –al menos *a priori*– la coherencia de este texto con los pasajes posteriores si al menos se admite la posibilidad de que el sentido de los términos *abstracto* y *no abstracto* no sea absolutamente unívoco, y que en varias oportunidades sea referido a las propias cosas. Como ya se ha visto que Tomás, incluso en obras posteriores y de madurez, llama *abstractas* a aquellas cosas que subsisten fuera de la materia –como las ideas platónicas– entonces no debería sorprender que aquí aparezca la misma terminología.

Como corolario parcial de lo escrito hasta aquí, debe destacarse el uso frecuente, constante y consistente que Tomás de Aquino hace del término *abstracción* y sus derivados para significar algún tipo de *separación*. Esto puede ocurrir de varias formas. En primer lugar, designa la acción física y transitiva realizada por un sujeto que consiste en separar realmente una cosa de otra, como es el caso de la estatua generada por abstracción o el del ayuno. En segundo lugar, señala también una acción transitiva –aunque no física– producida por un objeto, por una potencia o por algún ser espiritual, y que implica la separación de alguna potencia humana del objeto al que se ordena naturalmente. Esto es lo que se verifica en el caso del arrebato místico o de la alienación. En tercer y último lugar, denomina una modalidad reflexiva que expresa, no una acción transitiva, sino el *status* determinado de un ente: el de subsistir como algo separado de la materia sensible. Este es, sin dudas, el caso más interesante para el presente trabajo ya que aquí se destaca la utilización del término *abstracto* no para designar aquello que ha padecido la acción *abstractiva* (o separativa) realizada por un tercero, sino para significar el carácter constitutivo propio de una cosa, independientemente de la acción de algún otro ente o potencia. Es el caso de las referencias a las ideas platónicas y a los seres espirituales como *abstractos.* De este modo la *abstracción*, tomada en este sentido reflexivo y no transitivo, señala un tipo de independencia con respecto a la materia: en este caso particular, la independencia existencial.

En definitiva, lo que se manifiesta en todos los ejemplos mencionados es la apelación a un sentido originario y literal del término *abstracción*, íntimamente emparentado con la *separación*. A este sentido se lo denomina *sentido general.*

El tercer sentido de la abstracción

Una vez analizados los sentidos anteriores de *abstracción* debe ahora fijarse la atención en un uso del término que –si se considera su sujeto– trasciende los límites semánticos fijados por los primeros. Ante todo debe adelantarse que, al igual que en los casos previos, la aplicación de este sentido se muestra constante y consistente tanto en las obras de juventud como en las de madurez del Aquinate.

Un ejemplo de este uso puede verse en la *Tertia Pars* de la *Summa Theologiae.* Dentro del estudio del sacramento de la Eucaristía (q. 77), Tomás se pregunta –en el artículo segundo– si la cantidad dimensiva del pan y del vino puede ser sujeto de otros accidentes. La respuesta es afirmativa y se demuestra, entre otras cosas, porque, como la cantidad dimensiva es la primera disposición de la materia, entonces todos los accidentes que afectan a esa materia lo hacen a través de tal cantidad, la cual se configura como sujeto de tales formas.

Con todo, lo que interesa destacar aquí es la respuesta a la cuarta objeción, la cual plantea que, como la cantidad separada de su sujeto es la cantidad matemática que no puede ser sujeto de las cualidades sensibles, esta no podría ser sujeto de los accidentes que se perciben en el sacramento. La respuesta del Aquinate consiste en juzgar la objeción como improcedente, negando que la cantidad dimensiva que permanece en el sacramento sea la cantidad matemática. Y esto justamente porque:

> … la cantidad matemática *no abstrae* de la materia inteligible sino de la materia sensible, como se explica en el VII de la *Metafísica*. Pero se la llama materia sensible porque subyace a las cualidades sensibles. (*S. Th. III* q. 77, a. 2, ad 4, XII, p. 197)

De este modo, si en el sacramento –luego del cambio de sustancia– permanecen los accidentes sensibles, entonces es necesario que tales accidentes tengan como sujeto aquella materia que está ordenada naturalmente para recibir a los mismos. Esta es la materia sensible y no la inteligible. Y por ello, puede decirse que la cantidad que se constituye como el primer accidente o disposición de la materia sensible del pan y el vino es el sujeto de las cualidades sensibles dentro del sacramento.

Ahora bien, si se mira con detalle la formulación de la respuesta, podrá notarse un uso del término *abstracción* bastante particular. En efecto, la atención allí está posada sobre la "cantidad matemática". Y se afirma de ella que "no abstrae de la materia inteligible", pero –se entiende– que sí *abstrae* de la sensible. Si se analiza con detenimiento la frase puede verse con claridad que aquí el verbo *abstraer* tiene como sujeto a la propia cantidad dimensiva matemática que es el accidente propio de los entes de tal género. Por ello mismo, la *abstracción* no puede estar tomada aquí en ninguno de los sentidos detallados con anterioridad. Por un lado, no puede tratarse de un uso del término en sentido general ya que no se pretende indicar una separación en el ser de tal cantidad dimensiva ni de los entes afectados por ella. Esto es, no se está diciendo que la cantidad o las cosas matemáticas subsistan fuera de la materia sensible. Ya se ha visto con anterioridad, en citas previas, de qué modo rechaza Tomás la existencia separada de los números y las figuras geométricas afirmada por los platónicos.

Pero por otro lado, tampoco puede referirse aquí a la abstracción como acto del intelecto, porque el sujeto del verbo *abstraer*, conjugado en presente de la voz activa, no es el intelecto sino la propia cantidad dimensiva matemática. Lo que se intenta decir no es que esta haya sido abstraída de la materia sensible y no de la materia inteligible por el entendimiento. Muy por el contrario, se afirma que a ella le corresponde de por sí el *abstraer* de una pero no de la otra. El contexto de la cuestión aleja la posibilidad de leer aquí cualquier tipo de referencia a la doctrina del conocimiento humano.

Este uso se repite en otros textos con una frecuencia que puede resultar sorprendente. Asi, en *SCG* III, cap. 105, n. 8, Tomás pregunta si acaso las operaciones de los magos tienen eficacia. Y, antendiendo a la posibilidad de que ciertas figuras que estos utilizan en su proceder puedan facilitar que los cuerpos inferiores reciban alguna forma desde los cuerpos celestes, responde:

> Pero a través de las figuras no es dispuesta la materia para estar en potencia hacia alguna forma: porque la figura *abstrae* según su razón de toda materia y forma sensible, en tanto es algo matemático. Por consiguiente a través de las figuras o caracteres no es determinado algún cuerpo para aceptar alguna influencia de los cuerpos celestes. (XIV, pp. 330–331)

Por otro lado, en el *Comentario al De anima* III, hablando sobre el intelecto posible, el Aquinate explica de qué modo el hombre conoce diversamente las realidades distintas. Y, explayándose acerca de las diferencias entre estas cosas, afirma lo siguiente:

> [Aristóteles] dice que nuevamente en estas cosas que son *a través de la abstracción*, esto es en las matemáticas, cuya razón [*ratio*] *abstrae* de la materia sensible, se encuentra lo recto así como lo romo. Pues estas cosas matemáticas tienen materia así como también las cosas naturales. Pues lo recto es matemático, pero lo romo natural. Pues la *ratio* de lo recto es con continuo, como la *ratio* de lo romo es con nariz. (*InDeAn.* III cap. 2, XLV/1, p. 212)[42]

Más allá de que en ambas citas el contexto y el problema a resolver difieran, puede verse una nota común: tanto en una como en otra los entes matemáticos son caracterizados como aquellos *cuya razón abstrae* de la materia sensible, o bien que *abstraen* de ella según su razón. Ahora bien, cuando se habla aquí de *razón* no se está haciendo referencia –claro está– a la potencia cognitiva humana. Muy por el contrario, lo que intenta señalarse, a todas luces, es un aspecto que pertenece de algún modo a cada tipo de ente. Por otro lado, resulta evidente que tampoco se está haciendo referencia al modo de existir, efectivo e individual, de la cosa en la realidad, ya que los entes matemáticos no pueden existir fuera de la materia sensible. Pero entonces, ¿qué es la *ratio*?

Ante todo debe decirse que no es el objetivo de la presente sección adelantar respuestas sino, más bien, determinar cuáles son las preguntas correctas que deben hacerse frente a estas evidencias textuales que se muestran incompatibles –en principio– con el modo tradicional de entender el concepto de *abstracción*. Y una de ellas la constituye la búsqueda del significado que encierra el término *ratio* cuando se dice que la *ratio* de algo *abstrae*.

Por otra parte, resulta notable que esta cuestión no se limita al caso de los entes matemáticos. Por el contrario, la aparición del término *ratio* como sujeto de la abstracción también se verifica cuando se trata acerca de los entes llamados naturales o físicos, es decir, aquellos que están sujetos al movimiento. Así, en el ya citado texto de la *S. Th. I* q. 85, a. 1, ad 2, donde Tomás de Aquino distingue los diferentes tipos de materia, también escribe lo siguiente acerca de las especies naturales:

> Y por este motivo, debe decirse de otro modo que la materia es doble, a saber común y signada o individual: común, como la carne y los huesos; o individual como esta carne y estos huesos. Por consiguiente, el intelecto *abstrae* la especie de la cosa natural desde la materia sensible individual, pero no desde la materia sensible común. Como *abstrae* la especie del hombre de esta carne y estos huesos, que no pertenecen a la *ratio* de la especie, sino son partes del individuo, como es dicho en el VII de la *Metafísica*, y por este motivo puede ser considerada sin ellos. Pero la especie del hombre no puede *ser abstraída* de la carne y los huesos a través del intelecto. Con todo, las especies matemáticas pueden *ser abstraídas* a través del intelecto de la materia sensible no sólo individual sino también común; sin embargo no de la materia inteligible común sino sólo de la individual. (V, p. 331)

Lo que puede verse en primer lugar es que, al hablar de *abstracción*, la referencia señala con toda claridad al acto del entendimiento. En este caso, lo que se indica es que el intelecto puede considerar la especie del ente natural sin considerar la materia sensible individual. El ejemplo utilizado para ilustrar esta afirmación corresponde a la captación intelectual de la especie *hombre*, la cual ciertamente es captada con materia (carne y huesos), pero no con materia particular (esta carne y estos huesos). Por ello, cabe concluir que el verbo *abstraer* se encuentra tomado aquí en el sentido que ha sido denominado psicológico.

Ahora bien, lo interesante de la cita se descubre cuando se analiza el motivo por el cual el intelecto puede realizar esta consideración: porque "esta carne y estos huesos [...] no son acerca de la *ratio* de la especie, sino son partes del individuo". En cambio, el intelecto no puede considerar la especie sin *carne y huesos* en general, y esto es así porque *carne y huesos* sí pertenecen a la *ratio* de la especie. Por otra parte, la cita remata con que los entes matemáticos, a diferencia de los naturales, sí pueden ser considerados sin ningún tipo de materia sensible.[43]

Si se comparan estas últimas líneas citadas con los textos de la *Summa contra Gentiles* y del *In de anima* que fueron considerados algunos párrafos más arriba es posible prefigurar una conclusión sugestiva. Tanto aquí como en los anteriores se destaca –de un modo explícito– la no pertenencia de algún tipo de materia a la *ratio* de un determinado tipo de ente. En aquellos la referencia giraba en torno de la materia sensible y su relación con los entes matemáticos. Ahora, el caso se aplica a los entes físicos y su relación con lo que llama "materia sensible individual" y que grafica como "esta carne y estos huesos". Ahora bien, lo que el último texto citado agrega es una clara referencia al modo según el cual cada uno de estos tipos de ente se conocen mediante la abstracción intelectual: los físicos con materia sensible común pero sin materia sensible individual, y los mátemáticos sin materia sensible pero con materia inteligible común. Esto es lo que significa que abstraiga *hombre* de *esta carne y estos huesos* pero no de *carne y huesos*. Y, como ya se indicó, la causa por la cual el intelecto parece estar habilitado para realizar esta *abstracción* consiste en que *esta carne y estos huesos* no pertenecen a la *ratio* de *hombre* a diferencia de *carne y huesos*. Por su parte, las matemáticas pueden ser abstraídas de la materia sensible y, aunque no se lo indique aquí, se supone que la causa es la misma: que la materia sensible no pertenece a la *ratio* de lo matemático como sí la materia inteligible.

Esta última afirmación es la que permite enlazar lo explicado en los textos analizados en la presente sección. Porque, si en todos ellos se está destacando lo que es propio de los entes matemáticos con respecto a los naturales, esto lo constituye la ausencia de materia sensible en la *ratio* de los primeros. Ahora bien, esta ausencia parece ser aquello que Tomás señalaba al precisar que "las cosas matemáticas *abstraen* según su *ratio* de la materia sensible" (*SCG* III cap. 105, n. 8), o que "la cantidad matemática *no abstrae* de la materia inteligible sino de la materia sensible" (*S. Th. III* q. 77, a. 2, ad 4). Pero si se centra la atención en que la ausencia de un determinado tipo de materia no parece ser una característica exclusiva de las *rationes* de lo matemático sino también algo presente en los entes naturales, entonces también podría pensarse con todo derecho que en estos casos también corresponde decir que la *ratio* de tales entes *abstrae* de la materia sensible individual.

En otras palabras, lo que el último pasaje analizado indica para la presente investigación es que 1) la pregunta por lo que se designa bajo el término *ratio* como sujeto del verbo *abstraer* –tomado este último en un sentido diferente al psicológico o al general– no se limita al campo de lo matemático sino que también tiene impacto en el de las cosas naturales; y 2) la determinación de lo que significa el *abstraer* de la *ratio* en ambos casos presenta una enorme importancia en tanto se configura –con toda claridad– como la causa última o el fundamento de la propia posibilidad de la operación abstractiva del intelecto humano.

Con todo, las dos consecuencias destacadas encuentran fundamentos más allá del texto señalado. Por ejemplo, con respecto a la presencia de este sentido particular de la *abstracción* en el caso de los entes naturales, es posible encontrar, en el capítulo 3 del *De ente et essentia*, un caso muy similar Allí, hablando acerca de la naturaleza de hombre y de lo que le compete como tal afirma:

> [...] el hombre, no en cuanto es hombre, posee el existir en este singular, o en aquel, o en el alma. Por consiguiente, es evidente que la naturaleza del hombre considerada absolutamente *abstrae* de cualquier ser. Pero de modo tal que no hace exclusión de alguno de ellos. Y esta naturaleza así considerada es la que es predicada acerca de todos los individuos. (*DeEnte.* cap. 3, XLIII, p. 374)

Aquí puede verse nuevamente cómo el sentido de la abstracción no puede circunscribirse a los casos señalados anteriormente. En efecto, no se trata de decir que la naturaleza del hombre exista separada de los hombres singulares y concretos. Y por ello debe rechazarse que Tomás de Aquino utilice aquí el término *abstracción* en el sentido general.

Pero tampoco puede decirse que, en su lugar, se haga referencia a la *abstracción* en sentido psicológico. En primer lugar, porque el sujeto del verbo *abstraer* no es el intelecto sino la misma "naturaleza del hombre", esto es: no se está diciendo en este pasaje que el intelecto abstraiga la naturaleza del hombre de los singulares sino que ella misma, en cuanto tal, *abstrae* de ellos. En segundo lugar, porque justamente una de las cosas que se está afirmando es que la naturaleza del hombre –entendida en un sentido específico– *abstrae* de su modo de ser en el alma humana, el cual surge como fruto de la captación intelectual de dicha naturaleza. Esto implica que *considerar* o *entender* la naturaleza del hombre de manera absoluta no quiere decir aquí, *conocerla* abstractivamente de un modo particular, como si se tratara de otra forma de existir en la mente humana.

De esta manera, aunque a partir de la información que se posee hasta el momento no pueda determinarse con claridad a qué se refiere el Aquinate al decir que "... la naturaleza del hombre considerada absolutamente *abstrae* de cualquier ser", con todo es posible adelantar –al menos hipotéticamente– que existe un vínculo entre hablar de la *ratio* de *hombre* y de la consideración absoluta de la naturaleza de *hombre*. La nota común que sugiere tal parentesco es el hecho de que en ambos casos se indique su propiedad de *abstraer* de este o aquel hombre singular. De comprobarse que existe identidad entre ambas formulaciones, entonces cabría también preguntarse si, así como puede hablarse de una consideración absoluta de la naturaleza de *hombre,* puede hablarse de la misma consideración acerca de lo matemático. Así, cuando se dice que "… las cosas matemáticas no *abstraen* de toda materia, sino sólo de la sensible…", se estaría diciendo que la naturaleza de las cosas matemáticas, *en su consideración absoluta, abstrae* de la materia sensible.

Por otro lado, y con respecto al segundo punto que reparaba sobre la importancia fundamentativa y causal que este sentido diferente de abstracción tendría sobre la operación intelectual, valga aquí la referencia a un texto adicional para mostrar con mayor claridad lo que se ha dicho. En la lección 3 del comentario al segundo libro de la *Física*, el Doctor Angélico se pregunta en qué se diferencian el físico y el matemático cuando consideran la misma cosa. Y en su respuesta afirma que como el matemático "… considera las líneas, los puntos, las superficies y cosas tales junto con sus accidentes no en cuanto son término de cuerpos naturales, por este motivo se dice que *abstrae* de la materia sensible y natural" (*In Physic.* II cap. 2, lectio 3, n. 5, II, p. 62). Hasta aquí, el uso del verbo *abstraer* se condice perfectamente con el sentido que ha sido llamado *psicológico* y del que han hablado los comentaristas: el matemático realiza una operación intelectual para separar aquello que considera de la materia sensible.

Pero lo interesante de este pasaje es lo que se agrega a continuación, ya que el Aquinate explica cuál es la razón por la cual el matemático puede hacer esto: "Y la causa por la cual puede *abstraer* es ésta: porque según el intelecto [las líneas, puntos, etc.] son *abstractos* del movimiento". Si bien el mero análisis sintáctico de la forma *secundum intellectum sunt abstracta a motu* revela que la misma podría ser traducida como *han sido abstraídas del movimiento según el intelecto*, aquí el contexto muestra que tal traducción es altamente improbable porque –justamente– lo que Santo Tomás está intentando hacer es brindar la razón por la cual es posible que el matemático pueda abstraer. Pero si tal razón fuese que las cosas matemáticas ya han sido abstraídas por el intelecto del matemático entonces el argumento caería en una inevitable circularidad.

Por ello, lo que parece es que el participio *abstracta* no está indicando el efecto de una acción transitiva sino una propiedad de las cosas matemáticas que, en cuanto tal, se configura como el fundamento que posibilita la abstracción psicológica efectuada por el matemático. Debe recordarse aquí que este modo de tomar el verbo *abstraer* bajo un sentido intransitivo y más bien reflexivo ya había sido indicado por Ludwig Schütz en su clasificación, tal como se vio al comienzo del presente capítulo. Sin embargo, una de las cosas que se señaló allí fue la ausencia de la consideración tanto de una forma sustantiva (*abstractio*) como una participial (*abstractus-a-um*) tomadas bajo este sentido. Ahora bien, los textos analizados en esta última sección –y particularmente este último perteneciente al comentario a la *Física*– habilitan la posibilidad de reinterpretar la utilización de tales variantes como modos de significar la independencia de las diversas naturalezas con respecto a los tipos de materia enumerados. Por lo mismo, cuando Tomás habla de que los entes estudiados por la ciencia matemática son denominados *por abstracción* podría estar señalando la separación que tales entes presentan frente a la materia sensible según su *ratio*[44] –aunque la requieran según la existencia– y no solamente el hecho de que los mismos sean constituidos como tales mediante el proceso psicológico de la abstracción desmaterializante.

Dicho de otra manera, lo que parece expresarse con el término *abstraer* y sus derivados tomados en este sentido es cierta independencia o prescindencia de una cosa con respecto a otra. Y, en los casos señalados, la independencia es de la naturaleza de una cosa con respecto a un determinado tipo de materia: de los entes matemáticos con respecto a la materia sensible, y de los entes naturales con respecto a la materia sensible signada. Tal estado no implicaría en absoluto la posibilidad de que las esencias existan separadamente, es decir, que subsistan sin materia sensible signada. Pero sí conlleva la posibilidad de que sean consideradas sin tal materia por el intelecto.[45]

Pero más allá de todos estos planteos hipotéticos –que deberán ser analizados en lo sucesivo– una cosa puede ser afirmada con total certeza: es posible descartar cualquier avance en la comprensión de este uso del verbo *abstrahere* si se intenta ceñir estos pasajes dentro de los límites semánticos de la abstracción en sentido general o psicológico. En otras palabras, debe aceptarse que tales textos presentan una dimensión conceptual diferente y que, por ende, requieren un renovado acercamiento hermenéutico que tome como punto de partida el contexto inmediato de referencia del término para descubrir su significado.

Corolario

En síntesis, a partir de la referencia a un conjunto de textos –que solo constituyen una pequeña muestra– puede perfilarse un nuevo sentido bajo el cual habría sido considerada la *abstracción* en las obras de Tomás de Aquino. Este sentido se diferencia claramente de los dos analizados en primer lugar ya que no indica en modo alguno una acción transitiva –ni física ni intelectual. En cambio, lo que señala es una propiedad intrínseca de la naturaleza de las cosas que consiste en una cierta separación o independencia de tal naturaleza con respecto a algún tipo de materia.

Ahora bien, debe aclararse que esta prescindencia o separación de la materia, que corresponde *per se* a la naturaleza de una cosa, no comporta una separación de la materia en la existencia real, sino solo una independencia en cuanto a la *ratio* o la *consideración absoluta de su naturaleza*. Esto es lo que distingue a este sentido de *abstracción* de aquel verificado con ocasión de la caracterización de las ideas platónicas y las sustancias espirituales como *abstractas* –o sea, como entidades subsistentes separadas de la materia en cuanto al ser– aunque en ambos casos existe una característica común que es el uso de *abstracción* para designar una propiedad inmanente de la cosa y no una acción transitiva. Por este motivo –y en orden a explicitar la distinción frente a la abstracción psicológica y la general–, este tercer sentido según el cual se toma el término *abstracción* puede ser denominado como *per se* o absoluto.

De este modo, se impone a continuación la necesidad de estudiar en profundidad las implicancias de este nuevo sentido hallado en los textos tomasianos. Y para ello será necesario realizar un análisis renovado de los diversos temas con los cuales tal sentido parece estar relacionado, de acuerdo con lo que se deduce a partir de los textos citados en esta sección.

Notas

1. Se habla de *cuasi o pseudo* pasión porque designa –tanto en el orden sensitivo como en el intelectivo– un fenómeno inmanente que, como tal, no produce un efecto verificable en las cosas exteriores.
2. La obra consultada corresponde a la tercera edición del texto publicada en línea y digitalizada por Enrique Alarcón. Schütz, 2006.
3. Cfr. Schütz, 2006 "abziehen, loslösen, wegnehmen, abtrennen".
4. Se refiere al texto del *SuperSent. IV*, d. 49, q. 5, a. 2, 3 c.
5. En este caso remite a *SuperSent. II*, d. 2, q. 2, a. 2, ad. 4.
6. Como se explica en *S. Th. II-II*, q. 88, a. 8, ad. 2.
7. Dentro de este sentido de la abstracción, Schütz distingue diversas formas de la misma: *abstraer de la materia y el movimiento, abstraer de la materia común o de la signada, abstraer de la materia inteligible o sensible, abstraer la forma de la materia*, etc. Todas ellas tienen en común el hecho de designar una actividad del intelecto.
8. Se trata de la edición en línea, adaptada por Eduardo Bernot y Enrique Alarcón, y disponible en el sitio http://www.corpusthomisticum.org/it/index.age.
9. En el contexto del *Index Thomisticum* se denomina *caso* a la aparición de un término determinado, y *lugar* al pasaje en donde se utiliza el término (cuerpo de un artículo, respuesta a una objeción, capítulo, etc.) De este modo, es posible encontrar en un

mismo pasaje más de una ocurrencia del término e, incluso, encerrando sentidos diversos. Por su parte, la organización de lemas mediante su numeración permite realizar búsquedas exhaustivas que facilitan enormemente las tareas filológico-textuales como la que se emprenderá a continuación.

10. Tal como se mostró en el primer capítulo.
11. Para una síntesis de la referencia a y tratamiento de la abstracción en la filosofía y lógica contemporáneas, cfr. Angelelli, 2004, y 1981.
12. Cfr. *QQ.DeAn.*, q. 17 ad 5: "...singulare non repugnat cognitioni intellectus nostri nisi in quantum indiuiduatur per hanc materiam: species enim intellectus nostri oportet esse a materia abstractas" (XXIV/1, p. 151).
13. Para un análisis referido a la determinación del objeto propio del intelecto humano según el pensamiento de Tomás de Aquino Cfr. Palla, 2007 p. 44.
14. Una síntesis que pone de manifiesto la importancia teológica de la defensa que Tomás hace acerca de la necesidad del conocimiento desde lo sensible por parte del hombre puede encontrarse en el ya célebre trabajo de De Libera, 1996, especialmente pp. 265–266.
15. Salvo aclaración, el uso de itálicas en los siguientes textos de Tomás es un agregado que apunta a destacar la aparición de los lemas relacionados con la abstracción.
16. Para una síntesis exhaustiva de las obras y pasajes precisos en los cuales Tomás de Aquino trata acerca del entendimiento agente, cfr. Sellés, 2002.
17. Nótese que el carácter principal de esta operación abstractiva consiste en actualizar algo que ya se encuentra en las cosas concretas pero en potencia. Lo que se actualiza es la inteligibilidad propia de la cosa conocida que, en su estado de existencia común, se halla particularizada y limitada por la materia signada y sus condiciones. Es esta circunstancia, sumada al carácter eminentemente receptivo de la potencia cognoscitiva humana, la que justifica la postulación del intelecto agente. En otras palabras, la abstracción del intelecto agente se limita a ser una actividad que busca *depurar* la materialidad representada en el fantasma imaginativo para permitir que su inteligibilidad ínsita actualice el intelecto pasivo. Así, la especie inteligible no parece ser otra cosa que el fantasma de la imaginación liberado de las condiciones de la materia signada. Sobre esto, cfr. especialmente Cory, 2015b, 2015a.
18. Cfr., además de los textos anteriores, *S. Th. I* q. 79, a. 3, co (V, p. 264).
19. Más adelante, se analizará con mayor detalle la cuestión referida al modo de individualización propio de los entes corpóreos y simples. Como se verá, existe un fuerte vínculo entre la abstracción y la composición metafísica de los entes materiales, la cual permite la multiplicación de supósitos de una misma especie.
20. Al decir que la *abstracción* como distinción según la primera operación del intelecto no requiere la existencia de una separación real entre las cosas distinguidas, se deja implícita la posibilidad de que esta operación sí requiera algún otro tipo de separación dentro de la esencia de una cosa. Después de todo, al abstraer se percibe con claridad que –más allá de que las cosas existan juntas– no se identifican completamente.

Indagar acerca de la naturaleza de tal tipo de separación, sus causas y sus implicancias constituye el objetivo último de la presente investigación.

21. Sobre el concepto de *resolutio* y su doble vía (definición y causalidad), cfr. Aertsen, 1996, pp. 73–79. La abstracción como operación intelectual constituiría, entonces, un caso de *resolución* por vía de la definición, ya que lo que se busca es determinar los principios esenciales de cada cosa, los cuales son los que conforman el contenido de su definición. Para mayores precisiones acerca de la *resolución,* cfr. Peghaire, 1936; Régis, 1948; y Doig, 1972. En este último caso, resulta interesante la enumeración de pasajes donde Tomás se refiere a la *resolutio* (pp. 64–77).
22. Cfr. *DeVer.* q. 2, a. 6, ad 1: "Utraque autem dupliciter accipitur; scilicet ut signata, et ut non signata: et dico signatam secundum quod consideratur cum determinatione dimensionum, harum scilicet vel illarum" (XXII/1–2, p. 66).
23. Cfr. por ejemplo, *SCG* II cap. 75, n. 10: "Sed id quod repugnat intelligibilitati est materialitas: cuius signum est quod, ad hoc quod fiant formae rerum materialium intelligibiles actu, oportet quod a materia *abstrahantur*. Et ideo in illis in quibus individuatio fit per hanc materiam signatam, individuata non sunt intelligibilia actu" (XIII, p. 475). También *DeVer.*q. 2, a. 6, ad 1: "Secundum hoc igitur sciendum est, quod materia signata est individuationis principium, a qua *abstrahit* omnis intellectus, secundum quod dicitur *abstrahere* ab hic et nunc…" (XXII/1–2, p. 66).
24. Cfr. *DeVer.* q. 2, a. 6, ad 1: "…non signatam autem quae sine determinatione dimensionum consideratur" (XXII/1–2, p. 66).
25. Cfr. el texto ya citado del *DeSeparat.* cap. 1 co. (XL/d, p. 42). El término *materia inteligible* ha causado polémica en cuanto se ha sugerido que es utilizado por Tomás para designar cosas aparentemente diversas: la sustancia bajo las dimensiones de la materia dimensiva o la propia extensión o el continuo (Cfr. Burgoa, 1963, p. 202). Como no es el objetivo de este trabajo determinar la correcta interpretación de lo que significa la misma en cada caso, sino el estudio de la abstracción, considero suficiente señalar lo que indica explícitamente en *S. Th. I* q. 85, a. 1, ad 2: "Materia vero intelligibilis dicitur substantia secundum quod subìacet quantitati" (V, p. 331), es decir es la sustancia como sustrato del accidente cantidad. Por su parte, Jeffrey Brower (2014, p. 7) indica que el término *materia* indica en todo caso el ser sustrato de ciertas formas perfectivas. Pero, en este caso, tales formas no son substanciales sino accidentales. De allí la asimilación entre materia inteligible y substancia. Coinciden también con esta opinión Kelly (1965, p. 36) y Anderson (1969, p. 565). Todo esto refuta la idea que parece sostener Carlos Llano (2001, p. 38), para el cual la materia inteligible representaría una auténtica paradoja "pues la materia, como tal, es inteligible solo por la forma". La materia inteligible no tiene nada que ver con la materia prima, como parece insinuar el español.
26. De hecho, solo una vez aparece el verbo *abstraer* atribuido al intelecto pasivo como a su sujeto. Pero debe repararse en que allí Tomás expone el argumento de Avempace en favor de la posibilidad humana de alcanzar el conocimiento de las sustancias

separadas a partir de los fantasmas. Posición que es refutada más adelante como un procedimiento meramente lógico y no científico. Cfr. *SCG* III cap. 41 (XIV, p. 103).

27. Cfr. *SCG* II, c. 73: "Sed post speciem in eo receptam, indiget eo quasi instrumento sive fundamento suae speciei: unde se habet ad phantasmata sicut causa efficiens; secundum enim imperium intellectus formatur in imaginatione phantasma conveniens tali speciei intelligibili, in quo resplendet species intelligibilis sicut exemplar in exemplato sive in imagine" (XIII, p. 462).
28. Un caso lo representa el texto de *QQ. de anima* q. 4, co., citado por L. Ferrari como evidencia de que en Tomás existiría una *abstractio totalis* (esto es, lógica) tal como la que detalló Cayetano en su comentario al *De ente et essentia*. Cfr. Ferrari, 1965, p. 446. Ambos textos fueron analizados en el capítulo uno.
29. Así ocurre, por ejemplo, en *In Physic.* II, lectio 3, n. 5 (II, p. 62), también citado en el capítulo anterior.
30. Cfr. *S. Th. I* q. 85, a. 1, co.: "Cognoscere vero id quod est in material individuali, non prout est in tali materia, est *abstrahere formam a materia individuali…*" y q. 85, a. 1, ad 1: "Et hoc est *abstrahere universale a particulari*, vel speciem inteligibilem a phantasmatibus…" (V, p. 331).
31. Otros casos en los que la *abstracción* es tomada en un sentido similar son *SuperSent. III* d. 40, q. 1, a. 4, qc. 3, ad 3; *SuperSent. IV* d. 7, q. 3, a. 2, qc. 3, ad 4; *SuperSent. IV* d. 15, q. 3, a. 1, qc. 4, co. 2; *SuperSent. IV* d. 15, q. 3, a. 2, qc. 2, ad 2; *SuperSent. IV* d. 19, q. 2, a. 2, qc. 1, ad 4; *SuperSent. IV* d. 46, q. 1, a. 2, qc. 3, ad 3; *SuperSent. IV* d. 49, q. 5, a. 2, qc. 3, co.; *SCG* II cap. 70, n. 5; *SCG* IV, cap. 55, n. 14; *S. Th. I-II* q. 99, a. 6, ad 3; *S. Th. I-II* q. 105, a. 2, ad 9; *S. Th. II-II* q. 81, a. 1, ad 5.
32. También agrega más adelante (n. 8): "Sed Anaxagoras ponebat os et carnem et similia corpora esse magis simplicia; et elementa, scilicet terram, aquam, aerem et ignem, ponebat esse composita. Et hoc ideo, quia ponebat res fieri *per abstractionem* a mixto…" (III, p. 266).
33. En *S. Th. II-II* q. 175, a. 1, ob. 1, se lo define como "…la elevación, por la fuerza de una naturaleza superior, desde lo natural a lo sobrenatural" (X, p. 402).
34. La misma doctrina puede hallarse en *C. Th.* lib. 1 cap. 167, co.; *Super II Cor.* cap. 12, lectio 1; *SuperSent. IV* d. 49, q. 2, a. 7, ad 4; *SuperSent. IV* d. 50, q. 1, a. 1, co.; *S. Th. I* q. 86, a. 4, ad 2.
35. Cfr. también la respuesta a la objeción 12 en ese mismo artículo (p. 419).
36. De hecho, Tomás de Aquino aclara que este fenómeno no ocurrió en la persona de Jesucristo, ya que en Él las potencias se encontraban perfectamente ordenadas y, por mucho que una potencia se extendiera en su acto, ninguna de las otras era privado del propio. Cfr. *SuperSent. III* d. 15, q. 2, a. 3, qc. 3, co.
37. La interpretación tomasiana de la doctrina de Platón puede encontrarse en *DeSeparat.* cap.1: "Por lo que, como el intelecto, al conocer la verdad. aprehende algo separadamente de la naturaleza de las cosas sensibles, así [Platón] estimó que existían algunas cosas separadas de las sensibles" (XL/d, p. 42).

38. Cfr., por ejemplo, *DeSpirit.* a. 9, ad 6: "Non enim est differentia inter Aristotelem et Platonem, nisi in hoc quod Plato posuit quod res quae intelligitur eodem modo habet esse extra animam quo modo eam intellectus intelligit, idest ut *abstracta* et communis; Aristoteles vero posuit rem quae intelligitur esse extra animam, sed alio modo, quia intelligitur abstracte et habet esse concrete. Et sicut secundum Platonem ipsa res quae intelligitur est extra ipsam animam, ita secundum Aristotelem..." (XXIV/2, p. 98). Nótese el doble sentido que denota lo abstracto en esta cita: por un lado, caracteriza el modo de existir de las ideas platónicas, y por otro el modo según el cual las naturalezas de las cosas se encuentran en nuestro entendimiento para Aristóteles. En ambos casos parece existir un denominador común: *abstracto* señala la independencia de los principios de las cosas frente a lo material y concreto, la cual independencia se da para Platón también en el plano de lo existencial y no solo en el de la intelección. Por ello Tomás de Aquino afirma en otros pasajes que el error platónico consistió en haber creído que todo principio de intelección es también principio de existencia.
39. Cfr. *InDeAn.* III, cap. 3: "*Non autem hoc contingit in omnibus*: nam in his, quae omnino sunt separata a materia idem est res et quod quid est eius" (XLV/1, pp. 210–211). Las itálicas pertenecen al texto original.
40. Las itálicas pertenecen al texto original.
41. Algunos autores que plantean esta supuesta contradicción son Merlan, 1975, pp. 61, 77 y 81; Nordberg, 1990, pp. 147–148 y Pascual, 2003, p. 29
42. Las itálicas pertenecen al texto original.
43. Se explica algo muy similar en *InDeAn.* III, cap. 2 (XLV/1, p. 212).
44. De hecho, esto es lo que parece señalarse explícitamente en el texto del *InDeAn.* III, cap. 2 que ha sido citado más arriba: "...en estas cosas que son *a través de la abstracción*, esto es en las matemáticas, cuya *ratio abstrae* desde la materia sensible..." (XLV/1, p. 212). Otro lugar donde aparece la misma expresión es *InDeCaelo* III, lectio 3, n. 4, y allí se explica que las cosas matemáticas *abstraen* de la naturaleza sensible y del movimiento, a diferencia de las cosas naturales: "...quia mathematica dicuntur *per abstractionem* a naturalibus; naturalia autem se habent per appositionem ad mathematica (superaddunt enim mathematicis naturam sensibilem et motum, a quibus mathematica abstrahunt)..." (III, p. 236).
45. Tomás insiste en varias oportunidades que tal característica de las naturalezas es causa de que el intelecto pueda considerarlas separadas de la materia sensible o signada, respectivamente. Esto ocurre, por ejemplo, en el texto citado de *In Physic.* II, cap. 2, lectio 3, n. 5.

Referencias

Aertsen, J. (1996). *Medieval Philosophy and the Transcendentals: The Case of Thomas Aquinas.* Leiden-New York: E.J. Brill.

Anderson, T. C. (1969). Intelligible Matter and the Objects of Mathematics in Aquinas. *New Scholasticism, 43*, 555–576.

Angelelli, I. (1981). Abstracción moderna y tradicional. *Anuario Filosófico, 14* (2), 9–21.

Angelelli, I. (2004). Adventures of Abstraction. *Poznan Studies in the Philosophy of the Sciences and the Humanities, 82*(1), 11–35.

Aquinatis, T. (1856a). Commentum in primum librum Sententiarum magistri Petri Lombardi Opera Omnia ad fidem optimarum editionum accurate recognita (Vol. 6, pp. 1–380). Parma: Typis Petri Fiaccadori.

Aquinatis, T. (1856b). Commentum in secundum librum Sententiarum magistri Petri Lombardi Opera omnia ad fidem optimarum editionum accurate recognita (Vol. 6, pp. 381–791). Parma: Typis Petri Fiaccadori.

Aquinatis, T. (1858a). Commentum in quartum librum Sententiarum magistri Petri Lombardi Opera omnia ad fidem optimarum editionum accurate recognita (Vol. 7/2, pp. 451–1259). Parma: Typis Petri Fiaccadori.

Aquinatis, T. (1858b). Commentum in tertium librum Sententiarum magistri Petri Lombardi *Opera omnia ad fidem optimarum editionum accurate recognita* (Vol. 7/1, pp. 1–450). Parma: Typis Petri Fiaccadori.

Aquinatis, T. (1882). Expositio libri Posteriorum *Opera omnia iussu Leonis XIII P. M. edita* (Vol. 1, pp. 129–403). Roma: Ex Typographia Polyglotta S. C. de Propaganda Fide.

Aquinatis, T. (1884). Commentaria in octo libros Physicorum Aristotelis *Opera omnia iussu impensaque Leonis XIII. P. M. edita* (Vol. 2). Roma: Ex Typographia Polyglotta S. C. de Propaganda Fide.

Aquinatis, T. (1886a). In libros Aristotelis De caelo et mundo expositio *Opera omnia iussu impensaque Leonis XIII P. M. edita* (Vol. 3, pp. 1–257). Roma: Ex Typographia Polyglotta S. C. de Propaganda Fide.

Aquinatis, T. (1886b). In librum primum Aristotelis De generatione et corruptione expositio *Opera omnia iussu impensaque Leonis XIII P. M. edita* (Vol. 3). Roma: Ex Typographia Polyglotta S. C. de Propaganda Fide.

Aquinatis, T. (1888). Summa Theologiae. Pars Prima *Opera omnia iussu impensaque Leonis XIII P. M. edita* (Vol. 4). Romae: Ex Typographia Polyglotta S. C. de Propaganda Fide.

Aquinatis, T. (1889). Pars prima Summae theologiae *Opera omnia iussu impensaque Leonis XIII P. M. edita* (Vol. 5). Roma: Ex Typographia Polyglotta S. C. de Propaganda Fide.

Aquinatis, T. (1892). Prima secundae Summae theologiae *Opera omnia iussu impensaque Leonis XIII P. M. edita* (Vol. 7). Roma: Ex Typographia Polyglotta S. C. de Propaganda Fide.

Aquinatis, T. (1897). Secunda secundae Summae theologiae *Opera omnia iussu impensaque Leonis XIII P. M. edita* (Vol. 9). Roma: Ex Typographia Polyglotta S. C. de Propaganda Fide.

Aquinatis, T. (1899). Secunda secundae Summae theologiae *Opera omnia iussu impensaque Leonis XIII P. M. edita* (Vol. 10). Roma: Ex Typographia Polyglotta S. C. de Propaganda Fide.

Aquinatis, T. (1906). Tertia pars Summae *Theologiae Opera omnia iussu impensaque Leonis XIII P. M. edita* (Vol. 12). Roma: Ex Typographia Polyglotta S. C. de Propaganda Fide.

Aquinatis, T. (1918a). Summa Contra Gentiles I. In F. Praedicatorum (Ed.), *Opera omnia iussu impensaque Leonis XIII P. M. edita* (Vol. 13, pp. 3–270). Roma: Typis Riccardi Garroni.

Aquinatis, T. (1918b). Summa Contra Gentiles II *Opera omnia iussu Leonis XIII P. M. edita* (Vol. 13, pp. 271–602). Roma: Typis Riccardi Garroni.

Aquinatis, T. (1926). Summa Contra Gentiles III *Opera omnia iussu edita Leonis XIII P. M.* (Vol. 14). Roma: Typis Riccardi Garroni.

Aquinatis, T. (1930). Summa Contra Gentiles IV *Opera omnia iussu Leonis XIII P. M. edita* (Vol. 15). Roma: Typis Riccardi Garroni.

Aquinatis, T. (1950). In librum Beati Dionysii De divinis nominibus expositio. In P. C. C. Pera, C. Mazzantini (Ed.). Taurinus-Roma: Marietti.

Aquinatis, T. (1953a). Super Epistolam ad Romanos lectura. In R. Cai (Ed.), Super Epistolas S. Pauli lectura (Vol. 1, pp. 1–230). Taurinus-Roma: Marietti.

Aquinatis, T. (1953b). Super secundam Epistolam ad Corinthios lectura. In R. Cai (Ed.), Super Epistolas S. Pauli lectura (Vol. 1, pp. 437–561). Taurinus-Roma: Marietti.

Aquinatis, T. (1968). De substantiis separatis *Opera omnia iussu Leonis XIII P. M. edita* (Vol. 40 D). Roma: Ad Sanctae Sabinae.

Aquinatis, T. (1970a). Quaestiones disputatae de veritate *Opera omnia iussu Leonis XIII P. M. edita* (Vol. 22/2–1). Roma: Ad Sanctae Sabinae/Editori di San Tommaso.

Aquinatis, T. (1970b). Quaestiones disputatae de veritate *Opera omnia iussu Leonis XIII P. M. edita* (Vol. 22/1–2). Roma: Ad Sanctae Sabinae/Editori di San Tommaso.

Aquinatis, T. (1971). In duodecim libros Metaphysicorum Aristotelis expositio. In M. R. C. R. M. Spiazzi (Ed.). 2° ed. Taurini-Romae: Marietti.

Aquinatis, T. (1972). Quaestiones disputatae de veritate *Opera omnia iussu Leonis XIII P. M. edita* (Vol. 22/2–2). Roma: Ad Sanctae Sabinae/Editori di San Tommaso.

Aquinatis, T. (1976). De ente et essentia *Opera omnia iussu Leonis XIII P. M. edita* (Vol. 43, pp. 315–381). Roma: Editori di San Tommaso.

Aquinatis, T. (1979). Compendium theologiae seu Brevis compilatio theologiae ad fratrem Raynaldum *Opera omnia iussu Leonis XIII P. M. edita* (Vol. 42, pp. 5–205). Roma: Editori di San Tommaso.

Aquinatis, T. (1984). Sentencia libri De anima *Opera omnia iussu Leonis XIII P. M. edita* (Vol. 45/1). Roma-Paris: Commissio Leonina-J. Vrin.

Aquinatis, T. (1992). Super Boethium De Trinitate *Opera omnia iussu Leonis XIII P. M. edita* (Vol. 50, pp. 1–230). Roma-Paris: Commissio Leonina-Éditions Du Cerf.

Aquinatis, T. (1996). Quaestiones disputatae de anima. In B. C. Bazán (Ed.), *Opera omnia iussu Leonis XIII P. M. edita* (Vol. 24/1). Roma-Paris: Commissio Leonina-Éditions Du Cerf.

Aquinatis, T. (2000). Quaestio disputata de spiritualibus creaturis. In J. COS (Ed.), *Opera omnia iussu Leonis XIII P. M. edita* (Vol. 24/2). Roma-Paris: Commissio Leonina-Éditions Du Cerf.

Brower, J. E. (2014). *Aquinas's Ontology of the Material World. Change, Hylomorphism, and Material Objects.* Oxford: Oxford University Press.

Burgoa, L. V. (1963). *De modis abstractionis iuxta Sanctum Thomam.* Divus Thomas, 189–218.

Cajetanus, T. d. V. (1949). *Sobre la analogía de los términos* (G. S. Ramos, Trans.). Mendoza: Facultad de Filosofía y Letras.

Cory, T. S. (2015a). Averroes and Aquinas on the Agent Intellect's Causation of the Intelligible. *Recherches de Théologie et Philosophie Médiévales, 82*(1), 1–60.

Cory, T. S. (2015b). Rethinking Abstractionism: Aquinas's Intellectual Light and Some Arabic Sources. *Journal of the History of Philosophy, 53*(4), 607–646.

De Libera, A. (1996). *La querelle des universaux. De Platon à la fin du Moyen Age*. Paris: Seuil.

Doig, J. C. (1972). *Aquinas on Metaphysics: A Historico-Doctrinal Study of the Commentary on the Metaphysics*. The Hague: Nijhoff.

Ferrari, L. C. (1965). A Thomistic Appraisal of Thomas de Vio Cajetan's "Abstractio Totalis". *Angelicum: Periodicum Trimestre Pontificiae Studiorum Universitatis e Sancto Thoma Aquinate in Urbe, 42*, 441–462.

Kelly, C. J. (1965). Abstraction and Existence. *Laval Theologique et Philosophique, 21*, 17–42.

Llano, C. (2001). La "Introducción" a la Crítica de la Razón Pura y el Comentario al De Trinitate de Boecio de Santo Tomás de Aquino. (Spanish). [Article]. *Tópicos. Revista de Filosofía*, (21), 27–67.

Merlan, P. (1975). *From Platonism to Neoplatonism*. 3° ed. The Hague: Martinus Nijhoff.

Mondin, B. (1991). Dizionario enciclopedico del pensiero di San Tommaso d'Aquino. Bologna: Edizioni Studio Domenicano.

Nordberg, K. (1990). Abstraction and Separation in the Light of the Historical Roots of Thomas' Tripartition of the Theoretical Sciences. In R. Tyorinoja (Ed.), *Knowledge and the Sciences in Medieval Philosophy. Proceedings of the Eighth International Congress of Medieval Philosophy* (1987) (Vol. III, pp. 144–159). Helsinki: Yliopistopaino.

Palla, B. (2007). Aquinas on the Object of the Intellect. *Proceedings of the Society for Medieval Logic and Metaphysics, 7*, 43–53.

Pascual, R. M. (2003). La división de las ciencias especulativas en Santo Tomás de Aquino. Doctorandus Excerpta ex dissertatione ad Doctorandum in Facultate Philosophiae. Pontificia Universitas Gregoriana, Roma.

Peghaire, J. (1936). *Intellectus et ratio selon S. Thomas d'Aquin* (Vol. VI). Paris: Vrin.

Ramírez, S. M. (1970). *De ipsa philosophia in universum*. Madrid: Instituto de Filosofía "Luis Vives".

Régis, L. M. (1948). Analyse et synthèse dans l'oeuvre de saint Thomas en *Studia Mediaevalia in honorem Reverendi Patris Raymundi J. Martin, O. P.* Brugis Flandrorum: De Tempel .

Rodríguez Arias, J. (1998). Abstracción y ciencia en Santo Tomás de Aquino (I). *Ciencia Tomista, 125* (2), 259–316.

Schütz, L. (2006). Thomas-Lexikon. Sammlung, Übersetzung und Erklärung der in sämtlichen Werken des hl. Thomas von Aquin vorkommenden Kunstausdrücke und wissenschaftlichen Aussprüche E. Alarcón (Ed.) Thomas-Lexikon. Retrieved from http://www.corpusthomisticum.org/tl.html, fecha de acceso: 23 de abril de 2020.

Sellés, J. F. (2002). El entendimiento agente según Tomás de Aquino. *Revista Española de Filosofía Medieval, 9*, 105–124.

4

La abstracción de la esencia absoluta

Una vez que ha sido posible verificar en el capítulo anterior la existencia de un nuevo sentido bajo el cual el término *abstracción* y sus derivados han sido tomados en la obra de Tomás de Aquino, es momento de indagar acerca del significado que encierra. Es decir, habiendo demostrado que puede decirse de algo –por caso– que *abstrae* de la materia sin que por ello quiera afirmarse que subsiste fuera de la materia, es necesario explicar qué es aquello que abstrae y cómo se explica su estado o naturaleza.

Claramente, al introducir esta variante semántica, el Aquinate intenta referirse a algo distinto de la operación intelectual. Por ello, la óptica desde la cual el tomismo ha analizado la cuestión de la abstracción parece ser parcialmente inadecuada toda vez que se pretende indicar con la misma solo una operación intelectual que permita explicar el paso de la materialidad de las cosas existentes a la inmaterialidad de las concepciones intelectuales que el hombre forma sobre ellas.

Así, la tarea que se emprenderá a partir de ahora presentará forzosamente un carácter más especulativo que la realizada en el capítulo anterior, donde solo se trató de confirmar la existencia de polisemia con respecto al término *abstrahere* en las obras tomasianas. Ahora deberá indagarse con mayor profundidad qué es lo que quiere decir Tomás en estos casos, lo cual implicará detenerse en los textos y revisar tanto la problemática que se intenta resolver en ellos como sus pasajes paralelos.

Tomando como punto de apoyo los descubrimientos del capítulo anterior, puede repararse –en primer término– en que el verbo *abstraer*, considerado en el sentido que se ha denominado provisoriamente *per se* o absoluto, apunta a la esencia de las sustancias materiales o compuestas. Tal uso aparece, con total claridad, en algunos textos de la juventud del Aquinate, como el *DeEnte.* cap. 3 que expresa una definición que conviene considerar nuevamente: "la naturaleza del hombre considerada absolutamente *abstrae* de cualquier ser" (XLIII, p. 374). Pero, ¿qué significa esto?

Ya se adelantó acerca del texto en cuestión que en el mismo el término *abstrae,* como forma verbal que requiere un sujeto, no está haciendo referencia ni a un proceso intelectual ni a un estado de subsistencia separada, sino que parece indicar cierto tipo de independencia de la esencia con respecto a dos modos de existencia distintos: en lo concreto y en la mente. Así, lo que aquí se describe no es ni más ni menos que el núcleo central de una doctrina que ha gozado –y goza aún– de cierta fama en el contexto de la Filosofía Occidental: la doctrina del tercer estado de la esencia, también conocida como *esencia común* o *absoluta.*

Originariamente, esta doctrina pertenece al filósofo persa Avicena quien la introduce en varias partes de su célebre tratado *al-Shifá* (*La curación*).[1] Así, por ejemplo, en la *Introducción* expresa: "La esencia de las cosas puede existir en los concretos particulares de las cosas o en la conceptualización, y por ello pueden ser consideradas de un triple modo" (*Shifá*, *Introducción*…, I.2, 15). Esta triple consideración corresponde a sus dos modos de existencia (en el conocimiento y en lo concreto) y una tercera que es descripta textualmente como "consideración de la esencia en tanto es una esencia sin estar relacionada con ninguno de los dos [modos] de existencia.

Resulta por demás evidente que esta es la fuente en la cual Tomás se inspira y basa la afirmación citada. Y aunque en el *De Ente et essentia* no haga referencia explícita al filósofo persa, con todo esto último sí ocurre en otro texto juvenil del Aquinate como son sus *Quodlibet* VIII q. 1, a. 1, co.: "Debe decirse que, según Avicena en su *Metafísica*, triple es la consideración de alguna naturaleza…" (XXV/1, p. 51).

Por lo demás, la aparición de esta doctrina en los textos citados ha sido objeto de interesantes controversias tanto entre autores pertenecientes al ámbito tomista como entre otros que se han acercado a sus textos desde caminos diferentes. En efecto, la misma ha generado dos tipos de reacciones: por un lado hay quienes pretenden quitarle a la misma cualquier relevancia filosófica en el todo de la obra del Angélico. Desde este punto de vista, la presencia de la misma respondería a la fuerte influencia ejercida por Avicena en el ambiente parisino que constituía el contexto de elaboración de las obras recién citadas.[2] El segundo tipo concede que la doctrina fue recibida conscientemente por el Aquinate desde el filósofo persa, pero que luego o bien fue abandonada[3] o bien fue transformada de modo substancial.[4] En ambos casos, el motivo de los cambios sería el desarrollo de la teoría del conocimiento con la cual se comprometería Tomás en su madurez: el conocimiento por formación intelectual de una semejanza conceptual.[5]

Así, lo que prima es un cierto rechazo del valor que la misma pueda tener dentro del sistema filosófico del Tomás maduro, al menos en lo que respecta a su original formulación aviceniana, mantenida en gran medida en los textos recientemente citados. Frente a ello, la hipótesis que se pretende demostrar en el presente capítulo puede resumirse diciendo que la llamada consideración absoluta de la esencia representa un tópico clave de la *mens* tomasiana el cual –más allá de la terminología empleada en cada caso– se mantiene presente a lo largo de toda su carrera bajo una significación clara que está íntimamente relacionada con el fundamento metafísico del modo de ser de todo ente sensible y, a la vez, con la causa de su inteligibilidad. Y es solo en el marco de esta doctrina que puede percibirse con claridad qué es lo que se designa cuando el término *abstracción* y sus derivados son utilizados en el sentido que se denominó *per se* o *absoluto.*

Pero antes de analizar en detalle las particularidades de esta doctrina conviene repasar las generalidades de lo que designa *esencia* para Tomás de Aquino, lo cual implica detenerse sobre algunos de los conceptos centrales de su metafísica.

Primer paso hacia la *abstracción absoluta:* Sobre el ente y su relación con la esencia

Ente per se y ente per accidens

En *De ente et essentia*, Tomás destaca la importancia de determinar con precisión el significado de ciertos términos y conceptos de gran relevancia para el todo del conocimiento metafísico. Estos no son otros que aquellos que, siguiendo a Avicena, denomina las primeras conceptualizaciones del intelecto: *ente* y *esencia.* Una de las primeras cosas que destaca el Angélico es que cuando se habla de *esencia* se hace referencia a algo derivado del término *ens.* Se trata, en efecto, de aquello en lo cual y por lo cual un ente tiene un acto de ser.[6] Se refiere entonces a un principio que es potencial y receptivo del "acto de los actos", pero que es causa de la determinación de *lo que* el ente es. Por este motivo, la misma recibe también el nombre de *quiditas*, que no es más que la transliteración latina de la fórmula griega *tò tí ên eînai* (*quod quid erat esse*),[7] utilizada en repetidas oportunidades por Aristóteles. En otras palabras, se trata del principio formal del ente, que constituye su determinación o certeza íntima,[8] y que es la causa por la cual un ente puede ser captado intelectualmente.[9] Por ello, también afirma que la esencia o *quididad* es aquello que es significado a través de la definición.[10]

Ahora bien, en tanto designa el *quid est* de un ente, es lógico pensar que la esencia sea encontrada de diversos modos[11] teniendo en cuenta que el ente –según la célebre sentencia aristotélica– se dice de muchas maneras. Por ello, cualquier estudio sobre la esencia debe considerar previamente las diversas formas según las cuales puede hablarse de *ente*. El Aquinate explica esta división en el propio capítulo 1 del *De ente et essentia*, pero es recién en su comentario al libro V de la *Metafísica* –una obra de madurez– donde se explaya exhaustivamente al respecto. Efectivamente, en la lección 9, afirma –siguiendo al Estagirita– que *ente* puede decirse de algo propiamente o *per accidens*. Y, dentro del ente dicho propiamente o *per se*, distingue tres posibilidades: *ente* distinguido según la potencia y el acto, *ente* en cuanto significa lo que existe en la mente, y *ente* en tanto existe fuera del alma.

Solo en este último caso se trata del "ente perfecto",[12] y es a este al que se refiere cuando en el *De ente et essentia* se habla de la *esencia* como "el significado de un ente".[13] Ciertamente, muchas cosas que se llaman *ente* pero que solo existen en la inteligencia carecen de una esencia, como es el caso del concepto de *quimera* o de cualquier privación (el mal, el vacío, la ceguera, etc.).[14] Esto es así porque el ente que existe en la mente hace referencia al sujeto de una proposición verdadera, y en este sentido hay cosas que, aunque sean verdaderas en la mente, no solo no existen en la realidad sino que tampoco podrían existir.[15] Por otro lado, el ente distinguido según el acto y la potencia se ordena hacia el ente como existe fuera del alma ya que este último coincide con el ente en acto, y el ente en potencia no es más que un ente en sentido imperfecto y aún no realizado.[16]

De esta manera, la esencia se dice propiamente de aquello que es ente *per se*.[17] Y esto es cualquier cosa que caiga en alguna de las diez categorías enumeradas por Aristóteles (sustancia, cantidad, cualidad, relación, etc.).[18] Por lo tanto, cuando se habla de *esencia* debe tenerse en cuenta que –al menos en lo que respecta a las generalidades– lo que se diga tendrá valor tanto para la sustancia como para las categorías accidentales, porque en todas ellas es posible hallar *esencia*.

Los diversos modos de la esencia según el tipo de ente

Teniendo en cuenta las afirmaciones anteriores, es necesario entonces considerar de qué modo la esencia se encuentra presente en los diversos tipo de ente *per se* extramental, es decir, en las diversas categorías.

En primer lugar, la esencia se halla en la sustancia de un modo propio, en tanto se trata del ente *per se* por antonomasia. En efecto, el Aquinate –comentando a Aristóteles– explica que *sustancia* puede entenderse de dos modos principales. De un primer modo, *sustancia* es aquello a lo que le compete propiamente el existir y que, por lo tanto, no se predica de otra cosa sino que todo se predica de ella (*InMet.* V lectio 10, §903, p. 242). Se trata del ente que existe concretamente y que constituye el sujeto de todas las demás categorías (*InMet.* VII lectio 2, §1273, p. 321). Pero también puede entenderse la substancia como un existente intramental, y en este caso se refiere a los géneros, diferencias y especies dentro de los cuales la sustancia primera es clasificada, y que son también predicadas de la misma.[19] La esencia o *quididad* es considerada el principio formal de estos modos de la sustancia (*InMet.* VII lectio 2, §1275, p. 321), –esto es, causa de su ser tal o cual cosa– aunque principalmente del primer modo de entender la sustancia, que es aquel del cual todas las demás cosas son dichas.

A su vez, la sustancia extramental puede ser de dos modos: simple o compuesta. Y la diferencia entre ambas justamente reside en el tipo de esencia que determina lo que son. En el caso de las sustancias simples, la esencia se da en ellas de un modo "más perfecto y verdadero" (*DeEnte.* cap. 1, XLIII, p. 370) que en las compuestas, situación que se manifiesta en que las primeras sustancias se caracterizan por un modo de existencia superior al de las segundas.

Precisamente, la diferencia entre los dos tipos de esencia reside en que, en el caso de las sustancias compuestas, la esencia presenta una constitución interna caracterizada por la concurrencia de dos coprincipios: materia y forma sustancial (*DeEnte.* cap. 2, XLIII, p. 370), los cuales se relacionan como la potencia y el acto. Ambos conforman en conjunto la esencia, y la prueba de ello reside en que el ser no perfecciona solo a la forma o a la materia, sino al compuesto completo (*DeEnte.* cap. 2, XLIII, p. 371).[20] En cambio, en el caso de las sustancias simples (como las inteligencias separadas) no se advierte la presencia de tal composición interna, sino que la esencia se identifica completamente con la forma sustancial (*DeEnte.* cap. 4, XLIII, p. 376).

Ahora bien, es posible hablar de esencia también en el caso de los accidentes debido a que –como se vio– *ente* se dice de todas las categorías. En concreto, todo accidente importa un principio formal al igual que la sustancia. Por ello, posee en sí un aspecto inteligible que, como tal, se comporta como acto y puede ser conocido por la razón y significado a través de una definición.[21] Sin embargo, como los accidentes solo son entes *secundum quid* frente a la sustancia, también su esencia deberá ser considerada de un modo peculiar o cualificado (*DeEnte.* cap. 1, XLIII, p. 370). Como explica el Aquinate, el modo típico de ser del accidente es existir en otra cosa, en una substancia (*InMet.* VII lectio 1, §1254, p. 317). Por ello solo son llamados entes en relación con esta última (*InMet.* VII lectio 1, §1252, p. 316), y su esencia requiere de una composición al igual que lo visto en el caso de la esencia de las sustancias sensibles, aunque muy distinta en cuanto a sus características.

Si en la esencia de tales sustancias es necesario encontrar la concurrencia de dos principios como la materia y la forma que se relacionan como la potencia y el acto, en tanto la primera opera como sujeto receptivo de la perfección que implica la segunda, en el caso de las esencias accidentales también se verificará la presencia de un sujeto y una forma. Pero, en este caso, el sujeto no es algo que carezca de una existencia completa previa a la unión con la forma (como es el caso de la materia) sino justamente un ente subsistente y anterior a la forma accidental.[22] Esta es la razón por la cual la unión entre la forma accidental y su sujeto no provoca la existencia de un nuevo ente como sí lo hace la unión de la forma sustancial con la materia. Por el contrario, lo que causan es la esencia de un ente secundario o de un "ente de un ente" (Maurer, 1983, p. 67, nota 3).

De esta manera, resulta que la esencia puede ser considerada de un triple modo: como esencia de la sustancia simple, como esencia de la sustancia compuesta y como esencia de un accidente. Y en cada uno de estos casos la misma presenta particularidades que no pueden ser ignoradas, so pena de caer en graves errores metafísicos. Con todo, hay ciertos aspectos de esta clasificación que resultan ciertamente polémicos, algo que no deja de ser reconocido por el propio Tomás de Aquino. Tal es el caso de la inclusión de la materia dentro de la esencia de los entes sensibles, un problema que constituye el contexto dentro del cual la doctrina de la esencia común o absoluta cobra sentido.

Segundo paso hacia la *abstracción absoluta*: la inteligibilidad del mundo sensible como marco problemático

Una revisión de algunos pasajes particulares del capítulo 2 del *De ente et essentia* es el que permite descubrir hasta qué punto la presencia de la materia en cierto género de entes plantea un dilema acerca de su esencia. Por un lado, parece necesario aceptar que tanto la forma sustancial como la materia deben integrar conjuntamente la esencia de estos entes. El motivo que brinda el Aquinate consiste en que, si se admite que la esencia constituye el principio de inteligibilidad de los entes sensibles, todo aquello sin lo cual los mismos no pueden ser entendidos debe estar incluido en ella. Así, como no puede pensarse *hombre* o *animal* sin pensar a la vez algún tipo de cuerpo organizado, entonces este último debe estar incluido necesariamente en la naturaleza de las primeras (*DeEnte.* cap. 2, XLIII, p. 370).

Sin embargo, existe un gran inconveniente con respecto a esta respuesta que se centra en el propio rol que cumple la materia, constituyendo no solo el principio de individuación de este tipo de entes sino también la causa de su indeterminación e ininteligibilidad.[23] Siendo esto así, pareciera lógico pensar que, si la esencia de lo corpóreo incluye materia, entonces no puede ser algo inteligible, lo cual iría en contra del propio concepto de esencia.

Ciertamente, el hecho de que todo ente material esté sujeto a la corrupción y a la contingencia de los cambios (de figura, tamaño, posición, etc.) promueve y fundamenta de por sí la duda acerca de si acaso existe algo necesario e inteligible en ella. Por tanto, puede decirse que el problema que se intenta resolver al tratar acerca de la esencia de los compuestos no es otro que el de la inteligibilidad y necesidad interna del mundo material, el cual posee importantes antecedentes en la historia de la filosofía occidental.

Antecedentes del problema

Teniendo en cuenta lo expuesto en otras obras, es posible ver que Tomás se enfrenta principalmente con dos posturas filosóficas acerca del mundo sensible que juzgará erróneas. La primera de ellas es representada por algunos filósofos naturalistas griegos quienes, haciendo hincapié en los aspectos de la materialidad, negaron la presencia de algún principio estable y necesario en su constitución interna. A su modo de ver, "todas las cosas sensibles siempre estaban en flujo" (*InMet.* I lectio 10, §152, p. 46) imposibilitando cualquier tipo de conocimiento científico respecto de ellas, en tanto se considera que la ciencia solo es acerca de lo universal y necesario. Inspirado claramente por la visión aristotélica acerca del asunto, el Angélico considera como máximos exponentes de esta postura a Cratilo y Heráclito, y así lo expone tanto en el comentario al libro I de la *Metafísica* como en *SBDT* q. 5, a. 2, co. (L, pp. 142–143). Pero también asocia a este modo de pensar a filósofos como Demócrito o Empédocles para quienes "las sustancias y los principios de las cosas eran particulares, como el fuego y la tierra" (*InMet.*

XII lectio 1, §2423, p. 568) y reducían toda la realidad a lo puramente material (*SuperSent. II* d. 3, q. 1, a. 3, co. y *SCG* III c. 84, XIV, p. 249).

La segunda postura es la que, generalmente, se encuentra introducida en las obras tomasianas bajo la figura de Platón o del *platonismo.*[24] La misma se posiciona claramente en las antípodas de lo afirmado por los *físicos* en tanto reclama la necesidad de considerar la existencia de un principio estable de las cosas que garantice su inteligibilidad. Esta exigencia no es precisamente un postulado *apriorístico* sino más bien una conclusión necesaria si se quiere evitar el absurdo al que conduce la doctrina del *flujo.*

Así, uno de los aspectos que marcan la diferencia entre los platónicos y los pensadores anteriores –según la interpretación de Tomás de Aquino– consiste en que los primeros "preguntaron acerca de la definición de las cosas", y fue a raíz de esta inquisición que los mismos "fueron llevados a considerar algunos entes a los cuales tales definiciones le fueran atribuidas" (*InMet.* I lectio 10, §164, p. 48). Estos entes –las *Ideas*– no son otra cosa que sustancias separadas de los individuos sensibles. Pero, ¿cuál fue la razón por la cual la búsqueda de un correlato necesario para las definiciones forzó la postulación de un género diverso de sustancias? Principalmente, que Platón aceptó las premisas de los filósofos naturales referidas a la absoluta contingencia e inestabilidad del mundo sensible.[25] Esto provocó que, si lo que buscaba era un fundamento firme y estable de la realidad, descartara *a priori* que el mismo pudiera ser encontrado en el reino de las cosas materiales.

Nuevamente debe ser destacado –como ya se adelantó en el capítulo anterior– que la búsqueda llevada a cabo por Platón no puede ser limitada al campo de lo epistemológico o gnoseológico. Esto es, si el ateniense postula la necesidad de que exista algo estable en la realidad, no es un intento de satisfacer meramente una exigencia particular de nuestra intelección,[26] sino principalmente de encontrar un fundamento que dé cuenta de la propia existencia del mundo sensible. Lo que se vislumbra es la influencia del principio paremenídeo que establece la causalidad de lo uno por sobre lo múltiple. Siendo que el ente es uno y que lo que no es ente no es nada, entonces la multiplicidad del mundo sensible o bien no es, o bien debe ser reducida al uno.[27]

Tomás parece reconocer este punto de crucial importancia cuando explica que tales sustancias separadas eran llamadas por Platón *especies* en cuanto son causas o principios del ser de las cosas sensibles, e *ideas* en cuanto las cosas sensibles se constituyen a semejanza de ellas y son conocidas a través de las mismas (*InMet.* I lectio 10, §153, p. 46). Así, partiendo del hecho evidente de que muchos individuos materiales distintos son considerados en ciertas oportunidades como convenientes en una misma razón expresada por un único nombre, Platón concluirá que tal razón no es otra cosa que una misma especie o idea existente de la cual participan los primeros (§154). Y serían tales especies las que constituyen el objeto de las ciencias (*InMet.* I lectio 14, §211, p. 64).

De este modo, a partir del rol que la especie cumple frente a los individuos materiales –ser causa de su existencia e inteligibilidad–, Tomás sigue a Aristóteles en la deducción de las notas características que la misma presenta según la visión platónica. La primera de ellas es la *simplicidad*, entendiendo por ella el hecho de que cada idea solo contiene en sí aquellas cosas que pertenecen esencialmente a una naturaleza determinada: "La idea de hombre separada nada tiene en ella sino la naturaleza de la especie [...] Y por este motivo era llamada *hombre esencialmente*" (*InMet.* I lectio 10, §155, p. 46). Seguidamente se deduce su *unicidad*, en tanto la misma es única frente a la multiplicidad de individuos que causa. Esto quiere decir que la idea es la "sustancia de las cosas", que es una sola a punto tal de admitir que "así como las especies son formas de las cosas sensibles, así el uno es la forma de las especies" (*InMet.* I lectio 10, §159, p. 47). Asimismo, la idea –en tanto constituye la causa principal de los entes– se configura entonces como el *quid est* de los mismos, esto es, su esencia (*InMet.* I lectio 10, §169, p. 49). Por ello es lógico concluir que sea ella lo que es conocido por el intelecto, designado por la definición y objeto de la ciencia.

En otras palabras, para resolver la aporía a la que conduce la interpretación de los físicos acerca del mundo sensible, Platón establece la presencia de una distinción real y existencial entre los individuos materiales y sus naturalezas o esencias. En vistas de este postulado, Tomás atribuye a Platón el haber sido el primero en introducir en la historia de la filosofía la noción de *causa formal*,[28] algo que –sin dudas– es valorado positivamente por el Aquinate.

Crítica de Tomás a las posturas descriptas

Con todo, debe decirse que ninguna de las propuestas resuelve apropiadamente el asunto a los ojos del Angélico. Sin dudas, no lo hacen los *físicos* en tanto la consecuencia común a todos estos planteos es que los mismos conducen necesariamente a un escepticismo en tanto excluyen la presencia de alguna causa estable y determinada que pueda constituirse como principio de inteligibilidad y estabilidad (Henle, 1956, pp. 313–314).

Pero tampoco es del todo correcta la alternativa platónica, y aquí los argumentos brindados para su refutación son más abundantes. En primer lugar, en diferentes pasajes se hace notar que Platón habría equivocado su respuesta por haber creído que el modo de existencia de las cosas conocidas debía corresponderse exactamente con el modo según el cual tales cosas son conocidas por nuestro intelecto. De esta manera, como

> acaece a nuestro intelecto el abstraer de dos modos, un modo según comprendemos los universales abstractos de los singulares, de otro modo según las matemáticas abstractas de las sensibles, afirmó que ambas abstracciones del intelecto respondían a la abstracción en la esencia de las cosas: de donde afirmó que también las cosas matemáticas eran separadas como las especies. (*InMet.* I lectio 10, §158, p. 47)[29]

En otras palabras, Platón habría deducido que, si el conocimiento que tenemos de las cosas es verdadero y mediante el mismo somos capaces de captar la naturaleza del hombre como algo distinto de estos hombres concretos, es necesario entonces que tal naturaleza sea una sustancia efectivamente distinta y separada de ellos. Contra esto, la respuesta de Tomás es que tal conclusión no es necesaria si se considera un principio importante: "todo lo que existe en algo existe según el modo de aquello en lo cual existe" (*InMet.* I lectio 10, §158, p. 47). Por ello, no se sigue que si la esencia *hombre* es considerada por nuestro intelecto como algo distinto de *los hombres*, la primera sea algo realmente existente fuera de ellos. En otros lugares, explica fundamentalmente lo mismo pero apelando a expresiones diversas, diciendo –por ejemplo– que Platón incurrió en este error por ignorar "de qué modo el intelecto podía abstraer verdaderamente estas cosas que no son abstractas según la existencia" (*In Physic.* II cap. 2, lectio 3, II, p. 62), o por afirmar que "estas cosas que podían ser separadas por el intelecto" también debían ser separadas según su modo de existencia (*DeVer.* q. 21, a. 4, co., XXII/3–1, p. 601), o también por ignorar que, cuando nuestro intelecto distingue dos cosas lo hace de acuerdo con dos operaciones distintas: la composición y división, o la *inteligencia de los indivisibles* (*SBDT* q. 5, a. 3, co., L., p. 147).

Sin dudas, la frecuencia con la que recurre a este argumento bajo diversas formulaciones habla a las claras de que se trata de un punto que a Tomás le interesa dejar bien en claro en su crítica a Platón. Y de esto parecen haber tomado nota los autores que han estudiado posteriormente el asunto. En efecto, es habitual que se considere que en él reside el principio fundamental que distingue la propuesta realista-moderada de Tomás del realismo extremo o ingenuo que caracterizaría al platonicismo,[30] el cual puede ser sintetizado en que Platón desconoció la existencia de la abstracción según la primera operación del intelecto.

Sin embargo, es necesario establecer algunos reparos contra tal modo de interpretar este argumento. Porque –sin negar que el mismo exprese una diferencia importante entre ambos filósofos– pareciera que no puede residir aquí el fundamento de toda la crítica tomasiana a la doctrina platónica. Y tal situación queda de manifiesto si se recuerda que el objetivo que el Ateniense perseguía al postular la existencia separada de las ideas no era solamente el de encontrar objetos adecuados para nuestra intelección sino, sobre todo, el de encontrar un fundamento estable que explicase la propia existencia del mundo sensible. En definitiva, si las ideas son consideradas como el objeto de nuestro conocimiento es porque las mismas son la causa del ser de lo real, y no al revés.

Por ello, si la crítica de Tomás consistiera fundamentalmente en aclarar que el intelecto es capaz de concebir separadamente lo que no existe separadamente, la misma no sería adecuada para refutar la postulación de las ideas como causas de la existencia e inteligibilidad de las cosas sensibles.[31] En otras palabras, si Platón desconoció (si acaso lo hizo) este modo de intelección fue más bien porque consideró que lo auténticamente real –lo formal, la causa de las cosas– era algo completamente separado de lo sensible, donde solo reinan el cambio y la contingencia. Frente a este panorama, plantear la existencia de una operación intelectiva que parta de lo sensible para alcanzar lo inteligible resulta, lisa y llanamente, superfluo.

Consecuentemente, una refutación apropiada de la doctrina de las ideas debería demostrar, no solo que no es necesario concluir su existencia separada de las causas, sino sobre todo que la misma doctrina es incapaz de realizar lo que se propone, es decir: explicar la existencia del mundo sensible. Y no es otra la crítica que, según entiende Tomás, lleva a cabo el mismo Aristóteles en el primer libro de la *Metafísica,* aportando varias razones.[32] La primera de ellas –perteneciente más bien al orden metodológico– consiste en que resulta inconveniente explicar por las causas el mundo de los entes materiales mediante la postulación de nuevos entes adicionales. Porque "quien investiga las causas de algunas cosas, debe indagar las mismas, no añadir otras cosas que acrecienten la necesidad de la inquisición" (*InMet.* I lectio 14, §208, p. 64). Esto es, la pretendida solución platónica solo complica el problema en vez de resolverlo.

En segundo lugar, la postulación de las ideas no es útil para la comprensión de las cosas sensibles porque mediante las mismas no pueden explicarse los fenómenos que las caracterizan, entre los cuales el principal es el movimiento (*InMet.* I lectio 15, §226, p. 67). En tercer lugar, la doctrina platónica tampoco es capaz de determinar nada con respecto a las naturalezas de las cosas sensibles, ya que las mismas deben existir en aquellas cosas de las cuales son naturaleza y no fuera de ellas, lo cual contradice gravemente la doctrina de las ideas (*InMet.* I lectio 15, §228, p. 68). En cuarto lugar –y como consecuencia de lo anterior–, la postulación separada de las especies no es capaz de explicar el conocimiento de las cosas sensibles ya que toda cognición se perfecciona en tanto se capta su propia esencia y no alguna sustancia extrínseca, como pretendía Platón (*InMet.* I lectio 15, §227, p. 68). Tampoco el conocimiento de las ideas podría aportar nada con respecto a la intelección de los principios materiales de las cosas concretas, algo que es juzgado por el Aquinate como una clara deficiencia de la doctrina (*InMet.* I lectio 17, §§270 y 271). Finalmente, las ideas no pueden ser por sí mismas la causa de la generación de las sustancias materiales porque, siendo las primeras eternas en cuanto a su existencia, entonces su efecto (lo concreto) también debería serlo, cosa que es a todas luces falsa (*InMet.* I lectio 15, §237, p. 69).[33]

En definitiva, lo que se deduce de estas críticas que Santo Tomás eleva en contra de la doctrina de las ideas de Platón es que el contrapunto fundamental entre ambos autores no reside en el modo según el cual se perfecciona el conocimiento de la realidad –porque ambos concuerdan en que se logra a través de la captación de las formas de las cosas– sino en el modo de existencia de tales formas, que Platón consideró como substancias, pero cuya postulación es rechazada por Tomás en tanto tales sustancias no podrían explicar causalmente la existencia de los entes sensibles ni sus propiedades.[34]

Principio de la solución tomasiana al problema de la inteligibilidad de lo material

Si bien los argumentos desarrollados hasta aquí han tenido por objetivo sintetizar la oposición del Aquinate frente a *físicos* y *platónicos*, los mismos son capaces de mostrar –por vía negativa– qué es lo que pretende establecer al momento de preguntarse por el mundo sensible. En efecto, se trata de algo que ni unos ni otros lograron resolver: exponer la naturaleza de lo sensible rescatando a la vez la estabilidad de un principio que explique su naturaleza y existencia, y la evidencia de su movilidad y mutabilidad que la caracteriza en su existir extramental.

Esto implica que –al contrario de lo defendido por los físicos– debe existir un principio necesario y estable que explique causalmente la existencia e inteligibilidad de los entes contingentes (*InMet.* VII lectio 2, §1284, p. 322). Pero también que –a diferencia de lo defendido por Platón– tal principio debe existir en la misma cosa material de la cual es causa y no como una sustancia separada. Por ello, el camino emprendido para la solución no será otro que el de la búsqueda de un *quod quid est* de los entes sensibles, que reúna todas las características descubiertas por Platón (simplicidad, unicidad, causalidad frente a los individuos, principio de inteligibilidad) pero sabiendo de antemano que no puede existir fuera de lo contingente.[35] Esto implica establecer una distinción entre la cosa y aquello por lo cual esta es lo que es, es decir su causa formal. Aunque –ciertamente– no al punto de plantear que la misma sea una distinción en el plano de la existencia.

En otras palabras, la única salida que se impone es admitir la presencia de una composición entre elementos que se distinguen realmente entre sí, pero que se coimplican existencialmente al interior de cada cosa material, en tanto ninguno podría subsistir por separado. Y es esta consideración de la naturaleza del mundo sensible lo que lo distingue fundamentalmente de Platón en tanto logra resolver exitosamente aquel problema al que se enfrentó el Ateniense, pero evitando caer en la trampa de la ininteligibilidad de lo sensible.

La doctrina de la esencia absoluta como solución al problema de la inteligibilidad de lo sensible en el *De ente et essentia*

Como ya se indicó con anterioridad, el opúsculo *De ente et essentia* constituye uno de los primeros escritos del Maestro de Aquino. Siguiendo a Roland Gosselin, Maurer (1983, "Introduction", p. 8.) establece su datación hacia el año 1256. Esto quiere decir que su redacción es contemporánea con la del primer libro de los *Comentarios a las Sentencias de Pedro Lombardo*. Pero, a la vez, se trata –probablemente– del lugar donde dedica la mayor atención y cuidado a dilucidar y desarrollar gran parte de la terminología técnica que utilizará a lo largo de toda su vida. En efecto, es aquí donde aparece formulada por primera vez la distinción entre *esencia* y *ser* –la cual es considerada por muchos como un pilar de la *mens* tomasiana–,[36] así como también la clasificación de los tres modos de considerar la esencia: en lo real, en la mente y en absoluto.

Si bien esto último ocurre en el capítulo 3, el mismo debe ser considerado en unidad junto con el segundo ya que ambos tratan acerca del modo en que se verifica la presencia del binomio *esse-essentia* en los entes compuestos, esto es, los materiales. Así, el problema central que se plantea con respecto a la presencia de materia en la esencia de los entes compuestos encuentra su respuesta en lo que se explica en ambos capítulos del siguiente modo.

En primer lugar, el Aquinate responde estableciendo una importante distinción entre la materia que funciona como principio de individuación en las sustancias compuestas y la materia que está incluida en la esencia de estas sustancias. En el primer caso la materia es denominada *signada* y, como tal, es ajena a la esencia y solo pertenece al individuo particular (*DeEnte.* cap. 2, XLIII, p. 371). Por ello, si pudiese haber definición de un individuo material, esta debería incluir la materia signada o determinada. En cambio, la materia que sí debe ser incluida en la definición de la cosa, como expresión de su esencia, es la materia no signada que también es denominada indeterminada o común.

Esta diferencia que Tomás establece entre los tipos de materia conlleva algunas consecuencias de vital importancia tanto para la comprensión general de la filosofía tomasiana como para el objetivo particular de este trabajo.

1) La primera es que a partir de lo dicho se establece con precisión una distinción clara entre la esencia y el individuo concreto. En efecto, la diferencia entre una y otra es la de lo no signado y lo signado, o la de lo indeterminado y lo determinado.[37] Así, entre *hombre* y *este hombre* la diferencia es que *este hombre* designa una modalidad particular y precisa de *hombre*. No es que *este hombre* incluya cosas que se encuentren absolutamente excluidas de *hombre*, sino que *este hombre* es el hombre que existe con determinadas características que lo distinguen de otros hombres particulares. Por ello puede decirse que *Pedro es hombre*, lo cual equivale a predicar la esencia *hombre* de *este hombre*; pero no puede decirse *el hombre es Pedro*, porque la esencia hombre incluye a su vez otras posibles determinaciones y modos de ser que no se encuentran en *este hombre*.[38]
2) La segunda es que, justamente, si la esencia como tal se distingue del individuo entonces la misma puede ser considerada de dos modos: o como el todo indeterminado del cual el individuo es una determinación particular; o como una parte que expresa aquello que pertenece exclusivamente a *hombre* excluyendo completamente todo lo que respecta a sus posibles determinaciones particulares. Al primer modo de entender la esencia se la denomina *como un todo* (*ut totum*) y se la designa con términos del tipo *hombre*, *blanco*, etc. En cambio, al segundo modo de entenderla se lo denomina *como parte* (*ut partem*) y se la designa con términos como *humanidad*, *blancura*, etc. (*DeEnte* cap. 2, XLIII, p. 373).[39]
3) Solo la esencia entendida como un todo puede ser predicada de los individuos en tanto los incluye. No así la esencia entendida como parte que hace exclusión de ellos.[40]

Ahora bien, una vez establecidas estas precisiones, es necesario indicar que la misma esencia entendida como todo puede ser considerada diversamente. Y la razón de esta nueva división se funda también en la diferencia descubierta entre la esencia como tal (indeterminada) y el individuo (determinado). En efecto, la misma significa que el individuo es una particularización de la esencia, pero esta, a su vez, no se agota en tal individuo sino que contiene potencialmente una multitud de hipotéticas particularizaciones. Así, en el capítulo 3, Tomás explica que "la naturaleza o la esencia así tomada [i.e. como todo] puede ser considerada de dos modos. De un modo según su razón [*rationem*] propia, y ésta es su consideración absoluta". Pero "de otro modo, es considerada según la existencia que tiene en esto o aquello", que puede ser de dos tipos: en los singulares concretos o en el alma en tanto conocida (*DeEnte.* cap. 3, XLIII, p. 374).

Ahora bien, la diferencia entre los dos modos mayores reside en que a la esencia en su consideración absoluta solo le pueden ser atribuidas con verdad aquellas cosas que le competen por ser tal y no las determinaciones particulares que le acaecen como consecuencia de su modo de existir en una u otra cosa. Luego, como el modo de existir de la esencia es doble, entonces las cosas que pueden acaecerle son de dos tipos. Según la existencia en los singulares, son las particularidades materiales que multiplican la esencia en diversos sujetos. Pero según la existencia en el alma, son la unidad y la comunidad que caracterizan a la esencia como universal.

Por lo demás, resulta evidente para el Aquinate que ninguno de estos *acaeceres* puede entonces corresponder a la esencia considerada en sí misma o de modo absoluto. Porque si fuera propio de la esencia *hombre* la comunidad, entonces no habría nada que distinga a *este hombre* de *aquel hombre*. Pero si le fuera propio el ser negro o el ser alto, entonces no podría llamarse *hombre* aquel que no es negro o alto. Este es entonces el contexto dentro del cual Tomás introduce el pasaje que se consideró en el capítulo anterior como testimonio de un sentido diferente del término *abstracción*:

> [...]el hombre, no en cuanto es hombre, posee el ser en este singular, o en aquel, o en el alma. Entonces, es evidente que la naturaleza del hombre considerada absolutamente *abstrae* de cualquier existencia. Sin embargo de modo tal que no hace exclusión de alguno de ellos. Y esta naturaleza así considerada es la que es predicada acerca de todos los individuos. (*DeEnte.* cap. 3, XLIII, p. 374)

La deuda que se arrastra desde aquel momento consiste en intentar determinar qué es lo que quiere decir aquí el verbo *abstraer*, ya que no puede ser ni una operación intelectual ni una separación existencial. Ahora, una vez realizado el análisis del contenido de los capítulos segundo y tercero y del problema que se intenta resolver en ambos, parece claro que lo que designa es el estado de indiferencia que tal modalidad de la esencia presenta con respecto a sus modos de existencia. Este estado de indiferencia es una propiedad de cualquier esencia compuesta en tanto la misma, por un lado, no puede identificarse completamente con sus instancias particulares, deudoras de la materia signada que causa su individuación. Ahora bien, esta indiferencia no implica exclusión de tales instancias sino que las incluye pero de un modo indeterminado.

Por otro lado, la esencia en sentido absoluto también se muestra indiferente hacia su modo de existencia en la mente, que es donde le acaecen las características propias de la universalidad. Como explica el Aquinate, estas últimas son propias de este tipo de existencia porque todo lo que está en el intelecto tiene "una existencia abstraída de todas las cosas individuantes" (*DeEnte.* cap. 3, XLIII, p. 375). Considero que es ciertamente posible concluir que aquí *abstraída* alude al producto de la operación intelectual que ha despojado el fantasma de todas las condiciones individuantes (materiales) que bloquean su inteligibilidad. Este *producto* no es ni más ni menos que la especie inteligible que, en cuanto semejanza de las cosas que existen fuera del alma, posee una relación uniforme hacia todos los individuos, pero que, en cuanto tiene una existencia determinada en este o en aquel intelecto, "es una especie inteligible particular". Por ello, no es esta especie inteligible como tal lo que se predica de los individuos, sino que *lo que* se predica es la esencia en su consideración absoluta o indiferente (*DeEnte.* cap. 3, XLIII, p. 374).

Así, es cierto que en el pasaje considerado del opúsculo tomasiano el énfasis está puesto más bien en aclarar que la universalidad –entendida como la comunidad de lo uno con respecto a muchos individuos– no es un atributo que corresponda a la esencia ni en sí misma ni en su existencia fuera de la mente. Esto se comprende toda vez que el objetivo preciso del capítulo 3 consiste en determinar de qué modo el ser género o especie conviene a la esencia, negando así la pretensión platónica de postular la subsistencia extramental de lo universal entendido de tal modo. Con todo, si este argumento es totalmente efectivo contra el platonismo es porque el mismo alcanza el éxito donde este último falla: es capaz de determinar la distinción entre aquellas propiedades que solo afectan a la esencia en tanto existe en este o en aquel individuo material y aquellas que le pertenecen a la esencia por sí misma sin multiplicar innecesariamente las substancias.

En otras palabras, lo que la doctrina de la esencia absoluta permite concluir es que la nota particular de los entes materiales consiste en que, en ellos, lo inteligible existe en lo contingente sin identificarse completamente.[41] Es a esto a lo que apunta precisamente la distinción entre la esencia *per se* y la esencia en tanto existe en tal individuo material, la cual constituye una de las caras de la consideración absoluta de la esencia. Por ende, hay ciertos atributos que pertenecen a la esencia de una sustancia concreta por sí misma y otros que solo le pertenecen de acuerdo con sus modos de existencia particular. Y no es otra cosa lo que se pretende explicar con la distinción entre materia común o no signada y materia individual o signada,[42] la que permite determinar, a su vez, que la mutabilidad y contingencia no es algo que pertenezca a la esencia por sí misma sino a su modo de existir en algunos concretos.

Así, el problema de la inteligibilidad del mundo sensible es resuelto por el Aquinate estableciendo una división analítica entre dos planos igualmente reales: el de la existencia efectiva y el de la composición metafísica. Siguiendo el primer punto de vista, todo lo que puede considerarse son individuos materiales que se generan y corrompen, y que poseen ciertas particularidades que los hacen únicos e irrepetibles. Desde esta óptica particular es correcto afirmar, por ejemplo, que la esencia no es algo distinto del individuo, al contrario de lo que pensaba Platón.[43]

Pero de acuerdo con el segundo punto de vista es posible descubrir una multiplicidad de principios que convergen para posibilitar la propia existencia de ese individuo. Y aunque los mismos se necesiten mutuamente para existir, ellos se distinguen entre sí en tanto no poseen el mismo *peso* causal y *metafísico*. Así, la esencia es claramente anterior a la materia individual en tanto la primera determina el *qué es* algo y se mantiene estable más allá de los cambios y movimientos particulares. De esta manera refuta también la propuesta de los *físicos*, encontrando el principio necesario que causa tanto el modo de ser de las cosas como su inteligibilidad.

Esto es lo que puede decirse acerca de lo que Tomás de Aquino afirma sobre la consideración absoluta de la esencia en su obra *De ente et essentia*. Y si bien se trata del texto donde se explaya con mayor amplitud acerca del tema, no dejan de ser interesantes las referencias que pueden ser encontradas en otros escritos, en tanto agregan importantes aspectos a lo señalado hasta aquí.

Otros textos acerca de la abstracción de la esencia absoluta

La esencia absoluta en las Quodlibetales VIII q. 1, a. 1

Uno de estos casos lo constituye el texto de las *Quodlibetales* VIII q. 1, escrito en una fecha muy cercana al *De ente et essentia*. En efecto, como señalan los editores de la edición crítica[44] –y también suscribe Pini (2004, p. 417)–, se trata de la segunda disputa cuodlibetal de Tomás realizada en la Pascua de 1257. Allí, la doctrina de la consideración absoluta de la esencia es introducida para resolver una cuestión compleja: si el número *seis*, entendido como aquello por lo cual todas las cosas son perfectas –y que entonces es anterior a todas ellas–, es creador o creatura (*Quodlibet* VIII q. 1, a. 1, XXV/1, p. 48).[45] Y al comienzo de su respuesta afirma que:

> Debe decirse que, según Avicena en su *Metafísica*, triple es la consideración de alguna naturaleza: una, como es considerada según la existencia que tiene en las cosas singulares, como la naturaleza de la piedra en esta o en aquella piedra. Pero otra es la consideración de alguna naturaleza según su existencia inteligible, como la naturaleza de la piedra en cuanto está en el intelecto. La tercera es la consideración de la esencia absoluta, tal como *abstrae* de ambos modos de existencia, según la cual la naturaleza de la piedra, o la de cualquier otra cosa, es considerada sólo en cuanto a aquellas cosas que competen *per se* a tal naturaleza. (XXV/1, pp. 51–52)

En primer lugar, se destaca aquí la referencia explícita al origen aviceniano de estos modos de consideración de la esencia, algo que –como se vio– no ocurre en el *De ente et essentia*. Pero los aportes más importantes que hace este texto se contienen en las líneas que siguen al pasaje citado. En efecto, en el párrafo siguiente introduce dos aspectos de la doctrina que no habían sido incluidos en el *De ente*: 1) la multiplicación de los modos de existencia intelectual según el sujeto y 2) el estudio del orden de anterioridad o posterioridad que estos diversos modos de considerar la esencia guardan entre sí.

Con respecto a lo primero, Tomás explica que la existencia de la esencia en la inteligencia puede ser considerada de diverso modo en tanto puede existir en Dios, los ángeles o el hombre. Así, en el primero existe según el modo en que la forma de lo causado existe en la causa. Es un modo de existencia análogo al que la forma de la casa tiene en la mente del constructor, o al que la forma de la obra de arte tiene en el artista. Por su parte, en la mente humana, la esencia existe como extraída desde las cosas singulares y por ello, estas últimas guardan frente a ella la relación de la causa hacia lo causado. Por último –y aunque el autor no lo explique en este lugar– se entiende que, en los seres espirituales, las esencias se encuentran por vía de participación desde la mente divina.[46]

Ahora bien, una vez determinada esta multiplicidad de formas de existencia intelectual y al ponerla en relación con los otros dos modos de considerar la esencia –como existente en los singulares y como absoluta– es posible determinar un orden de primacía que Tomás explica del siguiente modo. Si se compara la esencia absoluta con respecto a la esencia que existe en los singulares, debe decirse que, considerada absolutamente, la esencia siempre precede a su consideración tal como existe en los singulares. Pero, si se intenta determinar la relación entre la consideración absoluta de la esencia con respecto al modo según el cual existe en la inteligencia, es necesario aclarar a qué tipo de inteligencia se refiere. Porque, si se hace referencia a la inteligencia humana, entonces la esencia que existe de tal manera es siempre posterior a cualesquiera de las otras consideraciones posibles: en los singulares, en los ángeles, en Dios y en sí misma. En cambio, si se hace referencia a la existencia de la esencia en la mente divina, debe decirse que tal consideración es anterior a todas las otras justamente por su condición de *causa omnium*. Finalmente, la relación que guarda la consideración de la existencia de la esencia en la inteligencia angélica con respecto a las otras es análoga a la de su existencia en los singulares. Esto se debe a que –como se dijo– la misma ha sido causada directamente en su mente por la acción divina. Así, es posterior a la consideración de su existencia en la mente divina y distinta a su consideración absoluta, pero es anterior a la consideración de su existencia en la mente humana.

Esta clasificación de los diversos modos de considerar la esencia es la que le permite resolver la cuestión planteada. Porque la anterioridad del *seis* con respecto a todas las cosas puede ser entendida de dos formas dependiendo del modo según el cual se lo considere. Si se lo toma como la esencia absoluta que abstrae de todo existir, entonces el *seis* "designa una naturaleza creada" (XXV/1, p. 52). Pero, si se lo entiende por el modo de existir que tiene en la mente divina entonces, en este sentido, el número *seis* no es creatura sino *ratio* de la creatura en el Creador. Y así es la *Idea* presente en Dios, algo que "es idéntico según la cosa a la esencia divina, difiriendo de ella sólo por la razón" (XXV/1, pp. 52–53) porque –al ser Dios simplísimo– sus Ideas se identifican con Él mismo.[47]

Con todo –y atendiendo exclusivamente a la cuestión de la *abstracción*– es necesario analizar qué agrega este texto a la compresión que puede tenerse de la esencia en su consideración absoluta.

1) En primer lugar puede verse que, al igual que en el *De ente et essentia*, a ella (y no a la inteligencia) le compete *abstraer* de cualquier modo de existencia en los singulares o en la mente. De acuerdo con lo que ya se había visto, tal *abstracción* designa una indiferencia de la esencia hacia esos modos de existencia. Ahora es posible agregar que también indica que la esencia considerada en sentido absoluto presenta una prioridad o anterioridad con respecto a la esencia que existe en los singulares y a la que existe en la mente humana y angélica.

   Tal prioridad se expresa en varios puntos del artículo. Por ejemplo, en el *corpus*, luego de explicar el orden entre los diversos modos de consideración de la esencia, Tomás afirma que la esencia en sí misma es aquello que Dionisio llamó "los dones de Dios que son exhibidos por las creaturas y que son considerados universal o particularmente", como la vida o la belleza en sí mismas (*Quodlibet* VIII q. 1, a. 1, co., XXV/1, p. 52).[48] Esto es, se trata de aquello que Dios participa a las creaturas. También se expresa esta anterioridad en la respuesta a la primera objeción. En la misma se afirmaba que, si el número *seis* en tanto perfección de todas las cosas debe ser anterior a todas las cosas creadas, entonces debería permanecer una vez removidas todas ellas. Pero como una vez que se remueve todo lo creado queda solo el Creador, entonces el número *seis* debe ser creador (*Quodlibet* VIII q. 1, a. 1, arg. 1, XXV/1, p. 51). Ante ello, Tomás responde aclarando que, si se dice que la perfección del seis permanece una vez removidas todas las cosas creadas, no debe entenderse que se trate de algo que goce de una existencia separada como una sustancia. Justamente, lo que permanece es la consideración absoluta del *seis* que es indiferente a toda existencia y a la que le corresponde la perfección más allá de cualquier modo de existencia. De igual manera podría decirse que, aunque todos los hombres particulares dejaran de existir "aun permanecería la racionalidad atribuible a la naturaleza humana" (*Quodlibet* VIII q. 1, a. 1, ad 1, XXV/1, p. 53). Así, puede decirse que la indiferencia de la esencia absoluta frente a sus dos modos de existencia se traduce en anterioridad. Pero que esta anterioridad no es temporal, como tampoco la indiferencia implica subsistencia.

2) De acuerdo con lo que se afirma explícitamente en el texto, la anterioridad de la esencia absoluta consiste en que la misma se constituye como la *ratio* de las cosas singulares.[49] Y si se pregunta qué quiere decir al hablar de *ratio*, el significado que encierra el término puede quedar más claro si se atiende a que el mismo es utilizado para designar el rol que cumplen la esencia que existe en Dios frente a todos los modos restantes de la esencia, y la esencia en los singulares frente a la esencia que existe en la inteligencia humana. Ahora bien, debe recordarse que la esencia que existe en Dios es la *Idea* que, como tal, es causa de las esencias creadas. Y la esencia que existe en los singulares es también causa de la existencia de la esencia en la inteligencia humana. Por ende, es lícito concluir que, al decir que la consideración absoluta de la naturaleza es anterior a los singulares existentes como su *ratio*, lo que se afirma es que la primera se comporta frente a los segundos como la causa y principio de su modo de ser.[50] Es la causa formal en tanto determina lo que es algo y en este

sentido se entiende que, si alguna propiedad le corresponde a algún individuo existente por naturaleza, es porque antes le compete a su esencia según su consideración absoluta.[51] Así, si *Juan* y *Pedro* son racionales es porque a la esencia *hombre* le compete de por sí la racionalidad, exista en ninguno, uno o múltiples singulares.

3) Finalmente, la consideración absoluta de la esencia no se identifica con las Ideas divinas.[52] Esto queda claro en la medida en que Tomás precisa que, considerada de tal modo, la naturaleza del *seis* (o cualquier otra naturaleza) es creatura y no creador.

La esencia absoluta en el Super Sententiarum I d. 36, q. 1, a. 3

Hay todavía un tercer lugar donde el Angélico parece referirse a esta doctrina aviceniana aunque utilizando una terminología un tanto diferente. Con todo, lo más notable de este pasaje es –a mi juicio– la poca atención que le han prestado todos los autores que han estudiado la presencia de la teoría de la esencia absoluta en Tomás de Aquino. Me refiero a *Super Sent.* I d. 36, q. 1, a. 3. Allí lo que se pregunta es si acaso aquellas cosas que Dios conoce están en Dios. Y frente a la objeción segunda, que niega la posibilidad de que las mismas estén en Dios ni por esencia (porque Dios sería compuesto) ni por semejanza (porque entonces estarían en Dios más imperfectamente que en las cosas concretas), responde que:

> ... la existencia de la creatura puede ser considerada de un cuádruple modo: del primer modo, según que está en la propia naturaleza, del segundo modo, en cuanto está en nuestra cognición; del tercer modo, en cuanto está en Dios; del cuarto modo comúnmente, en cuanto *abstrae* de todos estos. (*SuperSent. I* d. 36, q. 1, a. 3, ad 2).

Sin dudas, existen notables semejanzas entre este texto y aquel que se citó en el apartado anterior. Por ejemplo, en ambos se distinguen diversos modos de existencia de lo creado. Entre estos modos uno pertenece a la existencia *in rerum natura*, otro a la existencia en la cognición humana y hay un tercer modo de existir en Dios. A su vez, también hay un cuarto elemento en esta clasificación que es caracterizado como un modo *común* que *abstrae* de todos los otros casos. Parecería tratarse sin dudas de la misma doctrina, y estos indicios aumentan su peso si se lee de qué modo Tomás aplica esta distinción para resolver la objeción a la que se enfrenta. En efecto –ante la necesidad de establecer que las cosas que Dios conoce se encuentran en él no por esencia sino por semejanza– el Aquinate se esfuerza por refutar que este tipo de presencia sea menos verdadera en todos los casos. En este sentido afirma que, como todo lo que está en algo está allí de acuerdo con el modo de ser del sujeto, las cosas que están en Dios lo están según el modo del Ser Increado. En cambio, las cosas existen en la naturaleza según el modo del ser creado, el cual es siempre menos verdadero. Por ello, la objeción no es procedente, porque "algunas veces la cosa tiene un ser más verdadero donde está por su semejanza que en sí misma" (*SuperSent. I* d. 36, q. 1, a. 3, ad 2). Ahora bien, si es posible comparar el modo de ser de las cosas en Dios con el modo de ser en sí mismas es porque se tiene presente algo común a ambas que sirve de criterio de medida: esto sería lo que aquí se designa como el cuarto *modo de existencia* de la cosa.

Esta manera de resolver la objeción por parte del Angélico respeta perfectamente el orden de primacía entre los modos de considerar la esencia que se había descripto en las *Quaestiones Quodlibetales* VIII. Como la esencia que existe en Dios es causa de todos los otros modos de consideración es lógico pensar que la misma sea más verdadera bajo este modo de existencia que bajo el que tiene en las cosas singulares. De igual manera, en el texto anterior se estableció que la existencia de la esencia en los singulares antecede a la existencia en la mente humana como la causa al efecto, por lo cual sería también lógico pensar que la primera representa un modo de existencia más verdadero que el segundo. Y esto también se remarca en el texto de las *Sentencias*, aunque con un matiz; porque sin dudas puede decirse que "la existencia que tiene en la propia naturaleza de la cosa, esto es substancialmente, excede la existencia de la cosa en el alma que es accidental" (*SuperSent. I* d. 36, q. 1, a. 3, ad 2). Sin embargo, si se analiza la relación desde otro punto de vista, se invierte el orden de lo excedido y el excedente porque la existencia en la naturaleza de la cosa es excedida por la existencia en el alma, en tanto la primera es una existencia material y la segunda inmaterial.[53]

Finalmente –tal como se destacó más arriba– se corrobora también en este texto la presencia de un elemento común a todas estas formas de existencia que es el que permite la comparación. Tal elemento, entonces, se comporta como una auténtica *ratio* o criterio de medida, y esto solo puede lograrlo en tanto contiene máximamente todo lo que compete *per se* a la cosa en cualesquiera de sus modos de existencia. Esta afirmación es perfectamente compatible con el rol que cumple la esencia considerada absolutamente en los otros textos ya que cualquier intento por comparar dos cosas según el mayor o menor grado de perfección que encierran requiere de la presencia de algún elemento común que reúna tal perfección en grado máximo. La perfección de la que se habla aquí es la de la verdad que encierra una misma cosa según su modo de existencia. Pero, ¿qué se entiende aquí por verdad?

En honor a la brevedad[54] –y también para tomar como base un texto cronológicamente cercano– conviene traer a colación el modo en que Tomás aborda la pregunta por el *quid est* de la verdad en la distinción 19 de este mismo *Super Sent. I*. El texto es de lo más apropiado porque, literalmente, lo que se pregunta allí es si la verdad es la misma esencia de la cosa. Ante ello, Tomás aclara que, como la razón formal o estricta de la verdad se completa en su unión con un intelecto, entonces la verdad es algo que corresponde propiamente a este o, en palabras de Aristóteles, "la verdad y la falsedad están en el alma" (*SuperSent. I* d. 19, q. 5, a. 1, co.).[55] Con todo, esto no quiere decir que la verdad como tal carezca de todo fundamento en la cosa, como si se tratara de un fenómeno puramente psicológico o lógico sin relación con la realidad.[56] De hecho el Angélico es muy claro en afirmar que la verdad es de aquellas cosas que si bien dependen de la operación de la mente para completar su razón específica, tienen no obstante un fundamento en la realidad.[57] Tal fundamento es lo que permite hablar de *verdad* incluso cuando se está haciendo referencia a las propias cosas que son conocidas, independientemente de la cognición. A estas se las llama *verdaderas* en tanto son causa de la *verdad* del intelecto,[58] esto es, capaces de generar aprehensiones verdaderas acerca de sí mismas a partir de sus apariencias externas.

Este parece ser el sentido bajo el cual se toma el término cuando se dice, en la distinción 36, que la cosa es *más verdadera* según que existe de un modo y no de otro. En efecto, como en la cosa es posible encontrar su quididad y su acto de ser, se dice que "la verdad se funda más en el acto de ser de la cosa que en su quididad" (*SuperSent. I* d. 19, q. 5, a. 1, co.). Por ello mientras más perfecto sea el acto de ser de una cosa mayor será su capacidad de generar una aprehensión verdadera de sí misma y –ciertamente– más verdadera será. Y en este sentido se entiende que la cosa es más verdadera cuando existe en Dios que cuando existe en la naturaleza. A su vez, es más verdadera cuando existe en la naturaleza que cuando existe en la mente humana en tanto tiene una existencia sustancial frente a una accidental, pero menos verdadera en tanto tiene una existencia material frente a una inmaterial. Con todo, para poder realizar estas comparaciones es necesario que haya algo común a todos estos diferentes modos de existencia. Y como en la cosa solo hay quididad y acto de ser, si este último es la causa de la diferencia entonces resta que la quididad o esencia –considerada más allá de cualquier modo de existencia– sea la causa de su comunidad y el criterio de medida.

En suma, son numerosos y sugerentes los elementos que incitan a pensar que la doctrina que constituye el marco de la respuesta del Angélico en *Super Sent. I* d. 36, q. 1, a. 3 es la misma que ha sido explicada en los textos anteriores. De hecho, hablar de la cosa como *verdadera,* implica necesariamente remitirse a la composición esencia-existencia como fundamento de la verdad que se perfecciona en la inteligencia. Y hablar de *grados de verdad* exige que la esencia considerada en absoluto se constituya como el criterio común que permita comparar entre sí los diversos modos de existencia de la misma.

Además, tal doctrina es perfectamente coherente con un texto posterior e incuestionable como es *De Veritate* q. 1, a. 4, donde se sostiene: 1) que se puede hablar impropiamente de una *verdad de la cosa* aunque siempre en relación con la verdad propiamente tomada en la mente divina o humana;[59] 2) que la verdad de las cosas es *múltiple*, de acuerdo con la multiplicación de las esencias de las cosas;[60] 3) que la verdad de las cosas depende del intelecto divino como de su causa, pero que es causa –a su vez– de la verdad en el intelecto humano;[61] 4) que la verdad de la cosa es medida de la verdad en el intelecto humano;[62] y 5) que desde la verdad del intelecto divino fluyen las especies de las cosas hacia el intelecto angélico.[63] Considero que todas estas afirmaciones del Aquinate suponen admitir el rol de una esencia común que es causa del contenido de la verdad en las inteligencias humanas, que es efecto de la *Idea* divina, que se multiplica en los individuos concretos y que se halla también presente en la mente angélica por participación.

Sin embargo, es necesario admitir que también existen otros elementos dentro del texto que pueden llevar a concluir la incompatibilidad entre lo que aquí se dice y la doctrina de la consideración absoluta de la naturaleza explicada en los anteriores. Estos elementos son percibidos con claridad a partir de la terminología diferente que se encuentra en el *Super Sent.* y que parece atentar explícitamente contra ciertas precisiones que Tomás introdujo tanto en el *De ente et essentia* como en las *Quodlibetales* VIII. En primer lugar, no es la *naturaleza* o la *esencia* la que, en su consideración absoluta, *abstrae* aquí de los modos de existencia sino la *creatura*. En segundo lugar, el hecho de que tal *creatura* abstraiga de su modo de existir en Dios, lo concreto o la mente humana parece recibir también la calificación de constituir algún tipo de *existencia*.

Sin dudas no se trata de diferencias menores. Aunque ya se había dejado asentado al analizar el texto de las *Quodlibetales* que la esencia en su consideración absoluta es *creatura*, aquí el sentido parece ser distinto en tanto se dice que esta *creatura* existe de varios modos distintos, uno de los cuales es en Dios. Pero según el texto anterior, la esencia en tanto existe en Dios no es *creatura* sino *creador*. Además, todo el esfuerzo realizado con anterioridad por indicar la no subsistencia de la esencia en su consideración absoluta aquí parece ser echado por la borda. Así lo indicaría el que se hable de un modo de existencia de la creatura que *abstrae* de la existencia como sustancia, como idea en Dios o como especie en el hombre.

Dejando de lado la existencia en la mente angélica, ¿qué otro modo de existencia diferente puede haber?

Son estas variaciones terminológicas las que llevan a dudar de que se esté hablando de lo mismo en este pasaje y en los anteriores. De hecho, considero muy probable que tales diferencias hayan sido una de las causas por las cuales el texto no ha sido referido por ningún autor como una instancia expositiva de la doctrina de la esencia común según Tomás de Aquino.

Si aquí se debe tomar partido frente a la adecuación o no del texto con respecto a la doctrina, creo que es necesario considerar la posibilidad de que tales variantes respondan simplemente a un uso laxo del lenguaje donde *creatura* refiera a la esencia del ente compuesto que puede existir de diversos modos; y *existencia* designe, no estrictamente la posesión del *actus essendi,* sino un determinado *estado* o modo de consideración de la esencia de la cosa. De esta manera, se salvarían las objeciones y se podría leer el texto de una manera armónica.[64]

Corolario parcial sobre los textos analizados

En definitiva, el análisis de los textos revela que la doctrina del tercer estado de la esencia es introducida por el Aquinate para cumplir un rol fundamental en la resolución del problema de la inteligibilidad de lo sensible. Mediante ella Tomás puede distinguir convenientemente entre lo contingente y lo necesario, pero sin postular inevitablemente una separación de tipo existencial entre ambos planos. Así supera a la vez el materialismo de los físicos y el *idealismo*[65] de los platónicos. Pero, si esto es así es porque, mediante tal doctrina, no hace más que exponer una nota exclusiva que –a su parecer– caracteriza metafísicamente el modo de ser de los entes corpóreos y a la que se refiere de diversas formas y en diferentes contextos: la distinción real entre naturaleza e individuo.

Lo que se establece mediante esta distinción es que, en el caso de los entes compuestos, la esencia (quididad o naturaleza) es anterior –causalmente hablando– a su existencia concreta e individual, poseyendo incluso cierta independencia con respecto a ella. La prueba de esto está en que un individuo como Pedro o Juan sigue siendo lo que es esencialmente, aun cuando sufra diversas mutaciones en su altura, peso o cualidades particulares pertenecientes a la materia individual. E incluso podría pensarse *–ad imposibilem–* en una corrupción total, no solo de Pedro y Juan, sino de todos los individuos humanos y aun así la esencia *hombre* permanecería en su consideración absoluta.[66] Por su parte, la relación de la materia individual frente a la esencia no es otra que la de la potencia frente al acto, y lo que la primera añade a la segunda son "simplemente los principios ontológicos que la habilitan para existir" (Galluzzo, 2004, p. 153), como un ente particular aquí y ahora. Pero los mismos son metafísicamente posteriores a la esencia en tanto esta podría tener igualmente estos principios como otros y no dejaría de ser la misma. Esto quiere decir que la esencia necesita de la materia individual para posibilitar su existencia pero no para asegurar su integridad quiditativa (*InMet.* VII lectio 11, §1535, p. 370), y ello es lo que se señala al decir que la esencia *abstrae* de la materia individual y sus condiciones.

Por otro lado, la doctrina de la esencia absoluta o común pone de manifiesto las principales diferencias que existen entre las sustancias compuestas y las simples ya que, contrario a lo que ocurre en las primeras, en las simples la ausencia de composición interna provoca que no hayan elementos pasivos que limiten a la esencia a ser tal o cual. En otras palabras, en el caso de las inteligencias separadas, cada individuo agota las posibilidades de su esencia y por ello no existe la posibilidad de la multiplicación de individuos dentro de una misma especie, como sí acaece en el mundo de lo material.[67] Esto implica, a su vez, una diferencia en el modo según el cual la esencia puede ser predicada del individuo en cada caso. Ciertamente, en las sustancias compuestas la esencia no puede ser predicada del individuo como si este último agotara todas las posibilidades de la primera. Esto es, no puede decirse *Pedro es el hombre* sino que lo correcto es afirmar que *Pedro es un hombre* o *Pedro es hombre*. La diferencia no es menor porque, en este último caso, lo que se está diciendo es que Pedro es un individuo que participa de una propiedad que es común (o, al menos, puede serlo) a muchos otros individuos. En cambio, en el caso de las sustancias simples la esencia se puede predicar del individuo de ambos modos (*DeEnte.* cap. 4, XLIII, p. 376).[68]

En otras palabras, en el caso de las sustancias separadas el individuo y la esencia o naturaleza se identifican completamente según la cosa, siendo distintos solo según el modo de significar. En cambio, en las sustancias compuestas, individuo y naturaleza se distinguen no solo según el modo de significar sino también según la cosa, lo cual posibilita la multiplicación de individuos de una misma especie. Esto es parte de lo que se afirma cuando se dice que la naturaleza de estas substancias, considerada absolutamente, *abstrae* de todo modo de existencia.

En suma, la introducción de la doctrina de la consideración absoluta de la esencia en los textos citados del Angélico responde con toda claridad a la intención consciente de su autor de resolver mediante ella un problema metafísico: lo que está en juego es la respuesta a la pregunta por los fundamentos ontológicos de las sustancias sensibles. Y en orden a resolver exitosamente los desafíos que plantea la inteligibilidad del mundo material, existen ciertas notas que parecen ser características específicas y claves de la esencia en tanto se la considera en sí misma: 1) es indiferente e independiente de las características que la acompañan en su existencia en los singulares y en las inteligencias; 2) posee prioridad por sobre la existencia en los singulares y en la mente humana como la causa frente a sus efectos; 3) como causa, es *ratio* o patrón de medida tanto de cada uno de los singulares como de las especies intelectuales que se extraen de ellos; 4) no se identifica con las *Ideas* de las cosas que existen en –o *son*– Dios; y 5) no subsiste fuera de los individuos materiales. Todo esto es lo que se pretende decir cuando se afirma que la esencia común *abstrae* de cualquier modo de existencia.

Notas

1. Deborah Black destaca fundamentalmente tres pasajes: el libro I, capítulo 5 y el libro V, capítulos 1 y 2 de la *Metafísica*; y el libro I, capítulo 12 del *Isagogé*. (Cfr. Black, 1998a, p. 5). Sobre la postulación de la esencia absoluta, cfr. también el interesante aporte de McGinnis, 2010, especialmente las pp. 28–35.
2. Cfr. por ejemplo I. Angelelli quien afirma que la doctrina de la esencia común, lejos de tener una importancia ontológica, "se trata simplemente de una estrategia lógica diseñada para capear con las complejidades creadas por la doctrina clásica de la predicación" (1991, p. 113), pero que habría quedado obsoleta luego de los avances de G. Fregue. Con todo, la importancia ontológica de la doctrina ha sido defendida por estudiosos tales como De Libera (1996, pp. 185–187) y McGinnis (2010, pp. 34–35). Por su parte, Alvira ve en esta doctrina un esencialismo superado por el Tomás maduro pero luego retomado por algunos escolásticos posteriores (1982, pp. 152–154). Algo similar observa Gamarra, 1990.
3. Por caso Black (1998a, p. 28), quien considera que la pretensión aviceniana de que la misma esencia que existe en las cosas materiales se instancie en la inteligencia humana es incompatible con la doctrina tomasiana de la especie inteligible.
4. Por ejemplo Pini (2004) quien afirma la existencia de una suerte de evolución de tal doctrina en los textos tomasianos, partiendo desde una concepción ontologista en los de juventud para desembocar en una postura marcadamente gnoseológica en los de madurez. Esto es, de pensar la esencia común como componente de lo real anterior a la existencia concreta a pensarla meramente como un modo de considerar el concepto (p. 391).
5. En otras palabras, lo que se destaca en ambos casos es el planteo de una contradicción entre la doctrina aviceniana y el proceso cognoscitivo en Tomás entendido fundamentalmente como la producción de una representación y, por ende, como una propuesta de corte representacionista (en línea con lo planteado por Pasnau, 1997, por caso). En este contexto la *essentia tantum* sería simplemente un modo diferente de

considerar la especie que se encuentra en la inteligencia humana (Corcuera Cabezut, 2005, p. 140). Pero esta caracterización es uno de los puntos que merecerían ser, al menos, reconsiderados a partir del presente análisis sobre los diversos sentidos del término abstracción en los textos del Aquinate. Por otra parte, existe un buen número de autores que, a su manera, rechazan también la idea de un Tomás de Aquino representacionista (ver por ejemplo Kretzmann, 1993; Perler, 2000; Klima, 2007; O'Callaghan, 2016). Razón por la cual la pervivencia de esta doctrina en los textos de madurez del dominico es una posibilidad que merece ser considerada, tal como lo hacen Galluzzo, 2004 y Castello Dubra, 2012.

6. Cfr. *DeEnte.* cap. 2: "…essentia autem est secundum quam res esse dicitur…" (XLIII, p. 371). Pocas líneas más adelante, agrega que la esencia es "aquello por lo cual la cosa es denominada ente".
7. Cfr. *DeEnte.* cap. 1: "Et quia illud per quod res constituitur in proprio genere uel specie est hoc quod significatur per diffinitionem indicantem quid est res, inde est quod nomen essentie a philosophis in nomen quiditatis mutatur; et hoc est etiam quod Philosophus frequenter nominat quod quid erat esse, id est hoc per quod aliquid habet esse quid" (XLIII, p. 369).
8. *DeEnte.* cap. 1: "Dicitur etiam forma, secundum quod per formam significatur certitudo uniuscuiusque rei, ut dicit Auicenna in II Methaphisice sue" (XLIII, p. 369).
9. *DeEnte.* cap. 1: "secundum scilicet quod natura dicitur omne illud quod intellectu quoquo modo capi potest" (XLIII, p. 370).
10. Cfr. *DeEnte.* cap. 1: "…quiditatis uero nomen sumitur ex so hoc quod per deffinitionem significatur" (XLIII, p. 370); y cap. 2: "…essentia est id quod per deffinitionem significatur…" (XLIII, p. 371).
11. Cfr. *DeEnte.* "Prologus": "…ad horum difficultatem aperiendam dicendum est quid nomine essentie et entis significetur, et quomodo in diuersis inueniatur…" (XLIII, p. 369).
12. *InMet.* V, lectio 9, §889: "Primo distinguit ens, quod est extra animam, per decem predicamenta, quod est ens perfectum" (p. 238).
13. Cfr. *DeEnte.* cap. 1 (XLIII, p. 369).
14. *DeEnte.* cap. 1 (XLIII, p. 369).
15. Esto quiere decir que tales conceptos o especies intelectuales no constituyen un modo de existencia de una esencia determinada, sino que son el simple producto de la actividad anímica.
16. Cfr. *InMet.* V, lectio 9, §889 (p. 238).
17. Con respecto al ente *per accidens*, presenta un estatuto "simplemente contradictorio" y por ello, no solo no se dice de él que carece de esencia sino que "no es posible ninguna especulación sobre él" (*Metaph.* VI, 2, 1026 b 3–6), y que "debe ser excluido en primer lugar de la consideración de la presente ciencia (la metafísica)" (*InMet.* VI, lectio 4, §1241, p. 311; cfr. también VII, lectio 1, §1245, p. 315). Esto a diferencia

del *ens ut verum* que al menos puede ser considerado como objeto de la lógica (cfr. *Metaph.* VI, 3, 1005 b 3, y Chirinos, 2004, p. 278).

18. Cfr. *DeEnte.* cap. 1: "Et quia, ut dictum est, ens hoc modo dictum diuiditur per decem genera, oportet ut essentia significet aliquid commune omnibus naturis per quas diuersa entia in diuersis generibus et speciebus collocantur, sicut humanitas est essentia hominis, et sic de aliis" (XLIII, p. 369); e *InMet.* V lectio 9, §890 (p. 238).
19. Como explica el Angélico en su *De ente et essentia*, el género y la diferencia son diversos modos de concebir intelectualmente la propia esencia de las sustancias sensibles como un todo, pero suponiendo por alguna de sus partes. El género señala la parte material de la misma, y la diferencia supone por la parte formal, cfr. *DeEnte.* cap. 2 (XLIII, p. 372). Pero en sí mismas las esencias no son ni géneros ni especies, sino que tales categorías surgen a partir del modo en que son consideradas y ordenadas entre sí por la inteligencia cuando existen en ella.
20. Para apoyar su tesis Tomás remite expresamente a la autoridad de Avicena y Averrores, el primero de los cuales afirma que "la quidad de las sustancias compuestas es la misma composición de materia y forma" (Cfr. XLIII, p. 370).
21. Cfr. *InMet.*VII lectio 4, §1339: "definitio et quod quid erat esse, primo et simpliciter est substantiarum, non tamen solum et substantiarum, cum etiam accidentia aliquo modo habeant definitionem et quod quid erat esse, non tamen primum" (p. 332).
22. Cfr. *DeEnte.* cap. 6: "Sed illud cui aduenit accidens est ens in se completum subsistens in suo esse, quod quidem esse naturaliter precedit accidens quod superuenit. Et ideo accidens superueniens ex coniunctione sui cum eo cui aduenit non causat illud esse in quo res subsistit, per quod res est ens per se; sed causat quoddam esse secundum sine quo res subsistens intelligi potest esse, sicut priinum potest intelligi sine secundo" (XLIII, p. 380).
23. Cfr., por ejemplo, el texto de *QQ.DeAn.*q. 17 ad 5 al que ya se ha hecho referencia con anterioridad (XXIV/1, p. 151).
24. Como señalan Henle (1956, pp. xxi y xxii), y Gelonch (2002, p. 36), bajo el mote de *platonismo* Tomás coloca un conjunto de ideas que conformaban la columna vertebral de una "corriente filosófica presente en su tiempo que hundía sus raíces en la Patrística y San Agustín". Esta corriente ejercía su influencia en diversos ámbitos del saber, aunque de forma particular en el de la Teología. Esto explica en gran parte la importante frecuencia con la cual el Aquinate se esfuerza por exponer y corregir algunas afirmaciones que él atribuye a Platón o a sus sucesores: su interés no se centra en una discusión pasada sino en una que le resulta absolutamente contemporánea.
25. El Aquinate atribuye esta concesión de Platón a la influencia que sobre él ejercieron principalmente las doctrinas de Heráclito y Crátilo, por un lado, y Sócrates por el otro. (Cfr. *InMet.* I lectio 10, §§152–153, p. 46; y *SBDT* q. 5, a. 2, co.).
26. Tal como podría ser interpretado si se leen aisladamente algunas afirmaciones realizadas por Tomás en el contexto de sus explicaciones. Por ejemplo, la siguiente: "Una razón que induce a Platón para afirmar las ideas era tomada de parte de la ciencia: porque

pareciera que la ciencia como es acerca de las cosas necesarias, no puede ser de estas cosas sensibles, que son corruptibles sino que corresponde que sea de los entes separados incorruptibles…" (*InMet.* I lectio 14, §211, p. 64). Textos como este han llevado a algunos autores a creer que la crítica fundamental que Tomás dirige a Platón consiste en que este último habría trasladado a la realidad exigencias que solo son requeridas en el ámbito de la cognición intelectual. Así lo hace por caso, Robert Henle en la obra citada anteriormente cuando afirma que características como la inmaterialidad, la estabilidad o la necesidad no se encuentran necesariamente en la cosa conocida sino que son causadas por el sujeto de conocimiento. (Cfr. Henle, 1956, p. 332). Como se verá a continuación, si bien esta apreciación no es totalmente incorrecta, sí se muestra como una visión un tanto limitada de la explicación que el propio Doctor Angélico está intentando brindar acerca de este asunto.

27. Cfr. en este sentido la lectura que Tomás hace de la doctrina de Parménides, mediada por el texto del libro I de la *Metafísica* (*InMet.* I lectio 9, §§142–144, p. 42).
28. Cfr. *InMet.* I lectio 10, §151: "Positis opinionibus antiquorum de causa materiali et efficiente, hic tertio ponit opinionem Platonis, qui primo manifeste induxit causam formalem" (p. 45).
29. Lo mismo es afirmado en *In Physic.* II cap. 2, lectio 3, n. 6 (II, p. 62).
30. Así se expresa, entre otros, Connolly (1953, p. 74) al destacar que el realismo exagerado requiere un correlato existencial directo para todas las representaciones intelectuales, a diferencia del moderado.
31. En otras palabras, como explica S. Gelonch (2002, p. 221): "Platón no dice que el conocimiento de lo sensible proviene de las sustancias separadas. Lo que afirma es que las conocemos a ellas. De modo que no se lo refutaría en ningún sentido, si se dijese que el hombre no conoce por participación sino por abstracción. En ese caso, Platón, coherentemente, respondería que no hay nada que abstraer".
32. Cfr. *InMet.* I lectio 15, §225: "Hic improbat opinionem Platonem quantum ad hoc quod *non concludebat quod concludere intendebat*" (p. 67).
33. Una explicación más amplia referida a la imposibilidad de que las ideas puedan ser la causa de la generación de las cosas sensibles se encuentra en *InMet.* VII lectiones 6–8, §§1381–1459, pp. 340–355.
34. Un argumento adicional puede encontrarse en *InMet.* VII lectio 1, §§1260–12670, pp. 317–318, donde destaca que es la respuesta a la pregunta por la substancia la que ha animado –y diferenciado– las indagaciones de todos los filósofos, incluido Platón.
35. En esto admite seguir los argumentos de Aristóteles quien consideró con Platón que lo inteligible es algo que está fuera del alma, pero que no subsiste. Cfr. por ejemplo *InDeSensu.*tract. 1, cap. 14 (XLV/2, p. 78).
36. Sobre el tema se han expedido numerosos autores a lo largo del siglo XX, tales como: Phelan, 1946; Maritain, 1947; Degl'Innocenti, 1957; Gilson, 1973; 1974; McInerny, 1982, pp. 94–99 (donde se destaca fundamentalmente la influencia boeciana sobre esta distinción) y Klima, 2007.

37. *DeEnte.* cap. 2: "Sic ergo patet quod essentia hominis et essentia Sortis non differt nisi secundum signatum et non signatum" (XLIII, p. 371).
38. Este mismo punto es explicado varios años después en *S. Th. I* q. 3, a. 3, co.: "Ad cuius intellectum sciendum est, quod in rebus compositis ex materia et forma, necesse est quod differant natura vel essentia et suppositum. Quia essentia vel natura comprehendit in se illa tantum quae caddunt in definitione speciei [...]" (IV, pp. 39–40).
39. Aquí se fundamenta una distinción entre los términos *abstractos* (designan a la esencia como parte) y los *concretos* (la designan como todo).
40. Cfr. *DeEnte.* cap. 2 (XLIII, p. 373). Lo mismo se afirma en *SuperSent. I* d. 4, q. 1, a. 2, co., donde se aclara que los nombres concretos importan por sí mismos "no sólo la esencia, sino también el supuesto [*suppositum*], pero indistintamente...".
41. Ciertamente, y como ya se ha dicho, solo dentro de este contexto pueden entenderse las otras críticas que le dirige el Angélico a Platón, como por ejemplo aquella referida al desconocimiento de la operación abstractiva del intelecto. Esto es, una vez que se afirma y justifica la existencia de lo inteligible y lo sensible, puede plantearse la legitimidad de la pregunta por el modo de conocer lo primero desde lo segundo.
42. Cfr. *DeEnte.* cap. 2 y *SBDT* q. 5, a. 2, co. (L. p. 143).
43. Y parece señalar esto cuando distingue los dos modos de hablar de lo universal, descartando que tal universal exista como una substancia (Cfr. *InMet.* lectio 13, §1570, p. 378; *InDeAn.* I, 1, XLV/1, p. 7) o cuando afirma que la esencia o quididad no es otra cosa que el individuo (Cfr. *InMet.* lectio 13, §1571, p. 378).
44. Cfr. *Quodlibet*, "Avant-propos" (XXV/1 p. IX).
45. Cfr. Como explica Julio Castello Dubra (2012, p. 73), se trata de cuestión eminentemente agustiniana, basada en "un pasaje complicado del *Super genesim ad litteram*" (Castello Dubra, 2012, p. 73). Dicho pasaje se encuentra en el libro IV, capítulo 7. Allí el Hiponense explica que la perfección del número *seis* no se deriva del hecho de que Dios perfeccionó la creación en seis días sino que, al revés, por ser perfecto el número *seis*, Dios perfeccionó su obra en esa cantidad de días. "Así, pues, si estas obras no fuesen perfectas, el número seis lo sería; y de no ser perfecto el número seis tampoco serían estas obras perfectas con relación a este número" (*De Genesim ad litteram* IV cap. 7, §14, p. 737).
46. Así lo explica –por ejemplo– en *SCG* II cap. 100: "Ad intellectum autem substantiae separatae perveniunt species intelligibiles quasi per viam compositionis: habet enim species intelligibiles ex assimilatione sui ad primam intelligibilem speciem intellectus divini, quae quidem non est a rebus abstracta, sed rerum factiva" (XIII, p. 596).
47. Sobre este punto, cfr., por ejemplo, *S. Th. I* q. 15, a. 3; y Herrera, 2016.
48. Lo que aquí se afirma se corrobora a la perfección con lo que puede leerse en el propio comentario de Tomás al *De Divinis Nominibus* cap. XI. Allí, en la lección 4, explica que cuando se habla de *vida per se* o *bondad per se* se hace referencia a las perfecciones que son participadas por las cosas consideradas "...prout abstrahunt et ab universalitate et a particularitate...". Pero, incluso considerada *per se*, estas perfecciones o

principia son participaciones causadas por el "principio imparticipado": Dios (Cfr. *InDeDivNom.* cap. 11, lectio 4). Se volverá particularmente sobre este texto más adelante.

49. Cfr. *Quodlibet* VIII q. 1, a. 1, co.: "In hiis igitur semper id quod est prius est posterioris ratio, et remoto posteriori remanet prius, non autem e conuerso" (XXV/1, p. 52).
50. Este significado del término *ratio* puede ser corroborado si se atiende a lo que el Aquinate afirma en su *InDeDivNom.* cap. 7, lección 5 donde analiza la atribución del nombre *razón* a Dios. Allí, distingue cuatro modos distintos según los cuales puede entenderse el término: a) como una potencia cognoscitiva, b) como causa de las cosas, c) como orden de las cosas, y d) como "algo simple abstraído desde muchos". Según parece, *ratio* estaría tomado aquí en el segundo de los sentidos, según el cual Dios es máximamente *ratio* (y por ello las Ideas que se identifican con Él son anteriores causalmente a todo), y la esencia considerada en absoluto es *ratio* frente a su existencia en los singulares y en las inteligencias humanas y angélicas. Más adelante deberá lidiarse también con el uso de *ratio* en el cuarto sentido y allí será la ocasión para analizar su relación con la *ratio* como causa.
51. Cfr. *Quodlibet* VIII q. 1, a. 1, co.: "...et inde est quod hoc quod aliquid competit nature secundum absolutam considerationem, est ratio quare competat nature alicui secundum esse quod habet in singularibus, et non e conuerso" (XXV/1, p. 52).
52. Al contrario de lo que más adelante va a defender –en oposición al Aquinate– Enrique de Gante en la cuestión primera de sus *Quodlibetales* V. Cfr. Pini, 2004, p. 423.
53. Cfr. *SuperSent. I* d. 36, q. 1, a. 3, ad 2: "...sed exceditur ab eo, secundum quod hoc est esse materiale, et illud intellectuale".
54. Es tan profusa la bibliografía acerca de la naturaleza de la verdad en Tomás de Aquino que un intento por reseñarla aquí sería demasiado extenso. Solo me limitaré a remitir a dos autores de relevancia: Wippel, 1989; 1990; y Aertsen, 1992; 1996. En el último capítulo del presente trabajo se volverá a abordar marginalmente la cuestión de la verdad al momento de explicar la relación entre el sentido *per se* y el *psicológico* de la abstracción.
55. El texto corresponde al libro VI, capítulo 4 de la *Metafísica* (1027b 25–26): "La falsedad y la verdad no se dan, pues, en las cosas (como si lo bueno fuera lo verdadero y lo malo, inmediatamente lo falso) sino en el pensamiento..." (*Metafísica*, p. 205).
56. Josef Vande Wiele parece caer en este equívoco cuando afirma que Tomás, al definir a la verdad en este sentido, abandona el terreno de la metafísica y se introduce en el campo de la psicología del conocimiento. Cfr. Vande Wielde, 1954, p. 549. Este texto es citado críticamente también por Wippel, 1989, p. 330; y Aertsen, 1992, p. 164.
57. *SuperSent. I* d. 19, q. 5, a. 1, co.: "Quaedam autem sunt quae habent fundamentum in re extra animam, sed complementum rationis eorum quantum ad id quod est formale, est per operationem animae, ut patet in universali.[...] Similiter dico de

veritate, quod habet fundamentum in re, sed ratio ejus completur per actionem intellectus, quando scilicet apprehenditur eo modo quo est".

58. *SuperSent. I* d. 19, q. 5, a. 1, co.: "Unde dico, quod verum per prius dicitur de veritate intellectus, et de enuntiatione dicitur inquantum est signum illius veritatis; de re autem dicitur, inquantum est causa. Unde res dicitur vera quae nata est de se facere veram apprehensionem quantum ad ea quae apparent exterius in ipsa".
59. *DeVer.* q. 1, a. 4, co.: "...veritas proprie invenitur in intellectu humano vel divino, sicut sanitas in animali. In rebus autem aliis invenitur veritas per relationem ad intellectum, sicut et sanitas dicitur de quibusdam aliis in quantum sunt effectiva vel conservativa sanitatis animalis" (XXII/1–2, p. 13).
60. *DeVer.* q. 1, a. 4, co.: "Veritates autem quae sunt in rebus, sunt plures, sicut et rerum entitates" (XXII/1–2, p. 14).
61. *DeVer.* q. 1, a. 4, co.: "Per prius etiam inest rei veritas in comparatione ad intellectum divinum quam humanum, cum ad intellectum divinum comparetur sicut ad causam, ad humanum autem quodam modo sicut ad effectum, in quantum intellectus scientiam a rebus accipit" (XXII/1–2, p.14).
62. *DeVer.* q. 1, a. 4, ad 1: "Veritas autem quae est in intellectu humano vel in ipsis rebus, non comparatur ad res sicut mensura extrinseca et communis ad mensurata, sed vel sicut mensuratum ad mensuram..." (XXII/1–2, p. 14).
63. *DeVer.* q. 1, a. 4, ad 1: "Sicut enim a veritate intellectus divini effluunt in intellectum angelicum species rerum innatae, secundum quas omnia cognoscunt..." (XXII/1–2, p. 14).
64. De hecho, no sería la única vez que se verifica un uso laxo del término *esse*. En las *Quodlibet* IX q. 2, a. 2, co., Tomás admite que, en un sentido amplio, puede atribuirse el *esse* incluso a cosas que carecen de una existencia real. En el caso de los textos trabajados en este apartado, lo que se le niega a la esencia es la existencia separada en tanto absoluta, esto es, libre de las propiedades y determinaciones que le acaecen por existir en lo concreto o en la mente. O, lo que es lo mismo, se niega que la misma sea substancia. Pero, en tanto se trata de un principio común presente en estos modos de existencia estricta, podría decirse que la misma *existe* de un cierto modo, al igual que se admite que la materia *existe,* aunque lo que existe propiamente sean sustancias de las cuales la materia es un coprincipio esencial (Cfr., por ejemplo, el estudio que dedica al tema de la *existencia* de la materia Hughes, 2002, pp. 63–64).
65. Entiéndase, la postulación de las *Ideas* como entidades subsistentes.
66. Tal como se afirma en el texto de las *Quodlibet* VIII analizado con anterioridad, y como también se explica en *InMet.* VIII lectio 3, §1716, al decir con Aristóteles que las formas no se corrompen ni generan de suyo sino los particulares (p. 411).
67. Cfr. *DeEnte.* cap. 4: "...essentie rerum compositarum ex eo quod recipiuntur in materia designata multiplicantur secundum diuisionem eius, unde contingit quod aliqua sunt idem specie et diuersa numero. Sed cum essentia simplicis non sit recepta in materia, non potest ibi es se talis multiplicatio; et ideo oportet ut non inueniantur

in illis substantiis plura indiuidua eiusdem speciei, sed quot sunt ibi indiuidua tot sunt ibi species, ut Auicenna expresse dicit" (XLIII, p. 376).

68. La misma distinción se expresa en múltiples pasajes adicionales pertenecientes a textos casi contemporáneos –como *SuperSent. III* d. 11, q. 1, a. 4–, o muy posteriores –como el ya citado de la *S. Th. I* q. 3, a. 3.

Referencias

Aertsen, J. (1992). Truth as Trascendental in Thomas Aquinas. *Topoi, II*(2), 159–171.

Aertsen, J. (1996). *Medieval Philosophy and the Transcendentals: The Case of Thomas Aquinas.* Leiden-New York: E.J. Brill.

Alvira, T. (1982). Esencialismo y verdad. *Anuario Filosófico, 15*(2), 149–158.

Angelelli, I. (1967). *Studies on Gottlob Frege and Traditional Philosophy.* Dordrecht: D. Reidel.

Angelelli, I. (1975). Sobre el "triple estado de la esencia". *Anuario Filosófico, 8*, 15–20.

Angelelli, I. (1981). Abstracción moderna y tradicional. *Anuario Filosófico, 14*(2), 9–21.

Angelelli, I. (1991). The Logical Significance of the "Absolute Consideration of Natures" *Atti del IX Congresso Tomistico lnternazionale* (pp. 108–114). Citta del Vaticano: Libreria Editrice Vaticana.

Angelelli, I. (2004). Adventures of Abstraction. *Poznan Studies in the Philosophy of the Sciences and the Humanities, 82*(1), 11–35.

Aquinatis, T. (1856a). Commentum in primum librum Sententiarum magistri Petri Lombardi *Opera Omnia ad fidem optimarum editionum accurate recognita* (Vol. 6, pp. 1–380). Parma: Typis Petri Fiaccadori.

Aquinatis, T. (1856b). Commentum in secundum librum Sententiarum magistri Petri Lombardi *Opera omnia ad fidem optimarum editionum accurate recognita* (Vol. 6, pp. 381–791). Parma: Typis Petri Fiaccadori.

Aquinatis, T. (1858). Commentum in tertium librum Sententiarum magistri Petri Lombardi *Opera omnia ad fidem optimarum editionum accurate recognita* (Vol. 7/1, pp. 1–450). Parma: Typis Petri Fiaccadori.

Aquinatis, T. (1884). Commentaria in octo libros Physicorum Aristotelis *Opera omnia iussu impensaque Leonis XIII. P. M. edita* (Vol. 2). Roma: Ex Typographia Polyglotta S. C. de Propaganda Fide.

Aquinatis, T. (1888). Summa Theologiae. Pars Prima *Opera omnia iussu impensaque Leonis XIII P. M. edita* (Vol. 4). Romae: Ex Typographia Polyglotta S. C. de Propaganda Fide.

Aquinatis, T. (1918). Summa Contra Gentiles I. In F. Praedicatorum (Ed.), *Opera omnia iussu impensaque Leonis XIII P. M. edita* (Vol. 13, pp. 3–270). Roma: Typis Riccardi Garroni.

Aquinatis, T. (1926). Summa Contra Gentiles III *Opera omnia iussu edita Leonis XIII P. M.* (Vol. 14). Roma: Typis Riccardi Garroni.

Aquinatis, T. (1950). In librum Beati Dionysii De divinis nominibus expositio. In P. C. C. Pera, C. Mazzantini (Ed.). Taurinus-Roma: Marietti.

Aquinatis, T. (1970). Quaestiones disputatae de veritate *Opera omnia iussu Leonis XIII P. M. edita* (Vol. 22/1–2). Roma: Ad Sanctae Sabinae/Editori di San Tommaso.

Aquinatis, T. (1971). In duodecim libros Metaphysicorum Aristotelis expositio. In M. R. C. R. M. Spiazzi (Ed.). 2° ed. Taurini-Romae: Marietti.

Aquinatis, T. (1973). Quaestiones disputatae de veritate *Opera omnia iussu Leonis XIII P. M. edita* (Vol. 22/3–1). Roma: Ad Sanctae Sabinae/Editori di San Tommaso.

Aquinatis, T. (1976). De ente et essentia *Opera omnia iussu Leonis XIII P. M. edita* (Vol. 43, pp. 315–381). Roma: Editori di San Tommaso.

Aquinatis, T. (1984a). Sentencia libri De anima *Opera omnia iussu Leonis XIII P. M. edita* (Vol. 45/1). Roma-Paris: Commissio Leonina-J. Vrin.

Aquinatis, T. (1984b). Sentencia libri De sensu et sensato cuius secundus tractatus est De memoria et reminiscencia *Opera omnia iussu Leonis XIII P. M. edita* (Vol. 45/2). Roma-Paris: Commissio Leonina-J. Vrin.

Aquinatis, T. (1992). Super Boethium De Trinitate *Opera omnia iussu Leonis XIII P. M. edita* (Vol. 50, pp. 1–230). Roma-Paris: Commissio Leonina-Éditions Du Cerf.

Aquinatis, T. (1996a). Quaestiones de quolibet. Préface. Quodlibet VII, VIII, IX, X, XI *Opera omnia jussu Leonis XIII P. M. edita* (Vol. 25/1). Roma-Paris: Commissio Leonina-Éditions du Cerf.

Aquinatis, T. (1996b). Quaestiones disputatae de anima. In B. C. Bazán (Ed.), *Opera omnia iussu Leonis XIII P. M. edita* (Vol. 24/1). Roma-Paris: Commissio Leonina-Éditions Du Cerf.

Aristóteles. (2007). *Metafísica* (T. C. Martínez, Trans.). In T. C. Martínez (Ed.). Madrid: Gredos.

Avicena. (1953). *Shifá, al-Man iq, Madkhal* (Introducción). In I. Madkür (Ed.). Cairo: The General Egyptian Book Organization.

Black, D. L. (1998a). Mental Existence in Thomas Aquinas and Avicenna. *Mediaeval Studies*, (61), 1–45. Retrieved from http://individual.utoronto.ca/dlblack/articles/mentalexistweb.pdf fecha de acceso: 28 de abril de 2020.

Black, D. L. (1998b). Mental Existence in Thomas Aquinas and Avicenna. *Mediaeval Studies*, *61*, 45–79.

Castello Dubra, J. A. (2012). Esencia, realidad y concepto: impacto doctrinal de la concepción aviceniana de la *natura* en la escolástica medieval. *Studium. Filosofía y Teología*, *29*, 69–79.

Connolly, F. G. (1953). Abstraction and Modarate Realism. [Journal Article]. *New Scholasticism*, *27*, 72–90.

Corcuera Cabezut, A. (2005). Lógica y Metafísica: Tomás de Aquino frente al *Fons Vitae* de Avicebrón. [Article]. *Excerpta et Dissertationibus in Philosophia*, (15), 79–156.

Chirinos, M. P. (2004). Ens per accidens: una perspectiva metafísica para la cotidianidad. *Acta Philosophica*, *13*(II), 277–292.

De Libera, A. (1996). *La querelle des universaux. De Platon à la fin du Moyen Age*. Paris: Seuil.

Degl`Innocenti, U. (1957). La distinzione reale nel "De ente et essentia" di S. Tommaso. *Doctor Communis*, *10*, 165–173.

Galluzzo, G. (2004). Aquinas on Common Nature and Universals. *Recherches de Théologie et Philosophie médiévales*, *71*(1), 131–171.

Gamarra, D. O. (1990). *Esencia y objeto*. Berne-Frankfurt/M-New York: Peter Lang.

Gelonch, S. R. M. (2002). *Separatio y objeto de la metafísica. Una interpretación textual del Super Boethium De Trinitate, q5 a3, de Santo Tomás de Aquino*. Pamplona: EUNSA.

Gilson, É. (1973). Eléments d'une métaphysique thomiste de l'être. *Archives d'Histoire doctrinal et litteraire du Moyen Age, 40*, 7–36.

Gilson, É. (1974). *L'être et l'essénce*. Paris: Vrin.

Henle, R. J. (1956). *Saint Thomas and Platonism: A Study of the Plato and Platonici Texts in the Writings of Saint Thomas*. The Hague: M. Nijhoff.

Herrera, J. J. (2016). Ejemplaridad e ideas divinas en Tomás de Aquino. Desde la unidad esencial al Logos personal. [Article]. *Anuario Filosófico, 49*(2), 339–359. doi: 10.15581/009.49.2.339–359

Hipona, Agustín de (1957). Del Génesis a la letra (F. B. M. O. S. A, Trans.). In F. B. M. O. S. A (Ed.), *Obras de San Agustín. Tratados escriturarios* (Vol. XV, pp. 569–1271). Madrid: Biblioteca de Autores Cristianos.

Hughes, C. (2002). Matter and Actuality in Aquinas. In B. Davies (Ed.), *Thomas Aquinas. Contemporary Philosophical Perspectives* (pp. 61–76). Oxford: Oxford University Press.

Klima, G. (2007). Aquinas vs. Buridan on Essence and Existence. *Proceedings of the Society for Medieval Logic and Metaphysics, 7*, 66–73.

Kretzmann, N. (1993). Philosophy of Mind. In N. S. Kretzmann, Eleonore (Ed.), *The Cambridge Companion to Aquinas*. Cambridge: Cambridge University Press.

Maritain, J. (1947). *Court traité de lèxistence et de lèxistant*. Paris: P. Hartmann.

Maurer, A. A. (1983). *On Being and Essence* (A. A. Maurer, Trans. 2 ed.). Toronto: Pontifical Institute of Medieval Studies.

McGinnis, J. (2010). *Avicenna*. Oxford: Oxford University Press.

McInerny, R. (1982). *St. Thomas Aquinas*. Notre Dame: University of Notre Dame Press.

O'Callaghan, J. P. (2016). *Thomist Realism and the Linguistic Turn: Toward a More Perfect Form of Existence*. University of Notre Dame Press.

Pasnau, R. (1997). *Theories of Cognition in the Later Middle Ages*. Cambridge: Cambridge University Press.

Perler, D. (2000). Essentialism and Direct Realism: Some Late Medieval Perspectives. *Topoi, 19*(2), 111–122.

Phelan, G. B. (1946). The Existentialism of Saint Thomas. [Journal Article]. *Proceedings of the American Catholic Philosophical Association, 21*, 25–39.

Pini, G. (2004). *Absoluta consideratio naturae*: Tommaso d'Aquino e la dottrina avicenniana dell'essenza. *Documenti e studi sulla tradizione filosofica medievale, 15*, 387–438.

Vande Wielde, J. (1954). Le problème de la vérité ontologique dans la philosophie de saint Thomas. *Revue Philosophique de Louvain, 52*, 521–571.

Wippel, J. (1989). Truth in Thomas Aquinas. *Review of Metaphysics, 43–2*(170), 295–326.

Wippel, J. (1990). Truth in Thomas Aquinas II. *Review of Metaphysics, 43–3*(171), 543–567.

5

La abstracción y la composición metafísica de los concretos

En el apartado anterior se dejó asentado de qué modo el verbo *abstraer*, tomado en sentido *per se* o absoluto, es utilizado por Tomás de Aquino para designar el estado de independencia de la esencia de las sustancias compuestas con respecto a aquellas propiedades y características que, si bien la acompañan en alguno de sus diversos modos de existencia, no se cuentan entre sus notas necesarias. A su vez, postular este *status* supone defender la anterioridad y causalidad de la esencia como principio constitutivo de lo real sobre los individuos concretos existentes (que serían diversas determinaciones posibles de la misma), y también sobre las especies intelectuales abstraídas por la inteligencia humana desde los singulares.

Así, la indiferencia de la esencia representa un (o, tal vez, *el*) punto central que caracteriza la comprensión tomasiana de la constitución metafísica de las sustancias creadas y –particularmente– de la realidad sensible.[1] Si esto es así, entonces es esperable encontrar un uso de la doctrina que trascienda los casos y problemas puntuales que se han señalado hasta aquí: la refutación de los físicos y de los platónicos, y la resolución de una polémica de cuño agustiniano.

Entre otras cosas, podría preguntarse si acaso tal estado de independencia es algo que solo se verifica en el caso de las esencias sustanciales –como lo muestran todos los ejemplos considerados hasta aquí– o si también puede hablarse en el mismo sentido en otras circunstancias. Esta posibilidad parece confirmarse si se enfoca la mirada de un modo más detenido sobre los propios textos analizados. Los mismos muestran dos aspectos: 1°) que aquello que *abstrae* –es decir, la esencia– es un coprincipio del *ente,* y este último puede decirse de muchas maneras; 2°) que la esencia es el principio de inteligibilidad de una cosa en tanto posee la forma, pero esta puede ser no solo sustancial sino también accidental.

De este modo, si es múltiple el sujeto que *abstrae,* múltiple será también la abstracción tomada en este sentido *per se.* Y si aquello *de lo que se abstrae* es todo lo que no pertenece estrictamente a tal esencia, entonces –dependiendo del tipo de esencia que se trate– podrá determinarse de qué aspectos puede abstraer y de cuáles no lo puede hacer. En otras palabras, aun defendiendo la absoluta unidad del ente material desde el punto de vista existencial, es posible hablar desde el punto de vista metafísico de una multiplicidad de principios que se hallan presentes en la cosa y que se distinguen y ordenan entre sí en razón de su prioridad o posterioridad formal.

El objetivo del presente capítulo consistirá en demostrar la presencia y consistencia de este uso del término *abstracción* por parte del Aquinate con la clara intención de referirse mediante el mismo a la particular situación de los principios de inteligibilidad del mundo físico, los cuales existen en los individuos particulares pero no se identifican con ellos. A través de este proceso, quedará en evidencia lo que se viene insinuando desde el comienzo de este trabajo: que la *abstracción* posee para el dominico un sentido que ha sido sistemáticamente ignorado por la tradición de sus comentadores en tanto estos han considerado como única causa de la diversidad y separación de tales principios inteligibles a la *abstracción* entendida como proceso psicológico humano.

La definición como medio de determinación de la *abstractio per se*

Definición, esencia y abstracción

De acuerdo con lo visto en el capítulo anterior, puede hablarse de *esencia* en tres casos distintos, con particularidades bien definidas. Por un lado, se puede hablar de *esencia* en el caso de las sustancias *proprie*, las cuales son de dos tipos: simples o compuestas. Pero también se puede hablar de *esencia* en el caso de los accidentes, aunque de un modo muy especial. Ciertamente, como los accidentes son un ente *sui generis,* cuyo modo de ser es ser en otro, la esencia de los mismos también presentará notables diferencias con respecto a las anteriores.

Con todo, una norma general que se aplicaría a todos estos casos es que, de acuerdo con cada uno de ellos, puede decirse que a la esencia le corresponden propiamente ciertas notas o características y no le pertenecen otras. Esto es, así como se ha dicho que a la esencia de una sustancia compuesta como *hombre* le pertenece propiamente la *racionalidad* pero no la *blancura* (aunque no excluya esta última), del mismo modo podría plantearse una situación análoga con respecto a los otros tipos de esencia: a cada una le pertenecen por derecho propio ciertas perfecciones y no le pertenecen otras, sea porque las excluye, sea porque pueda o no tenerlas bajo determinado modo de existencia.

Ahora bien, si la pertenencia o no de tales notas a la esencia es lo que significa en el fondo que esta última *no abstraiga* o *abstraiga* de ellas, entonces la cuestión pasará por encontrar el modo de determinar qué cosas son las que pertenecen a la esencia de un ente y cuáles son las que no. Esto es lo que se propone el propio Tomás en el comentario a la *Metafísica* cuando –una vez precisado qué es la esencia, a qué cosas corresponde y cómo se relaciona con ellas– busca responder qué elementos pertenecen constitutivamente a las esencias, sean sustanciales o accidentales (*InMet.* VII lectio 9, §1460, p. 357). Y, en este punto de la investigación, ya no debe resultar extraño que el método escogido sea el de indagar qué elementos son necesarios para la intelección de esa esencia.[2] Precisamente, lo que propone es preguntarse en cada caso cuáles son los elementos que necesariamente deben estar incluidos en la definición, o bien, de qué cosas necesita la esencia para ser definida y de qué cosas no. La utilización de esta terminología es lógica si se tiene en cuenta lo que anteriormente se señaló: la propia esencia de una cosa recibe el nombre de *quididad* en tanto constituye aquello que es expresado por la definición de un ente. Por ello, puede afirmar que "corresponde que la definición notifique claramente los principios de las cosas que concurren para constituir la esencia de una cosa" (*InMet.* VII lectio 9, §1460, p. 357). Así, decir que algo pertenece a una cosa de acuerdo con su definición equivale a decir que la misma está incluida entre sus notas esenciales, o que atañe a la esencia en su consideración absoluta, o que pertenece al intelecto de la cosa. Cualesquiera de estas formulaciones expresa fundamentalmente la misma idea.

En este sentido el principio que permite determinar la distinción entre lo que pertenece y lo que no pertenece a la esencia de una cosa es el mismo que es utilizado por Tomás para fundamentar la distinción real entre la esencia y el ser en acto: el conocimiento quiditativo de la cosa. Ciertamente, en un célebre pasaje del capítulo 4 del *De ente et essentia*, el Angélico explica los fundamentos de una doctrina que generó importantes repercusiones tanto entre sus contemporáneos como en la posteridad.[3] En efecto:

> … cualquier cosa que no pertenece a la intelección de la esencia o quididad, es algo que le sobreviene desde fuera y entra en composición con la esencia, porque ninguna esencia puede ser conocida sin estas cosas que son sus partes. Pero toda esencia o quididad puede ser conocida sin que sea conocido algo acerca de su ser: pues puedo comprender qué es el *hombre* o el *fénix* y sin embargo ignorar si tiene ser en la realidad. Por consiguiente, es evidente que el ser es otra cosa que la esencia o quididad. (*DeEnte* cap. 4, XLIII, p. 376)

En otras palabras, si la esencia de una cosa puede ser comprendida perfectamente sin considerar que exista o no es porque el ser se distingue realmente de la primera. Esto implica que la esencia se constituye como una totalidad inteligible completa, sin necesidad de incluir la existencia *in rerum natura* como una de sus notas. Tal cosa ocurre porque el *esse*, entendido como acto, no puede estar incluido de suyo en la definición de la esencia creada como tal, sino que es algo que la misma recibe por participación. De no ser así, todos estos entes gozarían de una existencia eterna en tanto el acto de ser no les sería dado.[4]

De modo semejante, lo que Tomás parece explicar al decir que la esencia de lo compuesto considerada absolutamente *abstrae* de su existencia en el alma o en lo concreto es claramente algo que implica una distinción real entre esencia e individuo. Porque, en tanto el conocimiento íntimo de la naturaleza de la cosa revela qué notas, características o principios son propios de una esencia determinada y cuáles no lo son, lo que permite es reconocer que si cada naturaleza puede (y debe, incluso) ser definida sin apelar a sus instancias particulares, entonces estas últimas se distinguen realmente de la primera. Por ende, si la efectividad de esta estrategia cognitiva es capaz de poner de relieve la distinción entre la esencia y el ser de un ente, es justamente porque permite mostrar de un modo fundamental la ausencia de identidad real entre las esencias de los compuestos y aquellas determinaciones o características que no le pertenecen específicamente pero que son requeridas para que se actualice alguno de sus modos de existencia: *in rerum natura* o en la mente.[5]

En línea con esto explica Tomás en *InMet.* VII lectio 11, §1503, p. 366, que aquellas cosas que pertenecen a la naturaleza o esencia de algo no pueden estar separadas de ella. Y existen dos modos de entender aquí la separación de una cosa con respecto a otra: o bien realmente, cuando se verifica que una cosa subsiste separada de la otra; o según la mente, cuando –aunque las cosas no subsistan por separado– la especie de una puede ser comprendida sin hacer referencia a la otra. Todo aquello que pertenece a la esencia de una cosa no puede estar separado de ella de ninguno de los modos citados. Por el contrario, todo aquello que de uno u otro modo se separa de la cosa no puede pertenecer a su esencia, y de tales aspectos se puede decir que la esencia también *abstrae* por derecho propio. Es decir, de todo lo que o bien no la acompaña nunca en su existencia, o bien la acompaña pero podría no hacerlo.

En este último caso, la separación entre la esencia y estos aspectos no es algo real en acto, pero sí algo que puede concebirse intelectualmente. Esto es, aquellos entes en los que ocurre este tipo de separación, en tanto individuos, no son un conglomerado de piezas yuxtapuestas que puedan separarse tal como los ladrillos y el cemento pueden separarse de la pared. Sin embargo, los mismos están conformados a nivel esencial por una multiplicidad de elementos que pueden ser distinguidos desde el punto de vista metafísico, pero no desde el existencial. Como se vio, tal es el caso de los entes sustanciales materiales y de los entes accidentales cuyas esencias –a causa de su composición– comparten necesariamente la existencia con elementos que no le son específicamente propios. En estos casos, la esencia, como principio formal y causa de la inteligibilidad de la cosa, puede ser comprendida independientemente de aquellas determinaciones particulares que solo son propias del individuo y posteriores a la esencia. Por su parte, en las esencias simples no hay elementos limitativos que las acompañen necesariamente en su existencia y, por lo tanto, no debería hablarse en este caso simplemente de separación mental sino más bien de separación existencial: las sustancias simples existen (o al menos, podrían existir) separadas con respecto a todo aquello que no pertenece a su esencia.

Volviendo al caso de la separación mental, a ella se refiere el Aquinate cuando dice que "aunque no sea separado en acto el círculo del bronce, es separado sin embargo por la mente, porque la especie del círculo puede ser comprendida sin bronce, por lo cual el bronce no es parte de la especie del círculo…"(*InMet.* VII lectio 11, §1505, p. 366).[6] Con todo, no es el conocimiento intelectual el responsable causal de tales relaciones de dependencia o independencia, sino que el mismo constituye meramente el modo de revelar –al menos según nuestro estado– la estructura quiditativa de un ente sensible particular, esto es, la constitución y composición de su esencia, que es algo real.[7] Justamente, no debe olvidarse que el motivo por el cual la inteligencia puede separar es que las cosas son específicamente distintas, que es lo que significa en lo fundamental que "nada puede ser separado de aquello que es parte de su especie" (*InMet.* VII lectio 11, §1503).[8]

En definitiva, el conocimiento quiditativo de los entes es capaz de revelar qué propiedades son las que pertenecen a una esencia determinada considerada por sí misma o en absoluto. Estas últimas son aquellas sin cuya consideración tal esencia no puede ser entendida y que, por ello mismo, también deben acompañarla en cualesquiera de sus posibles modos de existencia. Existen, sin embargo, otras notas que acompañan a la esencia en alguno de sus modos de existencia, pero que no pertenecen estrictamente a ella en su consideración absoluta, a punto tal que esta puede ser entendida sin las primeras. Frente a tales notas, la esencia presenta una separación o distinción que es real (en tanto no es producida por la mente) pero que no es existencial (en tanto la esencia solo existe en un individuo con tales o cuales características particulares). Tal separación es algo que, a) se daría exclusivamente en el plano de la composición metafísica de los entes del mundo material, b) se revela mediante el conocimiento quiditativo de los mismos y c) se expresa a través de la definición.

Todo lo dicho se vuelve aún más interesante si se repara en que Tomás utiliza para designar la definición un término que ya ha mostrado su importancia en el contexto de la presente investigación: *ratio*. Esto ocurre, por ejemplo, en *InMet.* VII, cuando cita literalmente al Estagirita: "… toda definición es alguna *ratio*" (lectio 9, §1460, p. 357). Ahora bien, Tomás entiende que el término se refiere aquí a cierta "composición de nombres", y la nota específica de la misma la constituye el ser "ordenada a través de la razón". Por ende, la definición puede ser entendida rectamente como un producto lógico, surgido como consecuencia y resultado del proceso que se ha denominado conocimiento quiditativo, pero que comúnmente recibe el nombre de *simple aprehensión*. Y al calificarla como *ratio* se estaría tomando el término como algo que significa un producto de la inteligencia, pero que se encuentra íntimamente vinculado con las cosas en tanto designa lo que pertenece a la esencia de las mismas.[9] Esto es, la definición no es más que un signo, cuyo significado no es otro que la propia esencia o quidead de la cosa[10] considerada de un modo común o absoluto, y no como existe en este o aquel individuo. Por su parte, la esencia considerada de este modo también recibe el nombre de *ratio*, pero en tanto es causa y medida del modo de existencia del singular y de la conceptualización del intelecto.

Así, a partir de estas últimas aclaraciones pueden extraerse dos conclusiones. Por un lado: 1) del mismo modo que se dijo que pertenecer a una cosa de acuerdo con su definición equivale fundamentalmente a estar incluido entre sus notas esenciales o a concernir a la esencia en su consideración absoluta, lo mismo vale cuando se afirma que algo corresponde a una cosa según su *ratio*: todas estas son formulaciones equivalentes. Luego, 2) en tanto la composición de las esencias sustanciales materiales y de las esencias accidentales queda evidenciada por los elementos que conforman las definiciones de cada una, también esto mismo permite mostrar –por vía negativa– la *abstracción* específica de cada una de estos tipos de esencia. Por lo que, como contracara de la conclusión 1, se deduce que lo que se designa cuando se dice que algo *abstrae* de otra cosa según su esencia, su definición o su *ratio*, no es otra cosa que la propia abstracción de la esencia común o en su consideración absoluta.

Los elementos de la definición de acuerdo con el tipo de esencia

Teniendo en cuenta estos principios, el Aquinate establece que en la definición de las sustancias materiales o compuestas es menester encontrar dos elementos que suponen por las dos partes que constituyen su esencia. De esta manera, el género y la diferencia específica significan la materia y la forma sustancial respectivamente, pero no se identifican con ellas (*InMet.* VII lectio 9, §1463, p. 358). Por ejemplo, en el caso del hombre su definición es constituida por el elemento *animal* –que funciona como género y apunta a la materialidad de la esencia– y el elemento *racional* –que funciona como diferencia y apunta a la forma. Pero ni *animal* ni *racional* son la materia o la forma de hombre, sino que lo primero significa la presencia de la naturaleza sensitiva y de un cuerpo articulado, y lo segundo la presencia de un alma espiritual (*DeEnte* cap. 2, XLIII, p. 372). Por ello se puede afirmar que *animal* también es el género de *perro* sin estar diciendo con ello que entre este y *hombre* se comparta una materia común. Lo único que es común en ellos es el necesitar de un cuerpo articulado no solo para existir sino también para ser comprendidos.

Con todo, algo que debe destacarse es que, aunque la parte material (representada por el género) se ordene hacia la formal o específica como la potencia hacia el acto, la segunda no puede ni existir ni ser comprendida sin la primera, de modo tal que ambas partes son necesarias para conformar el principio inteligible de toda sustancia sensible. Este principio es denominado por Tomás "forma del todo" (*forma totius*), algo que el Aquinate distingue con mucho cuidado de la forma sustancial que es el principio actual que se une a la materia para constituir la esencia. Este último recibe el nombre de "forma de la parte" (*forma partis*) y presenta una diferencia fundamental con la primera. Mientras la *forma totius* puede ser entendida sin aquellos elementos que, aunque la acompañen en su existencia, le son ajenos de acuerdo con su definición (esto es, todo lo perteneciente a la materia signada o individual) (*InMet.* VII lectio 9, §1468, p. 359), la *forma partis* no puede ser ni siquiera entendida sin una referencia a la materia que –aunque es estrictamente ajena a la misma– constituye su sujeto propio (*InMet.*VII lectio 9, §1477, p. 360). Así, en el caso de la esencia de *hombre*, el alma racional (forma substancial) no puede ser concebida sin la obligada referencia al cuerpo orgánico (materia), pero sí sin hacer referencia al dedo, los pies o el cabello.

De igual modo, en el caso de los accidentes, la definición permite determinar cuáles son los elementos que entran en su esencia y cuáles son posteriores y ajenos a la misma. Pero, como el modo de ser propio del accidente es existir en otro ente y no en sí mismo, es necesaria la presencia de algo extrínseco al accidente propiamente dicho para que este pueda ser entendido (*InMet.* VII lectio 4, §1350, p. 333). Tal es el rol que cumple el sujeto que es perfeccionado por la forma accidental y que se comporta como la materia o potencia receptiva del acto. En otras palabras, la esencia accidental es la esencia de un ente incompleto (o de un *ente de un ente*, como ya se dijo), y por ello su definición debe incluir necesariamente la referencia a un sujeto, en tanto la misma significa necesariamente algo *uno* y completo (*InMet.* VII lectio 4, §1341, p. 332).

En este sentido, existen dos tipos de accidentes que se distinguen de acuerdo con el sujeto que requieren para ser entendidos. Por un lado se encuentran los accidentes "copulados" que tienen un sujeto determinado sin el cual no pueden ser definidos. Y, por otro, los accidentes simples que carecen de un sujeto determinado que deba ser considerado en sus definiciones (*InMet.* VII lectio 4, §1343, p. 332). Como ejemplo de accidente *copulado*, Tomás cita recurrentemente el caso de la *simitas,* que no puede ser entendida sin un sujeto preciso y determinado como es la nariz. Ciertamente, "lo romo[11] es propiamente [*secundum se*] una pasión de la nariz" (*InMet.* VII lectio 4, §1344, pp. 332–333), razón por la cual esta última debe estar incluida necesariamente en el intelecto del accidente *simitas* y en su definición.

Por su parte, como ejemplo de *accidentes simples* coloca "lo curvo, lo cóncavo y las otras cosas matemáticas" (*InMet.* VII lectio 4, §1343, p. 332). En definitiva, se trata de todos aquellos accidentes que se engloban bajo la segunda de las categorías: la cantidad dimensiva. El lugar que la misma ocupa no es azaroso ya que, como lo indica varias veces Aristóteles y suscribe otras tantas el Aquinate, la cantidad es el primer accidente que perfecciona la sustancia compuesta.[12] Esto implica que todos los otros accidentes inhieren sobre una sustancia que ya ha sido de algún modo determinada por, al menos, un tipo de forma accidental. Pero esto no ocurre con las diversas perfecciones pertenecientes a la esfera de la cantidad dimensiva.

La diferencia con el caso de los accidentes copulados se vuelve claramente notoria si se tiene en cuenta que la concavidad como accidente no requiere de un sujeto como la nariz o alguna otra cosa determinada para ser entendida. Así, lo cóncavo es independiente y anterior a tal o cual sujeto, aunque como todo accidente requiere, ciertamente, de algún tipo de sustrato para ser entendido. Justamente, son los accidentes cuantitativos los que dotan a tal sujeto de las determinaciones a través de las cuales las demás categorías accidentales lo perfeccionan.

Corolario al rol de la definición en la determinación de la abstracción per se

El análisis de los diversos tipos de esencia compuesta y de su modo de definición permite determinar cuáles son los elementos que pertenecen necesariamente a cada una de ellas. En el caso de las esencias sustanciales compuestas, se requiere de la presencia tanto de la forma sustancial como de aquella materia sin la cual tal forma sustancial no puede ni existir ni ser entendida. Por ello, la esencia del hombre incluye necesariamente todas aquellas notas y características que se desprenden del hecho de poseer un alma espiritual y un cuerpo material organizado. Esto significa –por ejemplo– que el mismo es capaz de reír y hablar, pero también que está sujeto a la corrupción material y la muerte. Y ocurre algo semejante con los demás entes materiales donde es posible determinar con relativa facilidad las cosas que pertenecen a la esencia de las que pertenecen al individuo, ya que estas últimas no constituyen una condición necesaria para la intelección de la primera y –por ende– no entran en la definición de la misma. Siguiendo con el ejemplo, *medir 2 metros*, *hablar en ruso* o *ser blanco* son características que pueden pertenecer a algún individuo en particular, pero que no pertenecen estrictamente a la naturaleza de *hombre*. En todo caso, esta última las incluye de un modo indeterminado y potencial como hipotéticas precisiones de la misma, en tanto sí es propio de la esencia *hombre* tener un cuerpo extenso y coloreado, y emitir sonidos articulados y con sentido. Así, se puede afirmar que estas últimas notas pertenecen a la *ratio* de hombre, sea que se entienda por este término la definición de *hombre* o la esencia común o absoluta del mismo (que es lo que en definitiva significa la definición).

En el caso de los accidentes ocurre algo semejante. Todos ellos requieren la presencia tanto de la forma accidental como de su sujeto propio para ser definidos. Este sujeto no es otro que la sustancia donde son recibidos. Pero puede establecerse una diferencia en estos casos, en tanto ciertos accidentes exigen la presencia de un sujeto determinado y otros no. Así, lo *romo* exige para Tomás la presencia de la nariz para ser entendido, y podría agregarse que lo *crespo* exige la del pelo. En cambio, la *concavidad* o la *circularidad* no necesitan la presencia de tal grado de determinación en cuanto a su sujeto para ser entendidas y por ello puede decirse que *nariz* o *pelo* no pertenecen a su esencia ni entran en su definición. Nuevamente, entonces, debe concluirse que estos últimos sujetos pertenecen a la *ratio* de los accidentes *romo* y *crespo* respectivamente, en cuanto se incluyen necesariamente tanto en la definición de los mismos como en su esencia común. Por el contrario, no pertenecen a las *rationes* de *concavidad* o *circularidad* porque no están incluidas en su esencia ni, por ende, en sus definiciones.

De esta manera, aquel sujeto que –desde el punto de vista de la existencia– se constituye como un individuo, encierra –desde el punto de vista metafísico– una multiplicidad de principios inteligibles que se distinguen entre sí. Esta es la diferencia que Aimé Forest (1956, pp. 39–44) plantea entre lo que llama *distinción física* y *distinción metafísica*. Mientras la primera se refiere al orden de la existencia, la segunda se enfoca en el de la esencia. De este modo, de acuerdo con la primera, cada ente es un individuo único y distinto de los demás. Pero de acuerdo con la segunda, se verifica una multiplicidad de elementos unidos en el ente que no pone en riesgo la unidad existencial porque todos ellos se comportan hacia el *esse* y entre sí como la potencia hacia el acto (*C. Th.* I cap. 9, XLII, p. 85).[13] En definitiva, las dos distinciones planteadas por el autor no son más que un modo diverso de designar lo que Tomás llama *separación real* y *separación según la mente*. Y esta constatación lleva al autor francés a posicionarse en contra de lo que llama el "empirismo aristotélico" que concibe las cosas como "bloques aislados", algo que juzga ajeno al espíritu del Angélico. Por el contrario, "la existencia concreta no designa solamente la afirmación pura de un ente, sino que también es el acto de ser de una naturaleza, a su vez esta naturaleza comporta elementos constitutivos" (Forest, 1956, p. 39).

En otras palabras, la composición interna de la esencia de los entes sensibles es la que permite que, dentro de una misma sustancia concreta existente, se distingan diversos *principios* que pueden ser considerados en el conocimiento: los principios formales que convergen para constituir la naturaleza del ente. Y los mismos, en tanto actuales, se distinguen de todos aquellos elementos materiales o potenciales que, aunque compartan la existencia, no les pertenecen *per se*. Este *distinguirse* del principio formal con respecto a lo ajeno a sí mismo puede ser rectamente denominado con el verbo *abstraer* utilizado bajo aquel sentido inmanente e intransitivo que Ludwig Schütz tradujo como *prescindir*.

Esto es lo que significa que la esencia considerada absolutamente *abstraiga* de sus modos de existencia. Lo cual supone también que la misma *abstrae* de todas aquellas propiedades que solo la acompañan en alguno de sus modos de existencia, pero que no le pertenecen específicamente. De este modo, parece posible encontrar aquí el camino para determinar en qué consiste el sentido del verbo *abstrahere* y sus términos derivados en todos aquellos textos que –como se vio en el capítulo tercero– no pueden ser interpretados ni bajo el sentido psicológico ni bajo el general. Pero también esto muestra que tal sentido de la abstracción encierra un importante rol en la determinación de los principios inteligibles del ente sensible, ya que designa justamente la separación o distinción real que existe entre ellos y los demás aspectos que no pertenecen a su *ratio*. Ahora bien, estos principios inteligibles o formales de lo compuesto –como ya se ha visto– no son otra cosa que los objetos propios del conocimiento intelectual humano.[14] Por este motivo, es lógico concluir que la abstracción *per se* constituye el fundamento del proceso resolutivo intelectual que se ha denominado abstracción psicológica.

Testimonio de la abstracción de las esencias en los textos tomasianos

Pero antes de proceder en esta última vía, es necesario confirmar si verdaderamente el Aquinate hace un uso consistente y consolidado del verbo *abstrahere* para designar la anterioridad e independencia de un principio con respecto a otro con el cual coexiste en el ente compuesto. Porque –estrictamente hablando– lo que se ha demostrado hasta aquí es, por un lado, el vínculo entre este significado y el uso del término en algunos textos de juventud del Aquinate; y, por otro, la permanencia de la doctrina en algunos textos de madurez, particularmente en *In Met.* Sin embargo, algo que parece estar ausente en estos es el uso del término *abstrahere* en alguna de sus variantes tanto verbal como sustantiva. Por lo tanto, la asociación entre a) la anterioridad e independencia de los principios formales o esenciales frente a las determinaciones materiales, con b) lo que se ha denominado *abstractio per se* es algo que, hasta el momento, se mantiene en el plano de lo conjetural. Pero todo cambiaría si pudiese mostrarse que existen textos adicionales donde tal asociación se manifiesta de un modo explícito.

Las esencias de lo compuesto y su abstracción de los supuestos

Por lo pronto, es posible traer a cuento un texto perteneciente a una obra redactada –muy probablemente– en un periodo cercano a los tres pasajes referidos a la doctrina aviceniana de la esencia absoluta que se consideraron más arriba. Se trata de la lección 2 del *Super De ebdomadibus*,[15] donde el tema a considerar es la distinción entre el acto de ser y lo que es, en el caso de las creaturas. Al considerar los argumentos que justifican esta distinción, Boecio indica que "aquello que es puede tener algo distinto de lo que lo mismo es. En cambio, el *Ipsum esse* no tiene mezcla de ninguna otra cosa distinta de sí". A su turno, Tomás de Aquino explica esto introduciendo la distinción entre la consideración abstracta y concreta de las esencias compuestas, e indica que

> acerca de cualquier cosa considerada *abstractamente*, es verdadero lo que no tiene en sí algo extraño, es decir que esté más allá de su esencia, como la humanidad, o la blancura, y cualesquiera que son dichas de este modo. La razón es que la humanidad es significada como aquello por lo cual algo es hombre, y la blancura [aquello] por lo cual algo es blanco. Pero no existe hombre alguno formalmente hablando, sino por aquello que pertenece a la *ratio* de hombre. Y similarmente no hay nada blanco formalmente, sino por aquello que pertenece a la *ratio* de blanco. Por este motivo tales cosas *abstractas* no pueden tener en sí nada extraño. (*Expositio De ebdomadibus* II, L, p. 272)

Por su parte, cuando estas cosas son significadas en concreto lo que se indica es que algo posee una esencia como una forma recibida o participada, pero que también puede poseer otras determinaciones que no pertenezcan estrictamente a esa esencia. Continuando con los mismos ejemplos:

> *hombre* es significado como aquello que tiene humanidad, y *blanco* como aquello que tiene blancura. Pero aunque el hombre tenga humanidad o blancura, no se prohíbe que tenga alguna otra cosa que no pertenezca a la razón [*rationem*] de estas, salvo aquello que es su opuesto. Y por este motivo *hombre* y *blanco* pueden tener otra cosa distinta que la humanidad o la blancura. (*Idem*)

De este modo, lo que aquí hace el Aquinate es repetir una doctrina que ya había introducido en el capítulo 2 del *De ente et essentia* (XLIII, p. 373), aunque de un modo más suscinto. Porque de lo que se está hablando aquí no es de otra cosa que de la esencia compuesta tomada en abstracto o en concreto, siendo lo abstracto aquello que no contiene en sí nada que esté más allá de su esencia (esto es, que no pertenezca específicamente a ella), y lo concreto lo que admite la presencia de algo ajeno, aunque tomado indeterminadamente. Debe recordarse que en el *De Ente et essentia* había explicado que la esencia de lo compuesto puede tomarse como parte o como todo. Tomarla como parte es tomarla *abstractivamente* en tanto hace precisión de todo aquello que no le pertenece. Pero tomarla como todo es considerarla *concretivamente* porque contiene indeterminadamente todas aquellas cosas que la acompañan en su existencia pero que no son específicas de ella. Y es esto mismo lo que está explicando aquí, lo cual se manifiesta con claridad en lo que escribe a continuación: "esta es la razón por la cual *blancura* y *humanidad* son significadas según el modo de la parte y no son predicadas acerca del concreto, como tampoco la parte del todo" (*Expositio De ebdomadibus* II, L, p. 272). Pero el fundamento de esta posibilidad de tomar o considerar *abstractiva* o *concretivamente* es que la esencia compuesta *abstrae* –por sí misma– de ciertas propiedades que la pueden acompañar según determinado modo de existencia. Y esto significa que la esencia como tal es independiente y anterior a las mismas, lo cual ya se ha demostrado que constituye el núcleo de la doctrina de la consideración absoluta de la esencia. Ahora bien, este texto agrega (o más bien explicita) dos cosas con respecto al del *De ente et essentia*. Por un lado, destaca el rol causal de la esencia considerada absolutamente como *ratio* de los entes concretos; y, por otro, introduce la posibilidad de considerar de este modo la esencia tanto de las sustancias compuestas como de los accidentes. Esto es, no solo habla de *hombre* y *humanidad* sino que considera del mismo modo *blanco* y *blancura*, con la importante salvedad que aclara que, así como *hombre* incluye humanidad, también puede incluir *blancura* destacando de este modo la particularidad de las esencias accidentales que es inherir y no subsistir.[16]

A su vez, también es posible encontrar una referencia importante en *In De divinis nominibus*.[17] Allí, en un texto del capítulo 11 –donde intenta resolver de qué modo se puede decir que Dios es *la vida per se* y, a la vez, la causa de la *vida per se*–, el Angélico explica que:

> Y porque el principio imparticipado es causa de las participaciones y de los participantes, por este motivo Dios es substantificador de las participaciones y de los participantes. Pero las mismas participaciones pueden ser consideradas de un triple modo: de un modo según sí mismas, en tanto *abstraen* de la universalidad y de la particularidad, como es signado cuando se dice: la vida *per se*; de otro modo son considerados en universal, como es dicha la vida total o universal; del tercer modo en particular, según que la vida es dicha de esta o de aquella cosa. Semejantemente también los participantes pueden ser considerados doblemente: de un modo en universal, como si se dijera el viviente universal o total; de otro modo en particular, como si dijera este o aquel viviente. (*InDeDivNom.* cap. 11, lectio 4)

Sin dudas este texto se muestra muy interesante para el caso ya que, si en el mismo se reemplaza el término *participaciones* por el término *esencias,* entonces nos encontramos ante la misma distinción de los tres modos de la esencia del *De ente et essentia*. Y tal reemplazo es completamente lícito si se tiene en cuenta que, en el texto de las *Quodlibet* VIII, q. 1, a. 1, co., es el propio Tomás el que identifica *la vida per se* participada con la esencia absoluta de *la vida*. Luego, las participaciones en particular pueden ser equiparadas a la existencia de las esencias en lo concreto, y las participaciones en universal a la existencia de las esencias en la mente.

Por su parte, Dios es *la vida per se* como "principio imparticipado", y decir esto equivale a indicar que las esencias que existen en Dios son las *Ideas* que se identifican con Él mismo. Ahora bien, los "participantes" son los entes que existen efectivamente, y tal cosa solo puede ocurrir con el individuo concreto o la concepción en la inteligencia, pero no con la *participación* o esencia en tanto *abstrae* de estos modos de existencia. Por ello es que indica unas líneas más arriba que cuando se habla de *vida per se* y otras cosas tales se hace referencia a los principios de las cosas, abstractos y absolutos:[18] principios que los platónicos consideraron –erróneamente– como formas subsistentes separadamente de lo causado (*InDeDivNom.* cap. 11, lectio 4), y a cuya refutación contribuye justamente la propia doctrina de la esencia común, como ya se indicó más arriba.

En tercer lugar, también es posible encontrar referencias a este sentido de la abstracción y su vinculación con el estatus de la esencia común en la propia *Summa Theologiae*. Así, por ejemplo, en *S. Th. I* q. 13, a. 9, co., Tomás indica que un nombre puede ser comunicado a muchos individuos de dos maneras: propiamente o por similitud. Pero se comunica con propiedad solo cuando designa aquella naturaleza en la cual convienen los individuos a los que se les aplica el nombre. Y esto ocurre en aquellos casos donde existe de hecho una multitud de entes que realizan tal naturaleza, pero también en aquellos otros donde solo existe un ente que lo hace. En palabras del Aquinate,

> toda forma que existe en un supuesto singular, por el cual es individuada, es común a muchos, o bien según la cosa o bien sólo según la razón, así como la naturaleza humana es común a muchos según la cosa y la razón, pero la naturaleza del sol no es común a muchos según la cosas sino según la razón. Pues la naturaleza del sol puede ser inteligida como existiendo en muchos. (IV, p. 158)

Ahora bien, la razón de esto es que "… el intelecto comprende la naturaleza de cualquier especie a través de la abstracción del singular, por lo que existir en un supuesto singular o en muchos está más allá del intelecto de la naturaleza de la especie…". Pero si el intelecto comprende así la naturaleza de algo es porque el existir en un supuesto singular o en muchos está más allá de la *ratio* de la misma, lo cual ocurre porque la *ratio* de cualquier naturaleza es la naturaleza en sí misma considerada que *abstrae* de toda existencia. Por eso cuando nuestro intelecto conoce a través de la abstracción, conocemos en universal lo singular y, así y todo, no es mentiroso ni falso nuestro entender. De esta forma, lo que hace aquí es aplicar los supuestos que se desprenden de la doctrina de la esencia absoluta explicada en el *De ente et essentia*, 3.

Por otra parte, algunas cuestiones más adelante, indica que es imposible demostrar que el mundo no es eterno sino que esto solo se conoce a través de la Fe. Y la razón de tal cosa es porque "el principio de la demostración es lo que algo es [o sea, la quididad]. Pero cada cosa, según la razón de su especie, *abstrae* del aquí y ahora..." (*S. Th. I* q. 46, a. 2, co., IV, p. 481).[19] De este modo, lo que se afirma es que "la razón" de la especie de cada cosa es su quididad o esencia. Y esta última "abstrae" del aquí y ahora que –como se vio más arriba– son disposiciones del individuo debidas a la materia signada, y no pertenecen estrictamente a la esencia en sí misma considerada.[20]

También, en *S. Th. I* q. 76, a. 2, ad 3 (y dentro de la explicación de la multiplicación de intelectos de acuerdo con la pluralidad de individuos humanos), introduce un texto relevante. Porque ante la tercera objeción –que niega la multiplicación de intelectos en razón de la forzosa unidad que debe caracterizar a lo que es conocido en universal– el Aquinate responde que tal unidad no viene dada ni por el sujeto que conoce (el intelecto) ni por la especie a través de la cual se conoce (la especie formada por el proceso abstractivo) sino por la forma que causa el conocimiento. Y esta forma no es otra que "la naturaleza común", la cual es "distinguida y multiplicada según los principios individuantes, que son de parte de la materia", pero de los cuales tal naturaleza es abstracta. En sus propias palabras,

> si la forma a través de la cual se hace la cognición es material, no *abstracta* de las condiciones de la materia, habrá similitud de la naturaleza a la especie o al género, según que es distinta y multiplicada a través de los principios individuantes, y así no podría conocerse la naturaleza de las cosas en su comunidad. En cambio, si la especie es *abstracta* de las condiciones materiales individuantes, habrá similitud de la naturaleza sin estas cosas que la distinguen y multiplican. Y así será conocida en universal. (V, p. 217)

Si bien una lectura posible del pasaje destacado –al menos desde el punto de vista sintáctico– puede girar en torno a interpretar que lo *abstracto* designa una forma producida por la operación del sujeto cognitivo, considero que tal explicación no sería capaz de solucionar el problema. Porque si el peligro reside en que multiplicar las potencias cognitivas significaría romper la unidad del conocimiento universal, hacer residir tal unidad en la especie –que también es individual y se multiplicaría de acuerdo con cada intelecto– no permite tampoco zanjar la cuestión.

En cambio, si se repara en la distinción que establece entre la "naturaleza común" y los "principios individuantes" el asunto cobra sentido ya que, como estos últimos son las "condiciones de la materia", se entiende que si "la forma a través de la que se hace la intelección" (esto es, la especie intelectual) es una semejanza de la naturaleza afectada por tales condiciones, entonces no puede haber universalidad en el conocimiento. Pero, en cambio, si tal especie es una semejanza de la naturaleza "sin estas cosas que la distinguen y multiplican", entonces si es posible tener un conocimiento universal que será común a todas las inteligencias. En otras palabras, la unidad del conocimiento universal se fundamenta, no tanto en la producción de una especie intelectual (que se multiplica), sino en el contenido del cual tal especie es semejanza, que no es otro que la naturaleza común. Esto es, en definitiva, aquello *abstracto* que la inteligencia concibe mediante sus especies, tal como explican A. Forest y G. Galluzzo.[21]

Dejando de lado por un momento la *Summa Theologiae*, existe un texto en las *Quaestio disputata De anima* que puede resultar también interesante. En el artículo 15 se pregunta si acaso el alma puede conocer estando separada del cuerpo, un tema que lo enfrenta con predecesores como Platón o Avicena que desestimaban en parte la importancia del rol de los sentidos en el conocimiento del hombre. Frente a ellos, el Angélico plantea la necesidad de considerar el estado ínfimo del intelecto humano con relación a Dios y las sustancias separadas. Tal estado implica que, para que pueda conocer los singulares, "es necesario que adquiera la ciencia de la verdad desde las cosas singulares", algo que exige la presencia del intelecto agente. En este sentido, aclara que

> si el alma humana que es ínfima, captara las formas *en la abstracción* y universalidad conformes con las sustancias separadas, como tiene mínima virtud al inteligir, tendría una cognición imperfectísima, como el que conoce la cosa en cierta universalidad y confusión. (*QQ. DeAn.* q. 15, co., XXIV/1, p. 136)

Y este es el punto que resulta interesante destacar, porque el mismo muestra que *abstracción* designa una propiedad que caracteriza la forma o esencia de la cosa en tanto que perfecciona la inteligencia de las sustancias separadas. Pero, según lo explicado en las *Quodlibetales* VIII q. 1, a. 1, la esencia que existe en tales inteligencias se asemeja a la esencia considerada de modo absoluto, en tanto es anterior con respecto a los entes singulares y posterior solo a la *Idea* divina. Por ende, cuando propone el caso del intelecto humano que conoce las formas en tal "*abstracción* y universalidad", se refiere a conocer las esencias directamente en un estado de anterioridad metafísica con respecto a todas sus posibles particularizaciones que se deben a su existencia concreta en la materia. A esta anterioridad o abstracción se debe que la esencia que perfecciona la inteligencia de las sustancias separadas contiene de un modo indeterminado todas las hipotéticas particularizaciones de la misma, tanto las reales como las meramente posibles. Pero, aunque esto sea así, es la debilidad ínsita del intelecto humano la que le impide poder conocer las mismas, aunque tomase contacto directo con tal esencia infundida directamente desde Dios.

En esto radica entonces la necesidad de que el conocimiento humano provenga desde las cosas sensibles, y de que sea el intelecto agente el que actualice la inteligibilidad de la esencia que existe en lo concreto, depurándola de aquellas particularidades que no son específicas de ella y que pertenecen al individuo. Si no existiera este vínculo entre el intelecto humano y lo singular, su conocimiento no sería perfecto.[22] Por lo demás, la distinción de los modos de conocimiento no implica una diferencia en lo que se conoce. En realidad *lo que* se conoce es lo mismo (la naturaleza común), y la diferencia indicada solo radica en el punto de origen de tal conocimiento (por influjo desde las *Ideas* o por resolución desde los singulares).[23] Justamente es esta comunidad con respecto a la cosa conocida la que permite establecer que las especies de la mente angélica son más perfectas que las de la humana. Y desde esta óptica se entiende el fondo del problema aquí tratado: aunque el hombre recibiera las especies como las recibe el ángel, aun así no conocería tan perfectamente debido a su pobre capacidad intelectiva. Con todo, las especies de la mente angélica y de la humana no son más que la esencia en tanto existe en una u otra inteligencia, tal como se señala en *Quodlibet* VIII q. 1, a. 1, y por ello es claro que la doctrina de la esencia común funciona aquí como un supuesto.

La abstracción de las esencias accidentales: el caso de las matemáticas

Ahora bien, como ya se indicó más arriba, los accidentes también son considerados como entes compuestos y, por ello, también puede hablarse en estos casos de una esencia que se toma en abstracto o en concreto. Así lo hace en el ya citado texto de *In de ebdomadibus* II, cuando se refiere a lo blanco y la blancura. Pero, si es posible hacer esto, es porque también en los accidentes se verifica una distinción real entre la esencia y el supuesto concreto en el cual existe. Con todo, como lo propio del accidente es inherir en un sujeto, el mismo no puede ser considerado jamás sin la sustancia, ni cuando se lo considera en concreto ni cuando se lo considera en abstracto. Así, en *De Ver.* q. 3, a. 7, ad 2, indica que

> el accidente puede tomarse doblemente. De un modo en abstracto; y así es considerado según la propia razón [*ratio*]; pues así asignamos el género y la especie en los accidentes; y de este modo el sujeto no es puesto en la definición de accidente como género, sino como diferencia, como cuando se dice: la romedad [*simitas*] es la chatura de la nariz. De otro modo pueden ser tomados en concreto; y así son tomados según que son uno a través del accidente con el sujeto; por lo que así no son asignados para estos ni los géneros ni las especies, y así es verdad que el sujeto es puesto como género en la definición del accidente. (XXII/1–2, pp. 114–115)[24]

Lo que se destaca aquí es que el accidente como tal también puede ser considerado de acuerdo con su *ratio* específica y de un modo precisivo: hacer esto es tomarlo en abstracto. Y así se excluyen de él todas las formas y características que no le pertenecen específicamente. Pero tal cosa no ocurre con el sujeto que, en el ejemplo que se brinda (la *simitas*), es la nariz.

Con todo, existen otros accidentes donde no se verifica tal relación con un sujeto determinado. Este punto ya quedó de manifiesto al destacar la diferencia entre los accidentes copulados y los simples (*InMet.* VII lectio 4, §1343, p. 332). Justamente, *simitas* constituye el ejemplo de accidente copulado, frente al cual los simples destacan por una mayor independencia de su *ratio* con respecto al sujeto. Y, para designar esta independencia, el Aquinate se vale en reiteradas ocasiones del verbo *abstraer.* Así, es posible considerar el siguiente texto del *In de anima*:

> [...]en estas cosas que son *a través de la abstracción*, esto es en las matemáticas, la *ratio* de las cuales *abstrae* de la materia sensible, se encuentra lo recto así como lo romo. Pues las matemáticas tienen materia así como también las cosas naturales, ya que lo recto es matemático pero lo romo es natural. Pues la razón de lo recto es con continuo, como la razón de lo romo es con nariz. Pero lo continuo es la materia inteligible, como lo romo la materia sensible. Por lo que es manifiesto que en lo matemático es distinta la cosa y la quididad, como lo recto y el ser recto. Por lo tanto corresponde que de un modo conozca la quididad de estas cosas y de otro las mismas cosas. (*InDeAn.* III cap. 2, XLV/1, p. 211)

Aquí es necesario analizar varias cosas. En primer lugar, es preciso destacar el contexto dentro del cual se encuentra este pasaje. Lo que se está estudiando es el acto de conocimiento del intelecto pasivo y, de un modo más particular, el objeto inteligible que lo perfecciona. Ahora bien, basándose también en lo que Aristóteles afirma en el libro VII de la *Metafísica*,[25] Tomás identifica tal objeto con el "*quod quid est*, o la quididad, o la esencia de la cosa que es significada por la definición…".[26] Pero esta esencia, si bien no es algo que subsista separadamente de las cosas concretas como propuso Platón, tampoco se identifica completamente con las mismas.[27] En efecto, todas aquellas cosas que son esencialmente compuestas de materia y forma poseen principios individuantes y accidentes que no pertenecen a la especie, y que son solo consecuencia de la individuación causada por la materia.[28]

Hasta aquí todo lo dicho se condice perfectamente con lo afirmado en las páginas anteriores. La composición de las realidades sensibles provoca la distinción real entre esencia y supuesto. A su vez, como la composición es algo esencial en tales cosas, la propia naturaleza debe contener la dualidad de principios formal y material, aunque aquí es donde se introduce una diferencia fundamental. Porque no toda forma requiere de la materia del mismo modo. En efecto,

> hay algunas formas que requieren la materia bajo determinada disposición de las cualidades sensibles; y tales son todas las formas naturales; y por esta razón, las cosas naturales se refieren a la materia sensible. En cambio hay otras formas que no exigen la materia bajo determinada disposición de las cualidades sensibles, pero requieren la materia existente bajo la cantidad: como el triángulo, el cuadrado y tales: estas son llamadas matemáticas. (*InDeAn.* III cap. 2, XLV/1, p. 210)

Claramente, la referencia a un determinado tipo de materia como requerimiento de las formas no corresponde a algo que necesitan para existir. Si así fuera, entonces el Aquinate estaría introduciendo una diferencia entre dos tipos de individuos subsistentes (los matemáticos y los naturales), cosa que se contradice con lo afirmado tan solo unas líneas más arriba. Muy por el contrario, lo que intenta es distinguir entre dos clases de objetos intelectuales o –lo que es lo mismo– entre dos clases de quididades, naturalezas o esencias. Lo común entre estas es que 1) ambas existen particularizadas e individualizadas por la materia, 2) ambas requieren de alguna materia como parte suya, 3) ambas se distinguen realmente (aunque no existencialmente) de los singulares que participan de ellas.[29] La diferencia reside entonces en qué tipo de materia debe incluirse en cada una de acuerdo con el punto 2.

Por ello, cuando dice que "la razón de lo recto es con continuo, como la razón de lo romo es con nariz", lo que está destacando es una diferencia en el sujeto o sustrato que cada forma necesita para constituir una esencia completa e inteligible por sí misma: una *ratio*. Ciertamente, los ejemplos que pone aquí son prácticamente los mismos que utiliza para diferenciar los accidentes copulados de los simples en *InMet.* VII lectio 4, §§1343–1344, y esto no es una coincidencia.

Necesitar la nariz implica requerir como sujeto la materia "bajo determinada disposición de las cualidades sensibles", y esta es la característica propia de todo ente natural, sea este accidental (como el caso ejemplificado aquí) o sustancial (como se ha visto en el caso de *hombre*). Por su parte, lo recto, lo curvo, el triángulo y el cuadrado necesitan lo continuo, y esto es "la materia existente bajo la cantidad".

Ahora bien, tal como aclara en estos textos –y en línea con lo que se explicó en capítulos anteriores– la materia "bajo determinada disposición de las cualidades sensibles" es la denominada *materia sensible*. Y lo que aquí llama "materia existente bajo la cantidad" es la *materia inteligible*. Por lo tanto, se deduce que la distinción entre los objetos intelectuales aquí establecida puede reducirse a estos términos simples: las esencias naturales poseen materia sensible y las esencias matemáticas poseen materia inteligible. Pero, como entre la materia sensible y la inteligible existe una relación de posterioridad y anterioridad, –en tanto la cantidad inhiere directamente sobre la sustancia, pero las cualidades sensibles solo a través de la cantidad– por ello es que afirma que en la matemática "se encuentra lo recto así como lo romo" (*InDeAn.* III cap. 2, XLV/1, p. 210), porque la materia sensible requerida por la esencia de lo romo es una determinación de la materia inteligible que se incluye en lo recto y en todo lo matemático. Por lo tanto, es algo posterior y dependiente.

Por el contrario, como lo matemático incluye solo materia inteligible y no materia sensible, entonces puede afirmarse que es anterior a e independiente de esta última,[30] y es esto –finalmente– lo que se manifiesta cuando dice una y otra vez, a lo largo de este capítulo 2, que lo matemático *abstrae* de la materia sensible según su *ratio.* De este modo, queda demostrado que el sentido bajo el cual se emplea el verbo *abstraer* en este caso es el que se ha denominado *per se* o absoluto. Y que lo que designa el mismo es la distinción entre una esencia y aquellas cosas que no le pertenecen específicamente. La esencia que *abstrae* aquí es la de las cosas matemáticas que se distingue de las condiciones de la materia sensible ya que no le pertenecen específicamente. Por lo demás, resulta claro que no se trata de una distinción que sea producida por la inteligencia humana, sino de una que pertenece a la esencia misma, en tanto es principio común del que participan –o podrían participar– muchos individuos. Y esto es así aunque el modo de descubrir y de expresar esta distinción o independencia implique cierta actividad de nuestro intelecto.[31]

Lo que aquí se afirma es algo que se replica en numerosos pasajes, algunos de los cuales ya fueron citados anteriormente con ocasión de la primera exposición de este *tercer sentido* de la abstracción. En un primer momento todo lo que podía afirmarse con certeza acerca de los mismos era la imposibilidad de que tales casos pudieran ser interpretados desde una óptica psicológica o existencial. Pero ahora los mismos pueden ser entendidos de un modo más pleno. Así, cuando en *SCG* III cap. 105, n. 8, Tomás indica que la figura "*abstrae* según su razón de toda materia sensible", lo que afirma es que, en tanto la esencia de la misma se encuentra libre de materia sensible, es imposible que ejerza de suyo algún tipo de causalidad eficiente sobre los cuerpos físicos (XIV, pp. 330–331). Y en *S. Th. III* q. 77, a. 2, ad 4, al refutar que la cantidad dimensiva de la Eucaristía fuese la cantidad matemática, basaba su argumento en que la primera mantiene como su sujeto una sustancia sensible, a diferencia de la segunda que es independiente de toda materia sensible en cuanto a su esencia (XII, p. 197).

A estos textos pueden sumarse otros dos pertenecientes a *In Met.*, ya que, en el libro III afirma que "las cosas matemáticas difieren de las cosas presentes, esto es de las sensibles, que existen en el universo [...] porque las cosas matemáticas *abstraen* de la materia sensible" (*InMet.* III lectio 14, §516, p. 144). Y en el libro VIII vuelve sobre la distinción de los tipos de materia al destacar que

> [...]la materia es doble: a saber, sensible e inteligible. Sensible es la que concierne a las cualidades sensibles: lo cálido y frío, lo raro y lo denso, y otras tales. Con esta materia concreta son los entes naturales. Pero las cosas matemáticas *abstraen* de éstas. En cambio, materia inteligible es llamada la que es captada sin las cualidades o diferencias sensibles, como el mismo continuo. Y de esta materia *no abstraen* las cosas matemáticas. (*InMet.* VIII lectio 5, §1760, p. 420)

Con todo, los pasajes analizados no solo permiten comprobar la referencia a este sentido bajo la forma verbal *abstraer*, sino que también revelan lo mismo en el caso de otras formas sintácticas como la substantiva. Porque si Tomás en el texto citado de las *Sententia in De Anima* considera correcto referirse a los entes matemáticos como aquellos que "son a través de la *abstracción*"[32] es justamente porque las mismas *abstraen* de la materia sensible según su *ratio.*[33] Por ello, considero que el sustantivo *abstracción* no designa aquí el acto del intelecto humano que separa las cosas matemáticas de la materia sensible, sino más bien la propiedad de tales cosas de ser independientes de la materia sensible de acuerdo con su esencia.

Existen también referencias similares en otras obras. Por ejemplo, nuevamente en *InMet.*, el Aquinate habla de "usar en abstracción" cuando indica la consideración que hace el matemático de la especie o *ratio* común a una multitud de supuestos distintos.[34] En efecto, podría concluirse que *abstracción* indica la operación realizada por el matemático para considerar esa especie. Pero si se tiene en cuenta que la comunidad de la *ratio* es causada por la independencia y anterioridad que presenta con respecto a los supuestos singulares, entonces se ve que el fundamento de tal uso es anterior a la consideración intelectual. También expresa algo similar en *S. Th. I* q. 30, a. 1, ad 4, cuando señala dos modos de hacer referencia al número:

> [...] el número es doble, a saber el número simple o absoluto, como dos, tres y cuatro; y el número que está en las cosas numeradas, como dos hombres y dos caballos. (IV, p. 336)

Lo que aquí se dice (más allá del contexto teológico de la cuestión) es que, cuando se habla del número, se puede hacer referencia o bien al modo según el cual tal número existe concretamente en las cosas, o bien al número en sí mismo. Este último modo de considerar el número es el que pertenece al matemático quien, en sus operaciones y procedimientos, deja de lado el hecho de que la duplicidad o triplicidad exista en tales entes concretos sensibles (como un árbol o una casa) para concentrarse exclusivamente en el número mismo y sus propiedades. A tal modo de considerar el número se lo denomina "tomarlo absoluta o *abstractivamente*".[35] Nuevamente, podría pensarse que aquí se está haciendo referencia al sentido psicológico de la abstracción, esto es, a la operación del intelecto. Sin embargo, lo que queda en evidencia a partir de los textos citados es la causa que posibilitaría una operación semejante. El matemático puede considerar en abstracción o *abstraer* los números de los concretos particulares en los que existen porque estos, según su propia esencia, no incluyen ningún tipo de determinación perteneciente a la materia sensible. Pero esto es lo que Tomás afirma cuando dice que la *ratio* de los entes matemáticos *abstrae* de la materia sensible: que tales cosas –en cuanto a su *ratio* o dimensión específica– son independientes de ese tipo de materia. Y así, tomar el número abstractivamente es considerar el mismo en cuanto *abstrae* de lo sensible.

Finalmente, también parece apropiado considerar que el sentido *per se* o *absoluto* de la abstracción se refleja en el uso de las formas participiales *abstractus-a-um*. Así, por ejemplo, en *De Ver.* q. 21, a. 2, ad 4, se propone precisar de qué modo puede entenderse que las cosas que considera el matemático son buenas, siendo cierto que *ens et bonum convertuntur* (XXII/3–1, p. 596). Esto ocurre solo en cuanto se tiene en cuenta la existencia que tales entes tienen en las sustancias naturales, porque "el bien no sigue la *ratio* de la especie sino según la existencia que tiene en alguna cosa" (XXII/3–1, p. 597). Pero, como ya se estableció, no es este el punto de vista desde el cual el matemático considera la línea, el punto o el número, sino que el mismo los estudia *abstractamente*,[36] esto es, solo según la *ratio* de la especie en sí misma, la cual es anterior e independiente de su existencia en lo concreto. Y para designar tal anterioridad que no corresponde a la existencia de estas especies sino solo a su consideración absoluta o en sí misma, indica que las mismas "no son abstractas según el ser, sino sólo según la razón". Así, ser "abstracto según el ser" parece designar un estado de separación real y existencial, algo que no ocurre entre la línea matemática y algún objeto sensible recto. Pero ser abstracto "sólo según la razón" implica no tanto que sea la inteligencia la que produce la distinción, sino que esta última tiene como causa la *ratio* específica de la esencia de estos entes la cual es independiente de lo sensible. En otras palabras, es la esencia misma de lo matemático la que *abstrae* de la existencia en lo concreto y, por tanto, de aquellas cosas que determinan la razón del bien.

Esta distinción entre lo *abstracto según la razón* y lo *abstracto según el ser* es algo que se repite en otros textos posteriores como en *S. Th. I* q. 44, a. 1, ad 3, donde repite que "las cosas matemáticas son consideradas como *abstractas* según la razón, aunque no sean *abstractas* según el ser" (IV, p. 456). Y aunque aquí no aclare explícitamente de qué son abstractas las matemáticas, el contexto del artículo permite determinar que se trata de aquellas condiciones que las determinan como causadas por otro. Esto es, "todo lo que es de algún modo, es a causa de Dios" (IV, p. 455). Sin embargo, la consideración de esta causalidad no cae en el ámbito de estudio del matemático, y esto es así porque el ser causado no es algo que pertenezca de suyo a la esencia de las líneas o los puntos sino más bien a su modo de existencia.[37] De este modo, hablar de lo *abstracto según el ser* indica el estado de separación existencial entre dos cosas, mientras que *abstracto según la razón* señalaría la independencia o separación que no se da en el plano de la existencia sino en el de la composición metafísica.

De igual modo, lo mismo puede decirse de aquellos pasajes donde se afirma que los principios de las cosas naturales "no *son abstractos* de las cosas sensibles" a diferencia de los matemáticos, como en *InEthic.* VI lectio 7, XLVII/2, p. 358. Allí el participio no está designando el producto de una actividad transitiva realizada por el intelecto sino la propiedad intrínseca de una determinada naturaleza de prescindir o no de tal tipo de materia. Así, lo que se indica es que la naturaleza de las cosas matemáticas y de las cosas físicas –o naturales– es diversa en su relación con la materia sensible. Y por este motivo, se concluye en el mismo texto que ambas deben ser conocidas según modos diferentes: las físicas necesitando del tiempo y la experiencia a diferencia de las matemáticas. Pero, en todo caso, es el modo de conocimiento el que sigue al tipo de naturaleza. Por su parte, la naturaleza de los entes físicos –como toda naturaleza– prescinde, en cuanto a su *ratio*, de las determinaciones particulares que existen en los individuos y que son causa de su multiplicación.[38] Esto es que la naturaleza *abstraiga* de su existencia en este o aquel individuo, y por ello tal naturaleza, considerada estrictamente en lo tocante a su *ratio*, también puede ser llamada *abstracta*.[39]

Recapitulación sobre los textos analizados: el subiectum *y sus* rationes

Los diversos pasajes examinados en el apartado anterior permiten observar con total claridad el uso de las formas *abstrahere, abstractio* y *abstractum-a-um* bajo un sentido que se caracteriza por designar una propiedad de las esencias de los entes compuestos, tanto sustanciales como accidentales. Lo que señalan es la distinción entre lo que pertenece a cada esencia específicamente (o de acuerdo con su consideración absoluta) y aquellas notas que no le son propias. De este modo, la causa de tal abstracción es la condición de composición de cada uno de estos entes que provoca la distinción entre la esencia y el supuesto, y entre las cosas que pertenecen a una y a otro.

Así, todo estudio sobre la realidad sensible o compuesta debe reconocer de antemano la presencia de dos planos posibles de análisis. El primero es el plano *existencial*, dentro del cual solo es posible hallar sustancias existentes indivisibles e incomunicables, las cuales poseen ciertas particularidades que se identifican completamente consigo mismas y que las distinguen de las demás. Así, desde este punto de vista, *los cabellos blancos de Sócrates* no son algo distinto del mismo Sócrates.

El segundo es el plano *esencial* en el cual se vislumbra la composición intrínseca a cada uno de estos entes. Allí se descubren diversos *principios* de la cosa que se ordenan mutuamente como el acto y la potencia y –por ende– no constituyen más que un solo supuesto existente. Con todo, los mismos poseen cada uno un contenido noético diverso que, si bien no es condición suficiente para existir por separado, sí lo es para ser conocido como tal. Estos principios son las *formas* o *esencias* de las cosas, que pueden ser sustanciales o accidentales, y que constituyen el objeto del intelecto y el contenido de las definiciones. A su vez, como constituyentes de los supuestos, las esencias son causa formal de las determinaciones que estos poseen y, en tal sentido, son *rationes* de los mismos. Por ello, cuando se dice que estas esencias o *rationes* abstraen de algo, lo que se indica es –simplemente– la anterioridad e independencia que las mismas presentan con respecto a aquellas cosas que no pertenecen a su contenido inteligible, que no las integran en cuanto *noemas*.

Por otro lado, las *rationes* de las que se habla aquí no son otra cosa que aquellas naturalezas que Platón consideró como los objetos de nuestro conocimiento pero atribuyéndoles subsistencia separada de lo material. Frente a ello, ya se vio como Tomás –siguiendo a Aristóteles– reconoce y defiende no solo la innecesariedad sino, sobre todo, la imposibilidad de que el principio esencial de algo subsista por separado. Porque de ser las cosas tal como las proponía el filósofo ateniense, no podría explicarse ni la existencia, ni el modo de ser de los entes que conforman el mundo material. Pero nada le objeta a Platón en cuanto a que tales *rationes* sean algo anterior y externo a nuestra intelección, y de algún modo diferente de y también anterior a los individuos de los cuales es principio. Incluso en *In Met.* VIII se muestra de acuerdo con Platón en dos puntos muy importantes: a) en que las formas son algo distinto de las partes materiales en tanto no dependen de ellas, y b) en que por sí mismas ni se generan ni se corrompen sino que son necesarias.[40]

Por este motivo, el Aquinate limita la diferencia entre la opinión de Aristóteles y de Platón solo a la consideración del modo de existencia extramental de los objetos conocidos.[41] Y así, como dos son los géneros de ideas separadas que postuló Platón, Tomás no encuentra inconvenientes en aceptar esta misma distinción pero aclarando que los mismos existen efectivamente solo en los singulares:

> Pues no es necesario que aquellas cosas que el intelecto conoce separadamente, tengan una existencia separada en la realidad. Por lo que ni corresponde afirmar que los universales como subsistentes separados más allá de los singulares, ni tampoco las cosas matemáticas más allá de las sensibles. Porque las cosas universales son las esencias de los mismos particulares y las cosas matemáticas son ciertas determinaciones de los cuerpos sensibles. (*DeSeparat.* cap. 2, XL/d, pp. 43–44)[42]

Pero, si bien estos últimos son las quididades de las cosas que existen necesariamente en ellas, es la propia composición de los entes materiales la que determina que, *lo que* una cosa es, sea algo distinto de la propia cosa (*InDeAn.* III cap. 2, XLV/1, p. 209). Y como un individuo material encierra en sí distintos tipos de esencias (sustanciales y accidentales) es correcto concluir que, en un único sujeto, coexisten diversos objetos de conocimiento o *rationes* capaces de perfeccionar la inteligencia. Todos ellos, en tanto esencias, *abstraen* de aquellas determinaciones que no le corresponden específicamente, cada una de acuerdo con lo que reclama su *ratio* propia. Las esencias sustanciales *abstraen* de todas aquellas particularidades que se deben como tales al individuo, pero *no abstraen* de ciertas condiciones materiales que le son específicas. Las primeras son aquellas que han sido indicadas conjuntamente bajo el nombre de *materia signada* y constituyen el principio de individuación del cual toda esencia compuesta abstrae. Las mismas también reciben el nombre de "partes del individuo" en algunos pasajes importantes como

In Met. VII,[43] y *S. Th. I* q. 85, a. 1,[44] lo cual es perfectamente conveniente con lo afirmado ya desde el *De ente et essentia*, cap. 2: si *Sócrates* pudiera ser definido, las partes de la materia signada deberían ser incluidas en su definición (*DeEnte* cap. 2, XLIII, p. 371). Por su parte, aquellas características de las cuales estas esencias *no abstraen* y, por ende, no pueden ser excluidas de su definición, son señaladas con el nombre de *materia sensible no signada o común*.

Por el lado de las esencias accidentales, ninguna es capaz de abstraer de aquel sujeto de inherencia que necesitan para ser entendidas y definidas, en tanto todo lo que es definido debe constituir algo uno. Pero, como hay algunas formas accidentales que no requieren de la materia sensible para su intelección, entonces se deduce que las mismas *abstraen* de cualquier sujeto sometido a las determinaciones sensibles. Pero *no abstraen* de la sustancia sin más en tanto inhieren en ella. Estas formas accidentales son las que corresponden al orden de la cantidad, las cuales advienen sobre la sustancia con anterioridad respecto de los demás accidentes. Por su parte, otros accidentes requieren, además, que el sujeto en el cual inhieren y sin el cual no pueden ser entendidos posea ciertas propiedades determinadas, y tales son los accidentes pertenecientes al orden de la cualidad y las restantes categorías. Así, mientras de los primeros se puede decir que *abstraen* de la materia sensible –tanto signada como común– de los segundos no puede decirse que abstraigan de la materia sensible común, pero sí de la materia sensible signada: para definir *romo* no es necesario considerar *esta nariz* pero sí *nariz*. Por lo demás, ninguna forma accidental puede considerarse sin la sustancia como sujeto del mismo, la cual –considerada de este modo– recibe el nombre de materia inteligible.

Pero todo lo afirmado hasta aquí no hace más que recordar lo que ya se dijo en el capítulo 3 del presente trabajo al hablar del llamado *sentido psicológico de la abstracción*. En efecto, allí se indicó que cuando Tomás hace uso del término en este sentido debe entenderse que se refiere a una operación del intelecto agente consistente en una resolución, análisis o reducción de la cosa concreta en sus principios esenciales. Además, se mostró de qué modo tal resolución recibe dos nombres distintos en tanto la relación que existe entre lo considerado y lo dejado de lado es diferente en cada caso: de la forma con respecto a la materia (*abstractio formae a materia*) y del universal con respecto a lo particular (*abstractio universalis a particulari* o *abstractio totius*).

Ahora puede entenderse que lo que aquí se ha denominado *abstracción per se* o *absoluta* no es otra cosa que el fundamento ontológico que posibilita tales operaciones resolutivas realizadas por el intelecto. Así, cuando Tomás afirma en el *De substantiis separatis* que el intelecto abstrae de un doble modo[45] –esto es como "aprehende los números matemáticos y las magnitudes y las figuras matemáticas sin la intelección de la materia sensible" y como procede "conociendo algo universal sin la consideración de algo particular"– lo que estaría indicando es justamente la capacidad del intelecto agente de actualizar la inteligibilidad de las propias esencias que existen concretizadas en el individuo pero que, desde el punto de vista de la composición metafísica, son distintas de y anteriores a aquello que es dejado de lado por el conocimiento.

En otras palabras, si nuestro intelecto puede abstraer *hombre* de *Sócrates* es porque *hombre* y *Sócrates* presentan entre sí una distinción de tipo real que se caracteriza por la prioridad del primero con respecto al segundo: de la esencia con respecto al principio de individualidad. *Hombre* es el principio esencial de *Sócrates* y, por ello, su principio de inteligibilidad y la causa de su modo de ser. De esta forma, *hombre* puede ser conocido sin *Sócrates* pero no al revés, y esto es justamente lo que significa que el intelecto conozca lo universal sin lo particular. Se trata, en definitiva, de conocer la *forma del todo* (compuesta de forma sustancial y materia sensible) sin las partes del individuo (materia signada). Por ello, aunque lo que se verifique sea un conocimiento por desmaterialización, como la relación entre la esencia y la hipóstasis no es la de una forma recibida en una materia sino la del todo universal frente a una de sus posibles determinaciones particulares, es correcto denominarla *abstracción del universal* o *del todo* (*totius*) con respecto al particular.[46]

Por otro lado, "el binario o la terna, o la línea y la superficie, o el triángulo y el cuadrado" son esencias accidentales pertenecientes al orden de la cantidad y, como tales, las mismas son metafísicamente anteriores a las esencias de las demás categorías accidentales. Por este motivo, constituyen un principio de inteligibilidad en el cual no está incluido "algo que pertenezca a lo cálido o frío, o algo de tal modo que puede ser percibido por el sentido". Y es por ello que la inteligencia puede conocer las primeras separadamente de las segundas (y no al revés) mediante la operación que denomina *abstractio formae a materia*.

Finalmente –y aunque no se lo detalle en este texto– resulta lógico deducir que los accidentes como *blanco* o *romo* también pueden ser abstraídos de la materia signada pero no de la materia sensible, lo cual los asemeja a las esencias sustanciales como *hombre* o *perro*. Sin embargo, la diferencia con estas últimas reside en la citada relación de dependencia que las mismas presentan frente al sujeto en el que inhieren. Mientras el *todo* que conforma la esencia sustancial es constituido por la unión entre dos coprincipios que se necesitan mutuamente para existir, el *todo* de los accidentes sensibles consiste en la unión entre una forma accidental y un sujeto cuya existencia es independiente de la primera. Sin embargo, como lo que se sigue destacando aquí es la relación entre una esencia compuesta y sus modos particulares de concreción en el mundo, entonces el considerar la primera sin la segunda se seguiría tomando como la abstracción de un todo dejando de lado la materia signada (*abstractio universalis a particulari*).

Volviendo al asunto central, esta prioridad fundamentativa del sentido *per se* de la abstracción sobre el sentido psicológico que se ha afirmado siguiendo el texto del *De substantiis separatis* es algo que puede ser corroborado si se vuelve la mirada sobre otros pasajes similares. De todos ellos, resulta interesante detenerse por un momento en el siguiente, el cual pertenece al *In Physic.* Allí, al explayarse sobre la distinción entre la ciencia del filósofo natural y la del matemático afirma:

> [...]como el matemático considera las líneas y los puntos y las superficies y tales, y sus accidentes no en cuanto son términos del cuerpo natural, por este motivo dice *abstraer* de la materia sensible y natural. Y la causa porque puede *abstraer* es ésta: porque según el intelecto *son abstractas* del movimiento. (*InPhysic.* II cap. 2, lectio 3, n. 5, II, p. 62)

Más arriba se indicó que este pasaje encierra, necesariamente, dos sentidos del verbo *abstraer*. En los dos primeros casos, *abstraer* significa la operación resolutiva aplicada por el matemático para conocer los objetos de su ciencia. Pero el último caso no puede ser considerado del mismo modo porque lo que se indica mediante él es la causa por la cual el matemático puede realizar la operación. Por ello se concluyó allí que, en tal caso, lo que se designa es una propiedad de "las líneas y los puntos y las superficies y tales". Luego del análisis realizado en las páginas anteriores, considero lógico concluir que la propiedad de la que se habla aquí es la de la independencia y anterioridad que poseen las formas accidentales de la cantidad con respecto a las determinaciones de la materia sensible desde el punto de vista de la composición metafísica. Esto quiere decir que tales formas se constituyen como *noemas* completos sin necesidad de incluir nada que pertenezca al orden de lo sensible. Aquí reside el motivo por el cual el intelecto del matemático puede considerarlas sin referencia "a los términos del cuerpo natural": porque son objetos completos de cognición, aunque existan solo en lo sensible. Las líneas que siguen al texto citado confirman esta afirmación:

> Para evidenciar su causa debe considerarse que muchas cosas son unidas según la realidad, de las cuales una no pertenece al intelecto de la otra: como lo blanco y el músico son unidos en algún sujeto, y sin embargo uno no pertenece al intelecto del otro. Por este motivo puede lo uno ser conocido separadamente sin lo otro. Y esto es que lo uno conocido *sea abstracto* de lo otro.

Que una cosa sea abstracta de otra implica que la primera puede ser conocida separadamente de la segunda. Pero el motivo por el cual esto *puede* ocurrir es que, aunque ambas cosas coexistan en la realidad, la segunda no está incluida en el *intelecto* de la primera, esto es, en su definición. Ahora bien, si esto es así, es porque –de acuerdo con lo visto anteriormente– no pertenece a su esencia o *ratio* propiamente. Por consiguiente, cuando se dice aquí que la línea *es abstracta* de lo singular, el participio no hace referencia al hecho de que lo matemático haya sido abstraído por la inteligencia sino a la propiedad de estas esencias de distinguirse de aquello que es metafísicamente posterior a ellas. Y esta es la causa por la cual la especie que el matemático capta con la inteligencia puede ser abstraída por él de lo sensible, y existir en su mente sin referencia a ello. Porque

> … es manifiesto que las cosas posteriores no pertenecen al intelecto de las primeras, sino al revés: por lo que las primeras pueden ser conocidas sin las posteriores y no al revés. Como es patente que animal es anterior que hombre, y hombre anterior que este hombre (pues hombre se encuentra a causa de la adición a animal, y este hombre a causa de la adición a hombre). Por esto el hombre no pertenece al intelecto de animal, ni Sócrates al intelecto de hombre: por lo que animal puede ser conocido sin hombre, y hombre sin Sócrates y sin los otros individuos. Esto es *abstraer* lo universal de lo particular.

Por ende, lo que permite la consideración abstractiva del intelecto es la anterioridad *noética* de las propias naturalezas con respecto a lo que no es más que una determinación posterior de las mismas. Y, según lo que se indica en el último pasaje, tal cosa ocurre no solo con los entes matemáticos sino también con la esencia de un ente físico –como es *hombre* con respecto al individuo– y con el género frente a la especie –tal como se ejemplifica en el caso de *animal* con respecto a *hombre.* Finalmente, la consideración de estos principios separada de aquello que les es posterior la denomina "abstraer lo universal de lo particular", es decir, *abstractio universalis a particulari.*[47]

A renglón seguido, el Angélico aclara que la relación entre lo anterior y lo posterior desde el punto de vista metafísico o noético es también la que explica la posibilidad de la consideración separada de lo matemático. Así, el ya citado orden según el cual los accidentes advienen sobre la sustancia es el que determina que las formas de la cantidad sean inteligibles sin las formas de la cualidad o de los demás accidentes, pero no sin la substancia. Y esto es que tales cantidades "y las cosas que les acaecen" sean "abstractas del movimiento y de la materia sensible pero no de la materia inteligible" (*In Physic.* II cap. 2, lectio 3, n. 5, II, p. 62), de acuerdo con lo afirmado en el libro VII de la *Metafísica.* Finalmente, el Aquinate insiste nuevamente en lo indicado al comienzo: si el matemático puede abstraer sus objetos de la materia sensible es solo porque en la intelección de los primeros no cae la segunda, y esto es una propiedad de las cosas.[48]

De este modo, el largo pasaje que ha sido comentado en las páginas precedentes permite corroborar no solo la presencia del llamado sentido *per se* o *absoluto* de la abstracción, sino también su significado y su importancia capital dentro de la *mens* del Aquinate. Mientras que el significado corresponde claramente a la anterioridad de las esencias –sustanciales o accidentales– con respecto a todo aquello que no pertenece a ellas específicamente ni es necesario para su definición, la importancia reside en que es esta abstracción absoluta la que se configura como la causa fundamental de la ciencia y de las operaciones que el científico realiza en su quehacer.

Conclusión

Por todo lo visto en los últimos dos capítulos, resulta necesario concluir que, si lo que la abstracción en sentido absoluto designa es la distinción y anterioridad causal de la esencia con respecto a aquellas cosas que no le pertenecen, por lo mismo indica la distinción entre las *rationes* o aspectos inteligibles de las cosas, tanto entre sí como con respecto a los sujetos concretos materiales en los cuales existen. De este modo, es ella la que manifiesta una situación peculiar de los individuos sensibles que, aun guardando unidad absoluta según la existencia, pueden ser estudiados desde puntos de vista diversos en tanto cada una de las *rationes* que contienen (o, mejor dicho, que los perfeccionan) constituye un objeto intelectual diverso. Esta conclusión cobra una enorme relevancia si se cae en la cuenta de que la opinión común en la tradición tomista –aun considerando diversos matices– es que tales distinciones entre el sujeto y los aspectos formales que funcionan como objetos de conocimiento son causadas por la propia operación del intelecto.[49] Tal cosa es lo que proponía el propio Cardenal Cayetano al hablar de la abstracción considerativa del intelecto pasivo, y que subdividía en *abstractio totalis* y *abstractio formalis*.[50]

Pero, más allá de esta distinción, el punto central que debe ser considerado es que la propuesta cayetaniana se conserva, en lo fundamental, en prácticamente la totalidad de los autores pertenecientes a la tradición tomista. Y aquí poco importa si la operación intelectual involucrada es la primera o la segunda, o si constituye tres grados de abstracción o solo dos y una instancia separativa. El asunto de fondo es que la causa primordial de la distinción de *rationes* u objetos para todos ellos la constituye la actividad de la inteligencia. Sin embargo, los propios textos del Aquinate parecen refutar esta pretensión en tanto: a) no es posible encontrar fundamento textual para hablar de una abstracción del intelecto pasivo, y b) la causa de la distinción de los objetos no es otra que la propia anterioridad que los mismos poseen en cuanto esencias, principios o *rationes* de las cosas. Por lo demás, la necesidad del proceso abstractivo –realizado por el intelecto agente y que culmina en la formación de la especie inteligible– viene exigida por dos hechos: 1) que el objeto propio de la cognición humana (al menos en este estado) lo constituyen las quididades existentes en los entes sensibles que requieren ser actualizadas para informar correctamente el intelecto pasivo y 2) que –por causa de su debilidad– la inteligencia humana requiere partir de lo sensible para vincular su conocimiento con los singulares.[51]

En otras palabras, la distinción de los objetos del conocimiento –sea sensible, sea inteligible– no es producida por la potencia cognoscitiva sino que los primeros, en tanto principios formales, son la causa formal de las propias especies intelectuales así como de los individuos existentes. Esto es lo que implica que la esencia considerada absolutamente sea *ratio* de la esencia que existe en el alma humana.[52] Que nosotros solo podamos darnos cuenta de su distinción a partir de nuestro proceso cognitivo-abstractivo no implica que el mismo sea causa de su distinción. De la misma manera, que solo nos demos cuenta de la distinción entre la manzana verde y la roja cuando la vemos o la probamos no quiere decir que la distinción entre ambas sea causada por nuestra vista o nuestro gusto. Por el contrario, la distinción entre objetos cognitivos es antes una distinción entre los principios formales de la cosa. Distinción que, aunque se exprese en la inteligencia, está fundada en algo anterior a la mente. De otro modo, no podría explicarse la comunidad entre los múltiples individuos que pertenecen a una misma especie: si la distinción fuera solo mental entonces la comunidad sería solo arbitraria.

En esta misma línea, también debe concluirse que –si la distinción entre las *rationes* o *aspectos formales* de cada cosa es una propiedad de ellos anterior al conocimiento del intelecto– entonces la propia distinción entre las ciencias especulativas también encuentra, como su causa fundamental, la separación de las propias esencias (lo formal) con respecto a aquellos aspectos que le son ajenos (lo material). Porque si las ciencias, como hábitos, se distinguen entre sí en razón de su fin u objeto, entonces la causa de la distinción de los segundos será también la causa de distinción de las primeras. De esta manera, no serían las diversas operaciones considerativas del intelecto las responsables primeras de constituir la especificidad propia de cada ciencia y su respectivo objeto,[53] sino que el peso fundamentativo recaería sobre la cosa. Pero para confirmar plenamente la autenticidad y coherencia de lo afirmado en este párrafo con respecto a las intenciones del Angélico será necesario un estudio más pormenorizado.

En síntesis, y para cerrar el presente capítulo, es necesario manifestar que aquel sentido del verbo *abstrahere* que en un primer momento se mostró como irreductible ante el *psicológico* o el *general*, muestra ahora su relevancia capital como fundamento del primero y como emparentado con las formas no transitivas del segundo. Es fundamento del psicológico en tanto la operación intelectual abstractiva es posible a causa de la previa distinción de *rationes* en la cosa. Y está emparentado con tales casos propios del general en tanto ambos tipos designan una separación como propiedad de la cosa. La diferencia está dada porque la separación que se designa según el sentido general es una separación en el orden de la existencia e implica una relación entre cosa y cosa (ideas platónicas, sustancias espirituales). En cambio, la separación según el sentido *per se* o *absoluto* se da en el plano de la constitución esencial y la relación que supone no es entre *entes* o *cosas* sino entre principios de una misma substancia.

Notas

1. El mundo de las sustancias simples, donde existe composición pero no a nivel *intra-esencial*, plantea dificultades en cuanto a su comprensión que no pueden ser resueltas en el ámbito de este trabajo. Por ello, aunque puede lícitamente pensarse que este uso de *abstrahere* también se verifique en tales casos (en tanto su esencia no contiene existencia y el individuo puede poseer accidentes que no correspondan de suyo a su esencia), en lo que resta del trabajo me limitaré a desarrollar el modo en que se aplica con relación a las sustancias materiales.
2. De hecho, este es el argumento principal por el cual el Aquinate consideró necesario incluir la materia sensible en la esencia de las sustancias compuestas.
3. Sobre las repercusiones que tuvo esta distinción entre los maestros contemporáneos a Tomás de Aquino, cfr. Klima, 2007 y Maurer, 1990 acerca de las opiniones contrarias de Juan Buridan y Teodorico de Freiberg.
4. Aunque la aceptación de una necesaria distinción entre ser y esencia en las creaturas es unánime (Elders, 1993, p. 174), es posible verificar una polémica contemporánea acerca de si la misma es real o solo basta con una distinción de razón para explicar la contingencia. La primera postura es afirmada, entre otros, por Degl'Innocenti, 1957, y Bobik & Thomas, 1965, pp. 167–170. La segunda alternativa parece ser defendida por autores como Maurer (1983, pp. xxii y xxiii) y Kenny (2002, pp. 33–37). Con todo, las posturas de estos últimos parecen basarse en un prejuicio común: suponer que hablar de distinción real implica que ambas cosas distinguidas existan o puedan existir por separado.

5. Cfr. Gelonch, 1998, p. 165: "[la esencia de lo compuesto] por lo mismo que es plenamente real, es que no puede subsistir separada ya que por su misma índole de ser forma de lo sensible, depende de los demás principios, en virtud de cuya unión se dará el ser en acto de la tal sustancia".
6. Tomás agrega a continuación algo de gran importancia para la presente tesis: aunque el círculo desde el punto de vista existencial solo fuese encontrado por nosotros unido al bronce, sin embargo, la mera posibilidad de pensar que el mismo pudiese existir fuera del bronce basta para comprender que, según su esencia, el círculo es algo distinto del bronce y –por ende– independiente y anterior a todos los círculos particulares de bronce.
7. Es decir, tal separación mental no es asimilable a una distinción racional (semejante a la que existe entre los *communia* o trascendentales) precisamente porque en el caso de esta última la existencia separada de lo que se distingue resulta no solo imposible sino también impensable en tanto no hay distinción en la cosa (*DeVer.*q. 1, a. 1, ad 3).
8. Esto mismo es afirmado por Galuzzo: "...la existencia actual de la esencia en el intelecto revela propiedades ontológicas de la esencia misma que están ocultas por las condiciones en las cuales la misma existe en el mundo extramental" (2004, p. 163). Esto quiere decir que la inteligencia no inventa nada al concebir la esencia separada de aquellas características que no le pertenecen específicamente, sino que revela la constitución específica de la misma al formar un concepto que sintetiza cómo sería tal esencia si pudiese existir más allá de los singulares extramentales que la realizan.
9. Y así se encontraría relacionado más bien con el cuarto de los modos en que se puede tomar la *ratio*, según el comentario al *De divinis nominibus*: esto es, como "algo simple abstraído desde muchos" (Cfr. *InDeDivNom.* cap. 7, lectio 5).
10. Cfr. *InMet.* VIII lectio 1, §1710: "Et huuis ratio est, quia quod quid erat esse est id quod significant definitio. Definitio autem significat naturam speciei" (p. 410).
11. La traducción del término *simitas* al castellano representa un desafío en tanto, en latín, designa un formato que es específico de la nariz y que excluye la existencia en otro sujeto. Por su parte, el término castellano *romo*, si bien posee secundariamente el mismo significado, también es utilizado para designar cualquier objeto que sea "obtuso y sin punta" (Cfr. RAE). Con todo, no existiendo una alternativa mejor, considero correcta la utilización de este término.
12. Cfr. por ejemplo, *SBDT* q. 5, a. 3, co.: "Set accidentia superueniunt substantiae quodam ordine: nam primo aduenit ei quantitas, deinde qualitas, deinde passiones et motus" (L, p. 148). También *S. Th. III* q. 77, a. 2, co. (XII, p. 196).
13. Cfr. también *S. Th. I* q. 11, a. 1, co.: "[...]compositum, non habet esse quandiu partes eius sunt divisae, sed postquam constituunt et componunt ipsum compositum. Unde manifestum est quod esse cuiuslibet rei consistit in indivisione" (IV, p. 107); también *InMet.* VII lectio 16, §1632, p. 390; Forest, 1956, p. 44 y Elders, 1993, p. 87.
14. Cfr. *DeEnte* cap. 1: "secundum scilicet quod natura dicitur omne illud quod intellectu quoquo modo capi potest" (XLIII, p. 370). Sobre las quididades de lo concreto como

objetos propios del intelecto humano, cfr. *S. Th. I* q. 79, a. 3, ad 3, V, pp. 264–265; *S. Th. I* q. 85, a. 8, co. (V, p. 328).

15. J. P. Torrell explica que esta obra se redactó posteriormente al *Super De Trinitate* pero aclara que no se puede determinar con precisión su fecha (cfr. Torrell, 2002, p. 369).
16. Ver también *InMet.* VII lectio 1, §1254, p. 317; *DeEnte* cap. 6 (XLIII, p. 380).
17. Obra difícil de catalogar en cuanto al año de su elaboración, pero que se puede datar aproximadamente entre el año 1261 y el 1265 (cfr. Torrell, 2002, p. 369).
18. *InDeDivNom.* cap. 11, lectio 4: "[…] per se vita significat principia viventium".
19. Ver también *DeVer.* q. 2, a. 7, co.: "Philosophum omnis demonstrationis per quam accidentia propria de subiecto concluduntur principium est quod quid est; unde et cognita propria essentia alicuius singularis cognoscerentur omnia accidentia singularis illius" (XXII/1–2, p. 68).
20. En otros lugares dirá que el principio de la demostración es la definición de las cosas, como por ejemplo en *In Physic.* I cap. 1, lectio. 1, n. 1, II, p. 4. Y esto no cambia en nada lo que aquí se afirma ya que por *definición* debe entenderse o bien aquello que significa la esencia, o bien la esencia misma (cfr. *SuperSent. I* d. 35, q. 1, a. 1, ad 2: "Secundum Avicennam duplicitur deffinitio potest considerari, vel secundum id quod significatur per deffinitionem, vel secundum intentionem deffinitionis").
21. Cfr. Forest, 1956, pp. 80–81: "…puede decirse que lo abstracto está en lo concreto porque la forma está en la materia […] pero sería más justo decir que el concreto está en lo abstracto, en el sentido de que lo determina, lo lleva al acabamiento y lo vuelve susceptible de existir como una realidad de experiencia"; y Galluzzo, 2004, p. 162: "La propia existencia de la esencia en el intelecto parece entonces *revelar* las características ontológicas de la esencia presentes en los individuos que, de otra manera, sólo podrían ser captadas recurriendo a situaciones contrafácticas". Tomás explica esto mismo en el capítulo 5 del *De unitate intellectus contra averroistas*, texto que será analizado más adelante.
22. Cfr. *QQ. DeAn.* q. 15, co.: "Et ideo ad hoc quod eius cognitio perficiatur, et distinguatur per singula, oportet quod a singulis rebus scientiam colligat veritatis; lumine tamen intellectus agentis ad hoc necessario existente…" (XXIV/1, p. 136).
23. Algo similar explica en *SuperSent. IV* d. 50, q. 1, a. 2, ad 2, cuando indica que el acto de conocer –como cualquier otra acción– no se diferencia específicamente por el punto de partida sino por el término del mismo que es lo que se conoce: "actus non specificantur a termino a quo, sed magis a termino ad quem […] Unde et intelligere non diversificatur specie per hoc quod intelligitur abstrahendo a phantasmatibus vel non abstrahendo, dummodo sit unius modi quod intelligitur et quo intelligitur…".
24. También es posible encontrar esta distinción entre los modos de definir el accidente en *DeEnte* cap. 5; *InPost.* I, lectio 10, n. 4; *S. Th. I-II* q. 53, a. 2, ad 3; *InDeSensu* tract. 1, cap. 5; entre otros.
25. Cfr. *InMet.* VII, lectio 9, §§1460–1470, pp. 357–359; y también VIII, lectio 1, §1710.

26. *InDeAn.* III cap. 2: "Ad cuius euidenciam sciendum est quod Philosophus in VII Methaphisice inquirit utrum quod quid est, id est quiditas uel essencia rei quam significat diffinitio, sit idem quod res" (XLV/1, p. 209).
27. Cfr. *Idem*: "…quidditas hominis non continet in se nisi quod pertinet ad speciem hominis; sed hoc quod dico homo albus habet aliquid in se praeter illud quod est de specie humana" (XLV/1, p. 209).
28. Cfr. *Idem*: "…natura speciei individuatur per materiam: unde principia individuantia et accidentia individui sunt praeter essentiam specie" (XLV/1, p. 209).
29. Cfr. *InDeAn.* III cap. 2: "Sic igitur patet quod, sicut naturalia habent formam in materia, ita et mathematica, et propter hoc tam in naturalibus quam in mathematicis differt res et quod quid est" (XLV/1, p. 210).
30. Cfr. *InDeAn.* III cap. 2: "…remoto autem posteriori, remanet prius; unde, remotis qualitatibus sensibilibus secundum intellectum, adhuc remanet quantitas continua in intellectu" (XLV/1, p. 210).
31. Esto es lo que, a mí modo de ver, debe entenderse cuando dice: "mathematica […] abstrahunt a materia sensibili, sed non a materia intelligibili, inquantum in intellectu remanet continua quantitas, abstracta a sensibili qualitate" (*InDeAn.* III cap. 2, XLV/1, p. 210).
32. Una denominación que se remonta, por lo menos, a los escritos de Platón y Aristóteles.
33. Cfr. el texto ya citado de las *InDeAn.* III, cap. 2: "Deinde cum dicit iterum autem quod supra dixerat in naturalibus, exponit in mathematicis: dicens, quod iterum in his quae sunt *per abstractionem*, idest in mathematicis, quorum *ratio abstrahit* a materia sensibili, rectum se habet, sicut simum" (XLV/1, p. 211).
34. Cfr. *InMet.* X lectio 4, §2005: "Tertio modo dicitur idem quando "ratio primae substantiae", idest suppositi est una, licet suppositum non sit unum" (p. 476).
35. *S. Th. I* q. 30, a. 1, ad 4: "Si igitur in divinis accipiatur numerus absolute sive *abstracte…*" (IV, p. 336). El énfasis me pertenece.
36. Cfr. *DeVer.* q. 21, a. 2, ad 4: "…sed a mathematico non considerantur secundum suum esse, sed solum secundum rationem speciei; considerat enim ea abstracte […] ratio boni non competit lineae vel numero secundum hoc quod cadunt in consideratione mathematici…" (XXII/3–1, p. 597).
37. Cfr. *S. Th. I* q. 44, a. 1, ad 3: "Unicuique autem competit habere causam agentem, secundum quod habet esse" (IV, p. 456). Algo similar se dijo más arriba cuando indicaba el motivo por el cual es imposible demostrar que el mundo ha sido creado a partir del solo conocimiento de la quididad de las cosas: porque esta *abstrae* de la existencia en el tiempo (Cfr. *S. Th. I* q. 46, a. 2, co.).
38. Tal cosa es lo que significa que, en todas las cosas compuestas, sea distinto la cosa y lo que es la cosa. Cfr. *DeSpirit.* a. 5, ad 9. Esta relación existencial con la materia signada también acaece a los entes matemáticos, tal como se indica en *InDeAn.* III, cap. 2,

ya citado más arriba: "[...]sicut enim sunt plures homines unius speciei, ita et plures trianguli sub una specie" (XLV/1, p. 210).

39. Aunque, por motivos que bien merecerían una investigación ulterior, Tomás prefiere enfatizar el uso de "abstracto" o "*per abstractionem*" para designar a los entes matemáticos.
40. Cfr. *InMet.* VIII, lectio 3, §§1713 y 1716. Cfr. también *In Physic.* I cap. 9, lectio 15, n. 7, donde Tomás habla de las formas como "algo divino", tal como lo afirmaron los platónicos y lo suscribió Aristóteles: "...forma est quoddam divinum et optimum et appetibile. Divinum quidem est, quia omnis forma est quaedam participatio similitudinis divini esse, quod est actus purus: unumquodque enim in tantum est actu in quantum habet formam" (II, p. 53). Ver la lectura que realiza de este pasaje Dewan, 2007. Y cfr. Gelonch, 1998, p. 165: "Con esta doctrina, por otro lado repetida a lo largo de su vida, Tomás salva al platonismo más que lo evita, pues toma su verdadera *vis metaphysica:* lo más real no puede ser lo móvil y contingente; antes bien, al contrario, ha de ser lo universal y necesario; por lo que puede decirse que no necesariamente es lo mismo aquello por lo que una cosa es real, que por lo que es singular; por eso, la perfección mira a la especie y no al individuo -salvo que éste sea inmaterial".
41. Cfr. *DeSpirit.* a. 9, ad 6: "Non enim est differentia inter Aristotelem et Platonem, nisi in hoc quod Plato posuit quod res quae intelligitur eodem modo habet esse extra animam quo modo eam intellectus intelligit, idest ut *abstracta* et communis [...]" (XXIV/2, p. 98).
42. Cfr. también *DeSpirit.* a. 3, co. donde establece que el orden de las formas en la cosa es por lo perfecto y lo más perfecto y, por ello, no se multiplican las formas sustanciales (XXIV/2, p. 44).
43. *InMet.* VII lectio 10, §1492: "[...]manifestum est, quod solum illae partes sunt partes rationis, quae sunt partes speciei; non autem quae sunt partes individui" (p. 363).
44. *S. Th. I* q. 85, a. 1, ad 2: "[...]speciem hominis abstrahit ab his carnibus et his ossibus, quae non sunt de ratione speciei, sed sunt partes individui, ut dicitur in VII Metaphys.; et ideo sine eis considerari potest" (V, p. 331).
45. Cfr. *DeSeparat.* cap. 1, co. (XL/d, p. 42).
46. Cfr. *SBDT* q. 5, a. 2, co. 2: "[...]quia singularia includunt in sui ratione materiam signatam, universalia vero materiam communem, ut dicitur in VII Metaphysice, ideo praedicta abstractio non dicitur formae a materia absolute, sed universalis a particulari" (L, p. 143).
47. Que, a su vez es sinónimo de *abstractio totius.* Nótese aquí que Tomás afirma explícitamente que esta abstracción corresponde al conocimiento tanto de una naturaleza a partir de los individuos como de un género a partir de la especie porque su especificidad viene dada por ser el conocimiento de un todo sin las partes coexistentes que no le pertenecen específicamente. Razón por la cual la postulación de una ulterior *abstractio totalis* tocante estrictamente al conocimiento de los géneros –y complementaria a la *abstractio totius* (cfr. Simmons, 1959, p. 59 y Ferrari, 1965, p. 446)– parece

una precisión interesante aunque iría más allá de lo que indica explícitamente el Aquinate en sus textos.

48. Cfr. *In Physic.* II cap. 2, lectio 3, n. 5: "Quia igitur sic sunt abstracta a motu secundum intellectum, quod non claudunt in suo intellectu materiam sensibilem subiectam motui; ideo mathematicus potest ea abstrahere a materia sensibili" (II, p. 62). Cfr. también *De potentia* q. 7, a. 10, co., donde indica que el hecho de que la *ratio* de la cantidad sea abstracta de lo sensible es la que permite que dos entes naturales completamente diversos se relacionen mutuamente y de un modo real por tener una misma altura o longitud.
49. Esta opinión quedó reflejada en la síntesis que se realizó en el capítulo 1.
50. Cfr. los textos citados tanto del *In De ente et essentia,* como de su comentario a la *Summa Theologiae.*
51. Tal como lo explica en *QQ.DeAn.* q. 15, co. (XXIV/1, p. 136).
52. Cfr. *Quodlibet* VIII q. 1, a. 1, co. (XXV/1, p. 52).
53. Como ha sido considerado corrientemente por los diversos intérpretes de Tomás de Aquino.

Referencias

Aquinatis, T. (1856). Commentum in primum librum Sententiarum magistri Petri Lombardi *Opera Omnia ad fidem optimarum editionum accurate recognita* (Vol. 6, pp. 1–380). Parma: Typis Petri Fiaccadori.

Aquinatis, T. (1858). Commentum in quartum librum Sententiarum magistri Petri Lombardi *Opera omnia ad fidem optimarum editionum accurate recognita* (Vol. 7/2, pp. 451–1259). Parma: Typis Petri Fiaccadori.

Aquinatis, T. (1882). Expositio libri Posteriorum *Opera omnia iussu Leonis XIII P. M. edita* (Vol. 1, pp. 129–403). Roma: Ex Typographia Polyglotta S. C. de Propaganda Fide.

Aquinatis, T. (1884). Commentaria in octo libros Physicorum Aristotelis *Opera omnia iussu impensaque Leonis XIII. P. M. edita* (Vol. 2). Roma: Ex Typographia Polyglotta S. C. de Propaganda Fide.

Aquinatis, T. (1888). Summa Theologiae. Pars Prima *Opera omnia iussu impensaque Leonis XIII P. M. edita* (Vol. 4). Romae: Ex Typographia Polyglotta S. C. de Propaganda Fide.

Aquinatis, T. (1889). Pars prima Summae theologiae *Opera omnia iussu impensaque Leonis XIII P. M. edita* (Vol. 5). Roma: Ex Typographia Polyglotta S. C. de Propaganda Fide.

Aquinatis, T. (1891). Prima secundae Summae theologiae *Opera omnia iussu impensaque Leonis XIII P. M. edita* (Vol. 6). Roma: Ex Typographia Polyglotta S. C. de Propaganda Fide.

Aquinatis, T. (1906). Tertia pars Summae Theologiae *Opera omnia iussu impensaque Leonis XIII P. M. edita* (Vol. 12). Roma: Ex Typographia Polyglotta S. C. de Propaganda Fide.

Aquinatis, T. (1926). Summa Contra Gentiles III *Opera omnia iussu edita Leonis XIII P. M.* (Vol. 14). Roma: Typis Riccardi Garroni.

Aquinatis, T. (1950). In librum Beati Dionysii De divinis nominibus expositio. In P. C. C. Pera, C. Mazzantini (Ed.). Taurinus-Roma: Marietti.

Aquinatis, T. (1965). Quaestiones disputatae de potentia *Quaestiones disputatae* (Vol. 2, pp. 1–276). Taurinus-Roma: Marietti.

Aquinatis, T. (1968). De substantiis separatis *Opera omnia iussu Leonis XIII P. M. edita* (Vol. 40 D). Roma: Ad Sanctae Sabinae.

Aquinatis, T. (1969). Sententia libri Ethicorum *Opera omnia iussu Leonis XIII P. M. edita* (Vol. 47/2). Roma: Ad Sanctae Sabinae.

Aquinatis, T. (1970). Quaestiones disputatae de veritate *Opera omnia iussu Leonis XIII P. M. edita* (Vol. 22/1–2). Roma: Ad Sanctae Sabinae/Editori di San Tommaso.

Aquinatis, T. (1971). In duodecim libros Metaphysicorum Aristotelis expositio. In M. R. C. R. M. Spiazzi (Ed.). 2° ed. Taurini-Romae: Marietti.

Aquinatis, T. (1973). Quaestiones disputatae de veritate *Opera omnia iussu Leonis XIII P. M. edita* (Vol. 22/3–1). Roma: Ad Sanctae Sabinae/Editori di San Tommaso.

Aquinatis, T. (1976). De ente et essentia *Opera omnia iussu Leonis XIII P. M. edita* (Vol. 43, pp. 315–381). Roma: Editori di San Tommaso.

Aquinatis, T. (1979). Compendium theologiae seu Brevis compilatio theologiae ad fratrem Raynaldum *Opera omnia iussu Leonis XIII P. M. edita* (Vol. 42, pp. 5–205). Roma: Editori di San Tommaso.

Aquinatis, T. (1984a). Sentencia libri De anima *Opera omnia iussu Leonis XIII P. M. edita* (Vol. 45/1). Roma-Paris: Commissio Leonina-J. Vrin.

Aquinatis, T. (1984b). Sentencia libri De sensu et sensato cuius secundus tractatus est De memoria et reminiscencia *Opera omnia iussu Leonis XIII P. M. edita* (Vol. 45/2). Roma-Paris: Commissio Leonina-J. Vrin.

Aquinatis, T. (1992a). Expositio libri Boetii De ebdomadibus *Opera omnia iussu Leonis XIII P. M. edita* (Vol. 50, pp. 231–297). Roma-Paris: Commissio Leonina-Éditions Du Cerf.

Aquinatis, T. (1992b). Super Boethium De Trinitate *Opera omnia iussu Leonis XIII P. M. edita* (Vol. 50, pp. 1–230). Roma-Paris: Commissio Leonina-Éditions Du Cerf.

Aquinatis, T. (1996a). Quaestiones de quolibet. Préface. Quodlibet VII, VIII, IX, X, XI *Opera omnia jussu Leonis XIII P. M. edita* (Vol. 25/1). Roma-Paris: Commissio Leonina-Éditions du Cerf.

Aquinatis, T. (1996b). Quaestiones disputatae de anima. In B. C. Bazán (Ed.), *Opera omnia iussu Leonis XIII P. M. edita* (Vol. 24/1). Roma-Paris: Commissio Leonina-Éditions Du Cerf.

Aquinatis, T. (2000). Quaestio disputata de spiritualibus creaturis. In J. COS (Ed.), *Opera omnia iussu Leonis XIII P. M. edita* (Vol. 24/2). Roma-Paris: Commissio Leonina-Éditions Du Cerf.

Bobik, J., & Thomas. (1965). *Aquinas on Being and Essence*. Notre Dame, Ind.: University of Notre Dame Press.

Degl'Innocenti, U. (1957). La distinzione reale nel "De ente et essentia" di S. Tommaso. *Doctor Communis, 10*, 165–173.

Dewan, L. (2007). *St. Thomas and Form as Something Divine in Things*. Milwaukee, Wis.: Marquette University Press.

Elders, L. (1993). *The Metaphysics of Being of St. Thomas Aquinas in a Historical Perspective*. Leiden-New York: E.J. Brill.

Ferrari, L. C. (1965). A Thomistic Appraisal of Thomas de Vio Cajetan's "Abstractio Totalis". [Journal Article]. *Angelicum: Periodicum Trimestre Pontificiae Studiorum Universitatis e Sancto Thoma Aquinate in Urbe, 42*, 441–462.

Forest, A. (1956). *La structure métaphysique du concret selon Saint Thomas d'Aquin*. 2° ed. Paris: Vrin.

Galluzzo, G. (2004). Aquinas on Common Nature and Universals. *Recherches de Théologie et Philosophie médiévales, 71*(1), 131–171.

Gelonch, S. R. M. (1998). Ciencia platónica y humanismo verdadero (El fundamento per se del humanismo de Santo Tomás de Aquino) *Santo Tomás: Humanista cristiano* (pp. 155–168). Buenos Aires: Sociedad Tomista Argentina.

Kenny, A. (2002). *Aquinas on Being*. Oxford-New York: Clarendon Press-Oxford University Press.

Klima, G. (2007). Aquinas vs. Buridan on Essence and Existence. *Proceedings of the Society for Medieval Logic and Metaphysics, 7*, 66–73.

Maurer, A. A. (1956). The *De Quiditatibus Entium* of Dietrich of Freiberg and Its Criticism of Thomistic Metaphysics. *Mediaeval Studies, 18*, 173–203.

Maurer, A. A. (1983). *On Being and Essence* (A. A. Maurer, Trans. 2 ed.). Toronto: Pontifical Institute of Medieval Studies.

Maurer, A. A. (1990). The *De Quiditatibus Entium* of Dietrich of Freiberg and Its Criticism of Thomistic Metaphysics *Being and Knowing. Studies in Thomas Aquinas and Later Medieval Philosophers* (pp. 176–199). Toronto: Pontifical Institute of Mediaeval Studies.

Simmons, E. D. (1959). The Thomistic Doctrine of the Three Degrees of Formal Abstraction. [Journal Article]. *Thomist: A Speculative Quarterly Review, 22*, 37–67.

Torrell, J. -P. (2002). *Iniciación a Tomás de Aquino. Su persona y su obra*. Pamplona: Eunsa.

6

Relevancia metafísica de la abstracción de la esencia absoluta

Breve síntesis de los resultados alcanzados

El capítulo anterior permitió arribar a dos conclusiones de gran importancia, las cuales se desprenden naturalmente del análisis realizado sobre la presencia de la doctrina de la consideración absoluta de la esencia en las obras de Tomás de Aquino. La primera de ellas consiste en que, si es la esencia de los entes compuestos la que se distingue del individuo a causa de su anterioridad y preeminencia metafísica con respecto al principio de individuación (la materia signada), entonces es aquí donde se fundamenta la distinción de las diversas *rationes o* aspectos formales con respecto al supuesto que existe efectivamente. Ciertamente, cada una de las llamadas *rationes* no es otra cosa que una esencia determinada que, como tal, es independiente –desde el punto de vista inteligible– de todos aquellos aspectos que no entran en su definición. Y como, además de la esencia sustancial, un determinado supuesto también contiene esencias o formas accidentales, resulta que un ente concreto existente encierra varios principios inteligibles distintos que –aunque no puedan existir por separado– sí pueden ser considerados separadamente por la inteligencia como un todo acabado.

Luego –y como segunda conclusión– la división de las ciencias especulativas también encontraría su fundamento principal en esta abstracción propia de las *rationes* o esencias, ya que cada una de ellas constituiría un objeto inteligible distinto que provocaría la presencia de un hábito intelectual diferente.

Ahora bien, ambos puntos parecen contradecir los aspectos centrales de lo que ha sido hasta aquí la manera canónica de entender tanto la distinción de los objetos inteligibles como la división de las ciencias especulativas. En sendos casos, se considera que el peso específico de la solución que propone Tomás a estos problemas recae fundamentalmente sobre la determinación de las múltiples operaciones intelectuales mediante las cuales el entendimiento humano se enfrenta al mundo extramental. Consecuentemente, una propuesta como la adelantada en el final del capítulo anterior parecería constituir una visión *platonizante* de las afirmaciones tomasianas, y –como tal– una tergiversación de la auténtica intención del Aquinate consistente en superar las falencias que encontraba entre los platónicos de su tiempo.

Lo cierto es que todo lo visto implica, a la larga, un modo diferente de entender la propia idea del conocimiento por semejanza que, por otro lado, permite a mi juicio afirmar una mayor continuidad entre los textos de juventud y los de madurez del Aquinate. Principalmente lo que se logra es verificar la ausencia de un plano objetivo originado en la *mens* del Aquinate, idea presente en Cayetano y mantenida por gran número de autores, según se vio en los primeros dos capítulos. Este plano sería generado precisamente por las diferentes estrategias abstractivas, y constituiría el contexto dentro del cual es entendida –de un modo estricto– la abstracción por la tradición tomista: como una operación intelectual que permite acceder a un determinado orden objetivo. Por ende, las discusiones más actuales entre *abstractio formalis, totalis, totius, formae o separatio* tienen sentido solo en tanto se intenta determinar qué tipo de operación es necesaria para asegurar epistemológicamente la captación de tal o cual objeto.

Pero de acuerdo con los propios textos del Aquinate, si hay diferencia de objetos de conocimiento es porque hay diferencias de formas, no porque haya diferencias de procedimientos intelectuales. En todo caso, la diferencia entre los procedimientos obtiene su justificación en la diferencia entre objetos/formas y no al revés. Y un buen número de textos en los cuales la abstracción designa una operación cuyo sujeto es el intelecto, indican que la misma consiste en una depuración de las condiciones materiales del fantasma en orden a actualizar su inteligibilidad potencial: lo que hace el procedimiento abstractivo es actualizar y poner de manifiesto la distinción potencial de la forma.[1] De este modo, hablar de la esencia común no significa postular un tercer modo de existencia entre lo extramental y lo mental pero tampoco señalar meramente una estrategia lógica, sino descubrir que aquellas cosas que existen en uno y en otro estado son "parcialmente" idénticas en tanto comparten una misma esencia común (McGinnis, 2010, pp. 34–35).[2]

En otras palabras, no se trata simplemente de que Tomás no analice la *dimensión objetiva* con el detalle que lo hace la tradición, sino que su propia postulación resulta superflua toda vez que, para el Aquinate, lo que es inteligible es "la naturaleza o quididad de la cosa o bien según que es cierto acto [...] o bien según aquello que es su acto [...] o bien según aquello que constituye para ella el lugar del acto" (*SBDT* q. 5, a. 3, co., L, p. 147). De este modo, *lo que* se conoce no es un concepto sino una esencia,[3] y si en algunos casos el objeto no coincide con el individuo que existe efectivamente es porque se trata de entes materiales en los cuales esencia y supuesto no coinciden. Así, cuando el Aquinate afirma que las ciencias se unifican (*ad intra*) y diferencian (*ad extra*) no por sus objetos considerados *materialiter* sino "según la razón formal de objeto" (*S. Th. I* q. 1, a. 3, co.), la comunidad o diferencia de tales razones formales es algo que se da en la realidad. Si hombre, asno y piedra son objetos de la vista es porque convienen en ser *coloreados* (esto es, porque son cuerpos que reflejan los haces de luz), y si son objetos de la física es porque convienen en ser entes cuya esencia contiene materia sensible. Por otro lado, si un mismo individuo concreto es estudiado por dos ciencias distintas es porque encierra dos tipos de esencia que, como tales, generan hábitos intelectuales distintos. Es por ello que la redondez de la Tierra es demostrada por la física y por la matemática: porque, aunque la redondez de suyo sea algo que pertenezca a la matemática, al tratarse de un accidente de un ente móvil causa perfecciones en el mismo que se manifiestan también en sus cualidades, relaciones y movimientos.

En síntesis, son las propias esencias de las cosas las que se distinguen entre sí y con respecto a las demás particularidades que no le pertenecen específicamente. Y por ello, cada una de estas esencias se constituye como un objeto inteligible completo e independiente capaz de informar el intelecto aunque no pueda existir por separado. Ahora bien, la distinción entre la esencia, quididad o *ratio* de algo frente a lo que no le pertenece es designada en numerosas oportunidades como el *abstraer* de cada una con respecto a lo que no le es específico. Así, lo que la *abstracción* designa aquí es algo incompatible con lo que significa en el contexto objetivista de los comentadores clásicos y contemporáneos. Así, es perfectamente lógico que se verifiquen numerosas incompatibilidades entre lo que los textos del Aquinate dicen y lo que aquellos pretenden que diga. En este sentido, no es que el dominico haga un uso inconsistente o errático de los términos cuando habla de abstracción. Lo que ocurre es que la precisión que se le reclama es la de determinar distintos tipos de operaciones intelectuales que permitan la formación de los objetos, algo que no es posible hallar en la propuesta de Tomás.

Por otro lado, debe decirse que el propio planteo del ámbito de la objetividad no solo está ausente en las obras tomasianas, sino que provoca, a su vez, el surgimiento de problemas filosóficos que –lógicamente– resultan ajenos a la consideración del Aquinate y no pueden encontrar respuesta en sus textos. Entre ellos se ubica la pregunta a la que se hizo referencia en el capítulo 2: ¿cómo procede nuestro conocimiento para formar objetos universales y necesarios a partir de lo particular y contingente? Ya se vio de qué modo los autores tomistas intentaron resolver el interrogante apelando a la abstracción como un método que garantizaría la certeza en el paso desde lo sensible a lo inteligible. Pero si todo en la realidad fuese particular y no hubiese en las propias cosas algún principio común, entonces cualquier método abstractivo del tipo planteado no sería más que un ejercicio de selección arbitraria que requeriría, a su vez, algún tipo de justificación con respecto a su adecuación y correspondencia con lo real. Pero, ¿acaso no es este el propio problema planteado? ¿El de la adecuación entre inteligencia y realidad?[4]

En el fondo, lo que se quiere dejar en claro es que no tomar en cuenta el rol metafísico u ontológico de la esencia como principio común y anterior a los individuos conduce al círculo vicioso que implica la *mediación* en el conocimiento, dentro del cual –eventualmente– la realidad pierde peso inteligible, y la inteligencia queda encerrada en sí misma en tanto su objeto no sería otra cosa que el concepto que ella misma ha generado.

Puesto en forma positiva, esto quiere decir que la *abstracción* de la esencia, entendida común o absolutamente, constituye uno de los pilares metafísicos fundamentales sobre los cuales se sostiene el *corpus* doctrinal tomasiano en tanto expresa un aspecto central de su concepción acerca de la constitución interna de las sustancias compuestas. En efecto, la esencia de estas sustancias, en tanto incluye materia sensible, posee un principio de indeterminación que permite su multiplicación en diversos individuos pero que, a su vez, le impide identificarse completamente con ninguno de ellos. Así, cuando Tomás dice que la esencia de alguna cosa, en su consideración absoluta, *abstrae* de todo modo de existir está diciendo que a) es algo que no subsiste; b) es anterior al individuo como su causa, aunque no temporalmente; c) es distinto y posterior a la *Idea* divina porque es algo creado; d) es *lo que* se conoce mediante la especie y *lo que* se predica mediante el universal, sin identificarse con ninguna de ellas.

En definitiva, es la misma naturaleza que existe en los concretos y en las inteligencias, pero que puede ser considerada separadamente de ellas. Aquella que existe como universal en sentido propio solo en las inteligencias, y que es individual solo como existe en los concretos (De Libera, 1996, p. 283). La que en sí misma no existe porque, aunque sea principio constitutivo de lo real, no es principio completo de existencia sino solo incompleto. Sin embargo, es principio completo de la inteligibilidad de la cosa y por ello puede ser considerada en sí misma, sin referencia explícita a ninguno de sus modos de existencia en las sustancias concretas. Por ello mismo, es el contenido de la especie intelectual que, como medio a través del cual conocemos, es un signo "que no se deja ver objetivamente, que no impone su presencia sino la presencia del objeto que representa" (Llano, 2011, p. 88): la esencia misma. Esto es lo que quiere decirse cuando se afirma que, en cuanto a su *ratio*, *abstrae* (i. e. es independiente) de la materia signada y de existir como concepto.

Abstraer se refiere aquí entonces al *status* de los principios de la sustancia y no al de una sustancia completa. Por ello no significa una acción transitiva realizada ni por el intelecto ni por otra potencia psíquica, sino que significa cierta separación. Pero no la separación existencial que solo le compete a la *ousía* en sentido propio, es decir a la sustancia. Aun así, se trata de una separación o distinción real: la del principio inteligible con respecto a lo no inteligible, la de los principios formales con respecto a los principios materiales. De Libera (1996, p. 185) la llama –en forma correcta, a mi modo de ver– "separación eidética",[5] y es la que le corresponde, entre otras, a la *forma del todo* como principio común y causa de los individuos particulares, y a la *forma accidental de la cantidad* frente a los demás accidentes que son metafísicamente posteriores.

Finalmente, es claro que el impacto de esta doctrina trasciende las obras de juventud en tanto la presencia de una consideración absoluta o común de la esencia es necesaria para comprender algunos de las ideas más importantes que caracterizan el *corpus* filosófico-teológico del Aquinate. Así, por ejemplo, la misma constituye el corazón de todos sus argumentos en contra de la postulación platónica de la subsistencia de las *Ideas*, tanto en el *De ente et essentia* como en sus posteriores referencias al doble modo de considerar el universal.[6] También le permite evitar cualquier riesgo de conceptualismo en la medida en que se encuentra detrás de la cuidadosa distinción establecida entre la especie intelectual y la cosa inteligible que es conocida a través de ella.

Por otro lado, es claro que también recurre a esta consideración de la esencia para responder a uno de los argumentos averroístas en favor de la existencia de un intelecto único.[7] La unidad del conocimiento del teorema de Pitágoras que dos hombres distintos pueden tener no se produce por compartir un mismo intelecto como tampoco por haber partido desde una misma demostración singular, sino porque lo conocido en ambos casos es lo mismo: la esencia común del triángulo rectángulo a la que de por sí le competen ciertas propiedades. A su vez, la distinción real entre naturaleza e hipóstasis, que caracteriza a las sustancias compuestas y las distingue de las simples, no es más que la contracara de esta consideración absoluta de la esencia: que la esencia en sí misma sea indiferente y anterior a los individuos que participan de ella implica que es algo distinto de ellos. Por último, es la consideración absoluta de la esencia la que permite comparar la mayor o menor perfección o *verdad* que una cosa posee de acuerdo a que exista en Dios, en sí misma o en la inteligencia humana. Esto es algo que encuentra su fundamento en el texto de las *Quodlibetales* VIII, que se explica precisamente –aunque con una terminología problemática– en *Super Sent.* I, d. 36, pero que también encuentra un correlato en *De Veritate* q. 1, a. 4.

La abstracción *per se* y su rol en la división de las ciencias especulativas

Pero si la abstracción propia de las esencias o *rationes* es tan central en el *corpus* doctrinal de Tomás de Aquino, entonces sería esperable encontrar que la misma juegue un papel singularmente importante en aquellos textos donde el Angélico analiza los fundamentos de la triple división de las ciencias especulativas. Como ya se indicó en reiteradas oportunidades, esta tripartición sigue a la distinción de los objetos y, consecuentemente, la causa de esta última será la causa de la primera. Ahora bien, ¿qué dicen los textos tomasianos al respecto? ¿Son las propias naturalezas o *rationes* las que se distinguen de suyo, o esta distinción es causada por la operación intelectual como se ha afirmado especialmente a lo largo de los últimos cien años? Solo un análisis de los textos más relevantes podrá determinarlo.

La división en el Super De Trinitate

Ya se habló acerca de la relevancia que cobró este texto, especialmente a mediados del siglo pasado, con la aparición del manuscrito autógrafo. No es el objetivo aquí retomar la discusión que se dio en su momento, sino destacar un aspecto hermenéutico que suele repetirse entre los tomistas que lo han considerado. En general se interpreta que el Aquinate introduce aquí una doctrina de la división de las ciencias *rupturista* con respecto a la división boeciana. En este sentido, mientras el planteo del romano se caracterizaría como una visión platónica que partiría desde la multiplicidad de formas, Tomás escogería un camino más aristotélico al hacer residir la distinción en la multiplicidad de operaciones intelectuales.[8] En lo que respecta a la abstracción, tal diferencia se plasmaría en que, mientras para Boecio *abstracción* designa separación ontológica de la materia, para Tomás significa una operación intelectual o racional. En otros términos, mientras para Boecio la inmaterialidad es una prerrogativa de las formas, para el Aquinate la inmaterialidad sería un producto de la inteligencia.

Pero es difícil encontrar tal oposición o divergencia en el comentario tomasiano. Muy por el contrario, entre ambos autores habría más coincidencias de las que muchos contemporáneos sospechan. El primer texto que llama la atención en este sentido corresponde a la propia exposición del capítulo 2 del escrito boeciano. Allí Tomás asume la utilización de dos binarios para caracterizar las particularidades del objeto de cada ciencia especulativa: *in motu-sine motu*, y *abstracto-inabstracto*. En el caso de la física, su objeto es descrito como *inabstracto* e *in motu*. Según el propio Angélico, esto significa que la consideración de esta ciencia "versa sobre las cosas móviles no abstractas de la materia" (*SBDT* "Expositio capituli secundi", L, p. 134). Y si se pregunta por el sentido bajo el cual es tomado *no abstractas* en este lugar, algunas líneas más adelante aclara que se trata de aquellas cosas que son materiales en tanto su forma existe en la materia.

Esta particularidad de ser *inabstracta* es compartida por los objetos de la matemática de los cuales afirma allí mismo que son "formas que según su existencia no son abstractas de la materia…". En esta misma línea, y siguiendo con cuidado detalle a Boecio, agrega más adelante que las formas de las cuales especula el matemático, "*como existen en la materia, no pueden ser separadas* de ella según el ser". Sin embargo, hay una diferencia entre las formas naturales y las matemáticas: mientras las primeras no pueden ser consideradas sin materia, las segundas sí pueden serlo. Y esto es lo que Tomás entiende que se indica cuando se dice que las naturales son *in motu* pero las matemáticas son especuladas *sine motu*. Porque "donde quiera que hay movimiento, hay materia".

A su vez, esta propiedad de ser especuladas o consideradas *sine motu* y, por ende, *sine materia*, es algo que las matemáticas comparten con el objeto de la tercera de las ciencias especulativas que Boecio llama "*Theologia*" y que Tomás identifica con la metafísica o filosofía primera. Sin embargo, la razón por la cual estos objetos son considerados de tal manera reside en que "las cosas divinas son abstractas de la materia y el movimiento según la existencia" (L, pp. 134–135), algo que las diferencia fundamentalmente de las matemáticas y de las naturales. Finalmente, Tomás agrega en esta exposición una aclaración que es de factura propia: afirma que, mientras las cosas matemáticas son separables de la materia según la consideración, las divinas son "inseparables, porque nada es separable sino lo que está unido" (L, p. 135). Aunque el propio Aquinate crea estar aquí comentando a Boecio, debe notarse que –en realidad– parece existir un error en el texto fuente sobre el cual Tomás realiza el comentario. Porque, donde lee *inseparabilis,* Boecio coloca *separabilis.*[9] Con todo, Tomás realiza una interpretación creativa a partir de este error textual, mediante la cual manifiesta con mayor claridad uno de los puntos que considero importante destacar aquí: la identificación semántica entre *abstracto* y *separado de la materia según el ser.*

Otro de los aspectos interesantes de esta explicación lo constituye el hecho de que se diga que la distinción entre las ciencias se establece "según las cosas [*res*] acerca de las cuales" las ciencias tratan. También se denomina a cada una de estas *cosas* "formas", cuya diferencia reside fundamentalmente en la relación que ellas mismas en cuanto tales presentan frente a la materia: las formas naturales dependen de la materia según la consideración y la existencia, las matemáticas según la existencia pero no según la consideración, y las divinas ni según la existencia ni (consecuentemente) según la consideración. Finalmente, resulta clara la presencia de un análisis en dos planos que es, en el fondo, el que termina posibilitando la triple distinción de las ciencias en razón de su materialidad o inmaterialidad. Estos planos son el de la consideración y el de la existencia.[10]

Con todo, estos puntos destacados podrían ser impugnados indicando que, en tanto se encuentran en el contexto de la exposición de un texto ajeno, Tomás estaría simplemente presentando los argumentos de Boecio que luego se dispone a corregir. De antemano debe decirse que el rodeo que hace el Aquinate para dar cuenta del significado de *inseparabilis* en el contexto de lo metafísico parece ir más allá de los esfuerzos esperables en un mero comentario literal de un texto que se pretende criticar. Sin embargo, en orden a responder completamente a la objeción, resulta imprescindible analizar cuáles son los argumentos que el Aquinate aporta en la cuestión 5, para ver si mediante los mismos refuta o confirma lo escrito por Boecio.

Así, cuando pregunta en el artículo primero si acaso es conveniente dividir la ciencia especulativa en las tres partes que indica Boecio, responde que toda ciencia como todo hábito se distingue en razón de aquellas propiedades del objeto que son propias del mismo en cuanto tal. Ahora bien, lo que compete a los objetos especulables como tales es la separación de la materia y el movimiento, la cual se da en un cierto orden. Porque hay especulables que dependen de la materia según su existencia, "porque no pueden existir sino en la materia" (*SBDT* q. 5, a. 1, co., L, p. 138). Pero, entre ellos, también puede establecerse una distinción en tanto algunos dependen de la materia según la existencia y el intelecto, y otros solo según la existencia. Los primeros constituyen el objeto de la física y los segundos el de la matemática.

Ahora bien, si se pregunta en qué consiste la dependencia de la materia según el intelecto, debe decirse que esta indica la presencia de la materia en la definición de los especulables físicos. Y si se recuerda lo explicado en el comienzo del capítulo 5 de este trabajo, es fácil comprender que –si la definición es expresión del contenido de una esencia– entonces la presencia de materia en la primera revela que la misma es un componente específico de la segunda. Por el contrario, en el caso de los especulables matemáticos, el hecho de que puedan ser definidos sin materia es prueba suficiente de que, más allá de sus condiciones de existencia, los mismos no incluyen a la materia como uno de sus componentes esenciales. Por último, existe un tercer orden de especulables conformado por aquellos que directamente no poseen una dependencia existencial de la materia, sea porque no pueden existir en la materia, sea porque pueden o no existir en ella. Y estos son los especulables a los cuales se dirige la metafísica (L, p. 138).

De este modo, lo que el análisis realizado muestra es que, también en Tomás, los distintos tipos de remoción de la materia son una propiedad de los propios objetos o especulables. Y que esta remoción puede darse en dos planos: el existencial o el esencial. Así, hay especulables u objetos en los cuales la materia no es incluida porque existen o pueden existir fuera de ella. Pero también hay otros que, aunque solo existen en la materia, la misma no forma parte de su esencia ni de su definición. Y como el objeto de todo conocimiento es la esencia o quididad de las cosas, las mismas pueden ser conocidas sin referencia a su materialidad. Por último, hay un tercer tipo de especulables en los cuales la materia se incluye como un componente necesario de su esencia, y esto se muestra evidente en tanto tales cosas no pueden ser definidas sin la materia.

En otras palabras, siguiendo lo que es explicado textualmente por el Aquinate, la causa de la distinción de los especulables es la mayor o menor inmaterialidad que los mismos presentan. Pero en ningún momento se indica que la inmaterialidad del especulable sea causada por una inteligencia que realiza una operación abstractiva. Mucho menos se afirma que tal inteligencia sea la humana, llamada a conocer desde lo sensible. Lo único que se indica es que, por su relación con el intelecto –que es inmaterial– a todo especulable en tanto inteligible le compete una cierta inmaterialidad. Tal inmaterialidad como característica de la cosa es evidente en el caso de los especulables de la metafísica ya que la propia existencia de los mismos es de tal modo.

En el caso de los objetos de la física y de la matemática el asunto es más complejo. Con todo, la solución que se brinda aquí no es una novedad teniendo en cuenta lo explicado en los capítulos anteriores. Porque, como el objeto del conocimiento científico son las quididades de las cosas, entonces la inmaterialidad que se busca en los especulables corresponde a ellas. Y como a la esencia en cuanto tal (o considerada de un modo absoluto) no le competen más propiedades que aquellas que la acompañan en todos sus modos de existencia, el hecho de que la misma pueda ser entendida sin materia revela que, aunque esta última sea condición necesaria para su existencia extramental, no forma parte de su contenido específico.

Estas son entonces las particularidades del objeto en cuanto objeto que causan la distinción de las ciencias: las mismas que son designadas cuando se dice que la esencia abstrae según su *ratio* específica de esto o aquello. De este modo, Tomás está explicando lo mismo que Boecio en tanto las ciencias se distinguen por los objetos, y los objetos se distinguen entre sí por la mayor o menor relación con la materia que ellos mismos encierran.[11]

Con todo, la explicación del artículo primero deja algunas posibles objeciones. En este punto considero importante centrarse en dos de ellas. En primer lugar, se dijo que los especulables u objetos de las ciencias especulativas demandan cierta separación o remoción con respecto a la materia, pero en el caso de las *formas naturales* se dice que las mismas dependen de la materia según su existencia y su comprensión. Parecería entonces que no puede haber ciencia acerca de ellas. Este es justamente el punto que Tomás analiza con detalle en el artículo 2 y con ocasión del cual recuerda que fue este problema el que provocó que Platón afirmara la subsistencia de las *Ideas* (*SBDT* q. 5, a. 2, co., L, p. 142).

Frente a esto, la respuesta del Aquinate es fundamentalmente la misma que desarrolló en textos como el *De ente et essentia* o el *Comentario a la Metafísica* ya analizados: como Platón creía que en el mundo físico *todo fluye* por eso se vio forzado a buscar los objetos de la ciencia fuera de lo material. Pero lo que el ateniense no consideró es que la materia que es causa de esta contingencia no es la misma que está incluida en la esencia de tales entes. Porque todo lo que es mudable lo es en tanto "está individuado por la materia existente bajo las dimensiones signadas" (L, p. 143), pero esta materia no es un componente esencial de la cosa. Es por ello que "tales *rationes* [...] son consideradas sin materia signada y sin todas las cosas que se siguen de la materia signada, pero no sin materia no signada, porque de su noción depende la noción de la forma...". Con todo, afirmar esto es exactamente lo mismo que decir –como hace en otras obras– que las cosas naturales *abstraen* según su *ratio* de la materia sensible individual pero no de la materia sensible común, lo cual es el modo de indicar la distinción real entre esencia e hipóstasis en los entes compuestos. Tal esencia o quididad es la forma inteligible[12] que, como tal, es compuesta de materia y forma,[13] y constituye el objeto del intelecto o el *quid* de la ciencia. A su vez, tal esencia es el propio universal[14] y por ello a su consideración separada de lo signado se la denomina *abstractio universalis a particulari*.[15]

Por otro lado, el artículo 3 lidia con otra objeción que suscita la distinción de aquellos especulables que, como tales, existen en la materia. Ciertamente, se afirmó en el artículo 1 que los objetos de la matemática –aunque existan unidos a la materia– son considerados sin referencia a ella. Pero en el artículo 3 se pregunta si tal modo de consideración es correcto y no implica una falsedad, teniendo en cuenta que se estaría rompiendo la relación de adecuación entre inteligencia y realidad que caracteriza a la verdad (*SBDT* q. 5, a. 3, arg.1, L, p. 145). Este es el contexto dentro del cual introduce el famoso pasaje donde explica los tres modos de distinción que se hallan en el intelecto. Aquel mismo que le implicó no menos de tres intentos antes de alcanzar la redacción definitiva. Y, sin lugar a dudas, el mismo donde muchos autores creen encontrar el punto de ruptura entre su doctrina y la de Boecio, en tanto consideran que aquí se alcanzaría la plenitud de la explicación epistemológica del Aquinate que corregiría el ontologismo del romano.

Sin embargo, el análisis textual de las afirmaciones del Aquinate revela un panorama bastante distinto. Porque –si bien es cierto que a) aquí introduce una división original entre dos operaciones abstractivas y una separativa, y b) identifica las dos primeras con los modos de la física y la matemática de conocer sus respectivos objetos y la tercera con el de la metafísica– no obstante esto, el fundamento último de tales operaciones intelectuales se encuentra en las distinciones presentes en la propia realidad. Por ello, ante la pregunta por la verdad del conocimiento abstracto de lo matemático, Tomás responde que hay dos operaciones mediante las cuales la inteligencia capta lo real: inteligencia de los indivisibles y composición y división. Pero cada una de estas operaciones atiende a un aspecto distinto de lo real: mientras la segunda corresponde a la captación de la cosa tal como existe, la primera se refiere a la "propia naturaleza de la cosa (*ipsam naturam rei*) según la cual la cosa conocida obtiene algún grado entre los entes, ya sea una cosa completa como un cierto todo, ya sea una cosa incompleta, como una parte o accidente" (*SBDT* q. 5, a. 3, co., L, p. 147).

En este sentido, la verdad del intelecto (entendida como *adecuación*) en sus distinciones puede darse doblemente teniendo en cuenta esta dualidad de aspectos. Así, el intelecto mediante su primera operación puede considerar separadamente algunas cosas que no existen (ni pueden existir) por separado en el mundo extramental. Como ya se indicó, lo que es considerado aparte es una naturaleza o quididad en razón de que o bien es un cierto acto, o bien posee un acto, o bien se ordena como potencia hacia un acto.[16] Y lo que se deja de lado son todos aquellos aspectos que, aunque coexisten con la misma, no constituyen la razón de la naturaleza que es considerada. Esto ocurre de diversos modos en tanto cada tipo de forma o esencia prescinde de distintos aspectos con los cuales coexiste.

Aplicado a la resolución de la cuestión planteada, Tomás indica un doble modo en que esta distinción del intelecto ocurre en tanto, por un lado, la forma accidental de la cantidad puede ser considerada sin las determinaciones de la materia sensible que son posteriores a ella y no pertenecen a la razón de su esencia; y, por otro, el todo compuesto de forma y materia que constituye la esencia de un ente corpóreo puede ser considerado sin las partes de la materia que no son otra cosa que las determinaciones de la materia sensible signada que pertenecen específicamente al individuo pero no a la esencia como tal.[17]

Por todo esto, cuando el matemático considera su objeto abstractamente de la materia sensible, o el físico de la materia signada, no están considerando las cosas de un modo distinto a como son, y entonces "no hay disonancia entre el intelecto y la cosa" (*SBDT* q. 5, a. 3, ad 1, L, p. 149). Porque lo que tal consideración revela es la independencia de una esencia con respecto a aquellas características que no le competen como tal. Y esta independencia es algo real al menos en el plano de la composición ontológica.[18]

De este modo, aunque el artículo introduzca la mentada distinción entre las operaciones intelectuales, la misma no causa la distinción de objetos y por ende tampoco la distinción entre las ciencias. Muy por el contrario, son las múltiples esencias de lo real y su independencia las que determinan las posibilidades de consideración separada por parte del intelecto. Y por ello, son estas mismas esencias[19] las que causan la multiplicidad de la ciencia en tanto cada una de ellas constituye un objeto inteligible completo, distinto de los demás en razón de su inmaterialidad específica. Así, la doctrina del Aquinate no difiere en lo fundamental de lo que ya había explicado Boecio siguiendo a Aristóteles: las ciencias se distinguen entre sí de acuerdo con la relación de su objeto con la materia.

Ahora bien, la consideración detallada de los diversos modos de distinción intelectual constituye ciertamente una novedad con respecto al texto boeciano, pero la misma es utilizada por Tomás para resolver una objeción referida a la adecuación entre la inteligencia y la realidad en el caso del conocimiento matemático. Con todo, el recurso a estas operaciones –lejos de impugnar las afirmaciones del texto comentado– le permite mostrar con mayor claridad la diversidad de lo real que funciona como fundamento de las distinciones intelectuales. En otras palabras, los modos de distinguir del intelecto se consideran como evidencia de la causa de la división de las ciencias, pero no constituyen esta causa.[20] Nuevamente, la abstracción intelectual y sus modos son un signo que pone de manifiesto, ora la abstracción en sentido general,[21] ora la abstracción en sentido absoluto o *per se.*[22] Y lo que aquí se explica no solo coincide con la exposición boeciana sino también con textos posteriores del Aquinate, como el ya citado capítulo 2 del *Comentario al Tercer libro del De anima* donde distingue los objetos de intelección que perfeccionan al intelecto según el orden de separación de las cosas (*res*) con respecto a la materia: 1) los que existen separados de la materia, 2) los que existen en la materia sensible pero abstraen de ella según la razón, 3) los que existen en la materia sensible y abstraen solo de la materia sensible individual pero no de la común.[23]

La división en el In De sensu et sensato *e* In De anima

En el comienzo del *Proemio* al comentario del *De Sensu et sensato*, Tomás retoma lo que Aristóteles había afirmado acerca de la división de los objetos de ciencia en el libro III del *De anima* y que había sido también objeto de su comentario algunos años antes. En el fondo, Tomás afirma nuevamente que las cosas se ordenan hacia el intelecto según el grado de separación de la materia, razón por la cual "algo es inteligible en tanto es separable de la materia" (*InDeSensu.* "Prohemium", XLV/2, p. 3). Ahora bien este *ser separable de la materia* no puede entenderse sin más como el correlato de una operación intelectual que tendría el rol predominante en la distinción: esto es, una *abstrahibilitas* al modo de Juan de Santo Tomás. Lo cual queda en evidencia unas líneas más abajo cuando Tomás aclara que, justamente, lo máximamente inteligible es lo que subsiste fuera de la materia donde no cabe posibilidad alguna de operación abstractiva de la inteligencia. Ahora bien, hay otras cosas donde no se verifica tal separación actual de la materia y son ellas las que necesitan de la operación del intelecto agente para ser inteligibles en acto. De este modo, queda establecida la diferencia entre los objetos de cognición que causan la distinción de los hábitos científicos. Esta diferencia reside en el modo en que cada cosa es separable de la materia, lo cual es una propiedad de la misma *res*. Porque que algo sea separado o no de la materia según el ser no es una característica que dependa de la operación intelectiva que capta el objeto. En todo caso, es la operación del intelecto la que reconoce y se amolda a tal distinción. Por ello, en el caso de aquellas *res* que no existen separadas de la materia, como su inteligibilidad (esto es, su separación de la materia) no se encuentra efectivizada en acto, es necesario que el intelecto agente actualice una separación que ya se encuentra en potencia en el mundo extramental.

Así, el acto abstractivo que se perfecciona en su conocimiento[24] consiste en una desmaterialización que libera a la cosa de las condiciones individuantes que impiden su inteligibilidad. Pero si el intelecto puede hacer esto legítimamente, es porque antes la distinción se encuentra del algún modo en la cosa. Efectivamente, el fundamento de la operación no es otro que la distinción entre la esencia y aquellos aspectos o notas que –aunque la acompañen necesariamente en su existencia concreta– no le pertenecen específicamente. Lo dicho se corrobora con la enumeración de los modos de separación que coloca a continuación. Porque hay cosas que son separadas de la materia según la existencia y según la razón (*ratio*), cuyo estudio pertenece al metafísico; otras que no son separadas de la materia según la existencia pero sí según la razón (*ratio*) o esencia, cuyo estudio pertenece al matemático; finalmente, hay otras cuya esencia o *ratio* contiene materia sensible, y su estudio corresponde al filósofo natural.

Así, si cuando se habla de separación *secundum esse* lo que se designa es la subsistencia separada de un ente con respecto a la materia sensible, la separación *secundum rationen* señala la separación o prescindencia de la esencia del ente en cuanto tal con respecto a la materia sensible. Pero esta prescindencia o separación no implica la posibilidad de subsistencia separada; lo que indica es que tal tipo de esencia constituye un principio de inteligibilidad completo sin incluir tal materia, pero no un principio suficiente de existencia. Por ello puede concluirse que la distinción entre *separatio secuncum esse* y *separatio secundum rationem* descrita aquí es otro modo de referirse a lo que, con ocasión de otros textos, se ha denominado *abstracción en sentido general* y *abstracción en sentido absoluto o per se*. En ambos casos se designa una propiedad o estado de una cosa con respecto a la materia sensible, y no el producto de la operación intelectual.[25] En el primer caso el estado es de subsistencia separada, en el segundo solo de inteligibilidad separada. Pero si es posible conocer lo matemático por separado es porque su esencia no contiene o *abstrae* de la materia sensible, cosa que no ocurre en el caso de los objetos de ciencia natural, que no son separados de la materia sensible ni según la existencia ni según la razón.

En la misma línea de lo explicado aquí, en el *Comentario al libro I del De anima*, se insiste justamente en el carácter determinante de la definición de los objetos en la división de las ciencias. Y la razón de ello es que la definición como "principio de demostración de las cosas" expresa los aspectos esenciales de un ente, y son estos aspectos o principios la causa por la cual "una ciencia difiere de otra" (*InDeAn.* I, cap. 2, XLV/1, p. 12). Así, se confirma que lo que le compete a las esencias es específicamente lo que causa la unidad e identidad de una ciencia en tanto hábito, y la diferencia con las otras. En este sentido, un género de ciencias "considera aquellas cosas que existen en la materia sensible pero que no reciben materia sensible en su definición": las matemáticas. Pero otro género considera las cosas que no existen en la materia o que pueden no existir: la filosofía primera.

La división en In Physica I, lectio 1

En línea con lo explicado en los pasajes anteriores del *In De sensu et sensato* y del *In De anima*,[26] el Aquinate se refiere a la triple división de las ciencias especulativas en el inicio a su *In Physica*. El contexto de tal determinación es evidente: la necesidad de establecer con claridad y desde el comienzo cuál es el objeto o realidad que la filosofía natural indaga. Para ello, propone dos criterios que deben tenerse en cuenta en orden a caracterizar con precisión un objeto especulativo. El primero de ellos corresponde a la inteligibilidad, que es consecuencia del ser abstraído de algún modo de la materia. El otro es por la definición, en tanto constituye el medio a través del cual procede la demostración. Así, de acuerdo con el diverso orden hacia la materia y el modo diferente de ser definidas, las cosas se constituyen como objetos que dan lugar a distintas ciencias especulativas. (*In Physic.* I, cap. 1, lectio 1, n. 1, II, p. 4).

De este modo, hay ciertas cosas "cuya existencia depende de la materia y tampoco pueden ser definidas sin materia. Pero existen otros que, aunque no puedan existir sino en la materia sensible, no cae la materia sensible en la definición de los mismos" (n. 2, II, p. 4). Para graficar la distinción el Aquinate recurre a dos ejemplos ya citados en esta investigación: lo curvo y lo romo. En efecto, en ambos casos la existencia de estas cosas está necesariamente ligada a la materia sensible. Sin embargo, lo curvo se diferencia de lo romo en que tal tipo de materia no está incluida en la definición de lo primero y sí en la de lo segundo. Pero –como se vio anteriormente– que algo esté o no incluido en la definición de alguna cosa es un reflejo de que forma o no parte de su esencia. Por lo mismo, decir que lo curvo no incluye la materia sensible en su definición implica negar que la segunda forme parte de la esencia de lo primero: lo curvo es anterior a lo sensible desde el punto de vista causal, y –en este sentido– *abstrae* de ello. Del estudio de tales entes –que en *InMet.* VII, lectio 4, §1343, son caracterizados como "accidentes simples" por oposición a los "copulados"– se ocupa la matemática. De aquellos cuya existencia y esencia dependen de la materia sensible se ocupa la *física*; y, finalmente, de aquellos que "no dependen de la materia ni según la existencia ni según la razón" se ocupa la metafísica (nn. 2 y 3).

Nuevamente, cabe destacar aquí lo mismo que se ha ido concluyendo a partir de los textos analizados anteriormente: la causa de la distinción de las ciencias no es otra que la de la propia distinción entre los objetos del intelecto. Pero los mismos son las formas o esencias presentes en lo real, las cuales se caracterizan por la mayor o menor inteligibilidad que poseen de acuerdo con su relación con la materia. Algunas son máximamente inteligibles en tanto existen fuera de la materia (sea siempre, sea algunas veces); otras son menos inteligibles porque existen en la materia aunque, como esencias, son independientes de ella y pueden ser conocidas y definidas *en abstracción*; y existe un tercer orden de formas o esencias que existen en la materia y requieren de la misma para ser entendida. En este último caso, se trata de las esencias de los entes físicos que son compuestas de forma y materia. Con todo, en los tres casos, el *quid est* o *ratio* o *esencia* se distingue de la materia sensible signada que es el principio de individuación en los últimos dos tipos, pero también la causa de la ininteligibilidad de tales individuos (De Koninck, 1957, p. 152).

De esta manera, lo que funciona como fundamento de toda la distinción de las ciencias es la abstracción absoluta de las esencias con respecto a lo que no les pertenece específicamente. Así, por más que se indique en otros pasajes la necesidad de un acto abstractivo del intelecto que permita considerar una cosa aparte de otra,[27] el mismo debe entenderse como una actualización de una separación ya presente en la constitución de lo real (De Koninck, 1960, pp. 62–63). Y lo que es más, es la propia separación presente en la cosa la causa que posibilita la operación abstractiva del intelecto, tal como indica Tomás al determinar cuál es la razón por la cual el matemático puede abstraer sus objetos de lo sensible.

La división en In Metaphysica

Finalmente, considero importante analizar la cuestión de la división de las ciencias especulativas tal como se explica en el *Comentario a la Metafísica*. Allí, los textos principales a tener en cuenta son dos: el *Proemio* y el comentario al libro VI.

a) En el caso del *Proemio,* se trata de un texto que ya fue introducido anteriormente. Allí el Aquinate describe la distinción de los objetos especulativos y de las ciencias basándose en la enumeración de tres modos diferentes de *abstraer*. Y en aquella ocasión, se lo puso como ejemplo de un pasaje que contenía un uso del verbo *abstraer* cuyo sentido no podía ser subsumido ni bajo una interpretación general ni bajo una lectura psicológica. Esto es, el mismo no designaría ni el acto de la inteligencia ni la subsistencia separada de lo abstracto. Con todo, es frecuente encontrar autores de renombre que pretenden interpretar tal uso desde una óptica marcadamente epistemológica.[28]

Como ya se indicó más arriba el objetivo que Tomás persigue en el *Proemio* es probar que la metafísica se constituye como ciencia primera y, por tanto, regente de todas las demás. Pero para que pueda recibir este título debe probarse que la misma es la más intelectual de todas en tanto versa sobre el objeto más inteligible. Para ello el Aquinate establece tres modos de entender que algo es lo máximamente inteligible: a) en tanto causa máxima certeza en el conocimiento, b) en tanto es lo máximamente universal y –por ende– propio del conocimiento intelectual, y c) en tanto es lo máximamente inmune a la materia, que es causa de la ininteligibilidad. De acuerdo con el primer criterio, lo máximamente inteligible son las primeras causas de todas las cosas. De acuerdo con el segundo, los principios máximamente universales "son el ente y todas las cosas que se siguen de él", considerados de un modo común y no como este o aquel ente particular.

Pero es en el tercer criterio donde resulta interesante detenerse, porque es allí donde la abstracción funciona como un elemento relevante. En efecto, para indicar cuáles son las cosas máximamente inteligibles, enumera las diversas maneras en que algo puede *abstraer* de los principios materiales. Ya se indicó anteriormente que la forma sintáctica en que se utiliza el verbo impide que el mismo pueda ser interpretado como una operación intelectual. Claramente no es la inteligencia la que abstrae aquí, sino la propia cosa. Ahora, luego del análisis realizado particularmente en el capítulo 4 es posible entender a qué se refiere en forma precisa cuando distingue entre los diversos modos de *abstraer*, o cuando establece las diferencias entre los tipos de materia de los cuales se abstrae. Conviene repasar aquí el texto en cuestión:

> … son máximamente separadas de la materia las [cosas] que no sólo abstraen de la materia signada, como las formas naturales tomadas en universal, de las cuales trata la ciencia natural, sino [las que abstraen] completamente de la materia sensible. Y no sólo según la razón, como las matemáticas, sino también según la existencia, como Dios y la inteligencia. De donde la ciencia que considera acerca de esas cosas, parece ser la máximamente intelectual, y la principal o soberana de las otras. (*InMet.* "Proemium S. Thomae", p. 1)

En primer lugar, debe notarse la distinción indicada entre dos grandes modos de *abstraer*: *abstractio secundum esse* y *abstractio secundum rationem*. La abstracción según la existencia queda claramente graficada gracias a los ejemplos aportados por el Aquinate. Así, es relativamente fácil inferir que *abstractio secundum esse* designa la subsistencia separada de las cosas que abstraen: Dios y los ángeles existen sin composición alguna de materia. Por otro lado, *la abstractio secundum rationem* no indica como tal algún tipo de subsistencia separada pero sí una prerrogativa de la cosa que parece verificarse en los tres tipos de objeto, aunque de diverso modo. Ciertamente, ya se indicó que al hablar de *rationes* en este contexto, Tomás señala las propias esencias de las cosas en tanto causas intrínsecas de su modo de ser y principios de su inteligibilidad. De este modo, toda *ratio* y, por ende, todo objeto científico abstrae de aquello que no pertenece a su inteligibilidad porque es principio de contingencia: la materia sensible signada. Pero, a su vez, hay esencias o *rationes* que prescinden completamente en cuanto tales de la propia materia sensible. Tales cosas son identificadas como las formas matemáticas –en contraposición con las formas naturales– que, de acuerdo con lo analizado, son anteriores a todo lo sensible porque los accidentes cuantitativos perfeccionan directamente la sustancia. Pero también el *abstraer según la razón de la materia sensible* es algo que se afirma de las cosas pertenecientes al tercer tipo de ciencia, que es de la que se quiere demostrar su primacía y superioridad como la más intelectual de todas. Y es fácil entender el motivo de tal atribución desde la óptica que se viene siguiendo. Porque si tales cosas pueden subsistir sin materia sensible es necesario admitir que la misma no forma parte de su *ratio*, ya que todo lo que pertenece a la *ratio* de una cosa debe acompañarla en cualquiera de sus modos de existencia (mental o extramental).

De este modo, la búsqueda del Angélico por demostrar la primacía de la ciencia metafísica a partir de la máxima inmaterialidad de su objeto le permite también determinar la distinción entre las tres ciencias especulativas basándose –una vez más– en el modo de separación que sus objetos presentan frente a la materia. Y la misma es expresada sintéticamente en los siguientes términos: las formas naturales *abstraen según la razón* de la materia signada, pero no de la sensible; las formas matemáticas *abstraen según la razón* de la materia sensible tanto signada como no signada, pero no *abstraen* de ella *según la existencia*; las cosas máximamente inteligibles *abstraen según la razón* y *abstraen según la existencia* de la materia sensible. Así, lo que se encuentra expresado en estas pocas líneas es gran parte de lo que se viene explicando desde el capítulo 3: *abstraer* no señala aquí una operación transitiva sino una propiedad inmanente. En efecto, se trata de una separación con respecto a la materia que puede darse en el orden de la existencia o bien en el de la esencia. En el primer caso, *abstraer* y *abstracción* estarían tomados en el sentido que se denominó *general* y que es utilizado para designar la situación de las inteligencias y de las ideas platónicas, entre otras aplicaciones. Pero en el segundo, *abstraer* está tomado en el sentido *per se* o *absoluto* que se refiere a la independencia de una esencia determinada con respecto a todo lo que no le pertenece estrictamente.

b) El otro texto a considerar corresponde al comentario al libro VI, lugar donde el propio Aristóteles –en el capítulo 1– fundamenta la triple distinción de las ciencias especulativas en orden a determinar el objeto de estudio propio de la *Theologia*. Y el criterio que utiliza es el de la separación de la materia y el movimiento de cada cosa: la física estudia cosas móviles e inseparables de la materia, la matemática cosas inmóviles pero también inseparables de la materia, y la teología o ciencia primera las separables e inmóviles que –a su vez– son las causas sempiternas de las cosas sensibles. Se trata, sin dudas, del texto que constituye la fuente de la distinción de las ciencias que Boecio desarrolla en su *De Trinitate* y que también fue comentada por Tomás, como se vio más arriba. Pero es el mismo pasaje que algunos autores contemporáneos interpretan como una distinción "platónica" por basarse en criterios meramente ontológicos (Elders, 1974, p. 102), o *inconsistente* por confundir criterios ontológicos (al distinguir la metafísica de las otras ciencias) y epistemológicos (al distinguir entre matemática y física) en una misma argumentación (Nordberg, 1990, pp. 145–146).[29]

Dejando de lado el texto aristotélico, debe notarse que –al comentar este pasaje– Tomás vuelve a fundamentar la división de las ciencias en los tipos de definición. En sus propios términos:

> Como la definición es el medio de la demostración, y en consecuencia el principio de conocimiento, corresponde que a diversos modos de definir, se siga la diversidad en las ciencias especulativas. (*InMet.* VI, lectio 1, §1156, pp. 296–297)

De este modo hay ciertas cosas que son definidas con materia sensible –"como es definido lo *romo*"– y otras que son definidas sin tal materia –"como es definido lo cóncavo" (§1157, p. 297). Aquí debe recordarse que, como el Aquinate repite en numerosas oportunidades, la definición no es más que la expresión del contenido de una esencia o quididad. Así, las cosas que son definidas según el primer modo son las naturales, cuya esencia o quididad[30] no es separable *secundum rationem* de la materia. Y como la materia sensible es principio de movimiento, entonces se entiende que estos entes sean llamados *móviles* y constituyan el campo de estudio de la ciencia natural (*InMet.* VI, lectio 1, §1158 y §1162, p. 297).

Por su parte, la matemática considera las cosas definidas del segundo modo, esto es, sin materia sensible. Por ende, "considera aquellas que son sin movimiento" y "separadas de la materia sensible, aunque según la existencia no sean inmóviles o separables" (§1161). Y la causa que posibilita esta consideración y que se encuentra como el fundamento de la definición es que la *ratio* de tales entes no incluye materia sensible. Por ende, aunque en el mismo parágrafo se explique la diferencia entre lo matemático y lo físico en términos de la *consideración* de cada ciencia, no debe pensarse que el criterio de división sea epistemológico porque la consideración tiene un fuerte fundamento *in re* sin el cual toda la explicación del Aquinate carecería de sentido: la diferencia de ciencias es causada por la distinción entre dos tipos de esencia que dan lugar a sendos modos de definición y, por ende, de demostración.

En tercer lugar, la *ciencia primera* o *theologia* estudia aquellas cosas que son separadas de la materia según la existencia y, en esto, se diferencia fuertemente de las dos anteriores (§1163). A su vez, tales cosas son completamente inmóviles y, por ende, la consideración acerca de las mismas también lo será.[31] Por último, estos entes que son máximamente separados de la materia "son causa de los entes sensibles manifestados a nosotros, porque son máximamente entes y, en consecuencia, causa de los otros" (§1164, p. 298). Y porque son los primeros, entonces también son los entes más universales cuyo estudio revela lo que es propio del ente en cuanto que ente (§1170). De este modo, Tomás logra demostrar nuevamente aquí los tres aspectos que hacen de la ciencia metafísica la primera y principal de las ciencias, los cuales tienen que ver con la inmaterialidad, universalidad y primacía causal de su objeto de estudio (§1164), tal como había indicado en el *Proemio.*

Corolario

El análisis realizado sobre estos pasajes ha tenido por finalidad abarcar los textos más relevantes en los cuales Tomás de Aquino se expide acerca de la división de las ciencias. El objetivo es claro: determinar cuál es la causa fundamental de tal distinción. Ahora bien, si se repara en lo que la propia letra de cada texto muestra, es posible observar una característica que se mantiene como un denominador común: en todos los casos las ciencias especulativas se distinguen por su diversa inmaterialidad entendida como el modo de separación de la materia. Este punto es muy claro y prácticamente ningún estudioso del pensamiento del Aquinate podría negarlo.

Sin embargo, existe un aspecto importante que sí implica una divergencia con buena parte de la tradición hermenéutica del tomismo: en todos los casos analizados la inmaterialidad de la que se habla es una propiedad de la cosa. Esto quiere decir que no son las operaciones abstractivas del intelecto humano las que causan fundamentalmente la inmaterialidad del objeto, lo cual se muestra con claridad meridiana en el caso de los objetos de la metafísica. En efecto, los mismos son caracterizados –de un modo completamente consistente– como aquellos que existen o pueden existir separados de la materia, sin importar si tal caracterización es referida como una *abstractio secundum rem* o *secundum esse*, una *separatio,* o una *abstractio* sin más. Y tal como indica el Aquinate en la aclaración introducida en el contexto de la *Expositio* al capítulo segundo del *De Trinitate* de Boecio, lo que existe por separado no puede ser ulteriormente separado. Por este motivo, es lógico concluir que, frente a ellos, las operaciones abstractivas del intelecto no tienen nada para hacer: tales entes son inmateriales por sí mismos e inteligibles.

El asunto se complica con respecto a aquellos objetos que existen en la materia, aunque de igual manera puede probarse que también aquí el fundamento de la distinción no se encuentra en la operación intelectual sino en la cosa. En efecto, y partiendo desde los primeros textos considerados, debe notarse que la distinción entre este tipo de objetos en la *Expositio* a Boecio se caracteriza por la relación que los mismos guardan con el movimiento: algunos son *in motu* y otros *sine motu*. Pero estas propiedades no son consecuencias de una operación intelectual sino que en todo momento se predican de las "formas". Y si se duda de que tales formulaciones expresen el pensamiento auténtico del Aquinate, basta con remitirse a los artículos 1 y 2 de la cuestión quinta del comentario donde tampoco resulta que sea una operación intelectual la responsable de causar la distinción. Así, lo que Boecio llama *sine motu* (i.e. lo matemático) Tomás lo interpreta como *no dependiente* de la materia sensible según el intelecto, en tanto puede ser definido sin ella. Pero como la definición no es otra cosa que la expresión de la esencia de una cosa, entonces decir que algo no depende de la materia sensible según la definición equivale a decir que su esencia es independiente de y anterior a la misma.

Por el contrario, a las *formas* que Boecio caracteriza como *in motu*, el Angélico las designa como *dependientes de la materia sensible según el intelecto* o la definición, y en el artículo 2 aclara que –como la materia sensible es doble– la que entra en la definición de las cosas naturales es solo la no signada. Nuevamente, nada se dice acerca de una operación intelectual que establezca y fundamente las distinciones ni tampoco es necesario darla por supuesta: es la propia esencia la que incluye o no un determinado tipo de materia, y es la definición la que manifiesta tal inclusión.

Todo lo que se explica en el comentario juvenil sobre el *De Trinitate* parece ser respetado en obras de madurez muy significativas, como lo son los citados comentarios aristotélicos. Así, en el comienzo del *In De sensu et sensato* se habla de *separatio secundum rationem* para designar la independencia de la esencia con respecto a la materia sensible. Tal independencia es la que le permite a la inteligencia considerar lo matemático sin este tipo de materia. Y la referencia que allí se hace a la *abstracción* del intelecto agente responde a la necesidad de aclarar que lo que no existe actualmente separado de la materia, necesita ser *desmaterializado* o despojado de las condiciones de contingencia y particularidad con las que existe para informar correctamente al intelecto pasivo. En otras palabras, lo que tal punto describe es el modo específicamente humano de conocer estas esencias.

Por su parte en *In De anima* I el énfasis recae sobre el modo de definir cada cosa, el cual da lugar a un tipo de demostración diferente que caracteriza a cada una de las ciencias. Como la definición sigue necesariamente al contenido de la esencia, entonces el modo de la primera revela y manifiesta los elementos de la segunda. Así también deben entenderse los conceptos vertidos en el comienzo del *Comentario a la Física* donde se indica que, más allá de que lo matemático y lo natural no puedan existir sino en la materia sensible, la diferencia entre uno y otro viene dada por el hecho de que la misma no cae en la definición de la primera y sí en la de la segunda. Los propios ejemplos que el Aquinate brinda permiten ligar este punto a la distinción de las esencias accidentales de acuerdo con el tipo de sujeto que incluyen. Son entonces las esencias y no las operaciones intelectuales el fundamento de la distinción.

Finalmente, el *In Metaphysica* provee la distinción más sintética y clara, porque en su *Proemio* establece la diferencia entre los dos modos de *abstractio* que no designan una operación intelectual sino una propiedad de las cosas. Por un lado, la *abstractio secundum esse* que supone independencia existencial con respecto a la materia y, por otro, la *abstractio secundum rationem* que indica existencia en la materia pero independencia en cuanto a la esencia. Además, indica también de un modo muy claro los tipos de materia que no están incluidas en cada esencia y, por ello, que no caen en su intelección ni en su definición: los naturales que abstraen de la materia signada y los matemáticos que abstraen de toda materia sensible.

Por su parte, en el comentario al libro VI no hace más que reforzar lo que ya ha sido indicado con anterioridad. Allí el criterio para distinguir las ciencias entre sí es el modo de la definición que implica un proceder demostrativo distinto en cada caso. Así, el peso es colocado otra vez sobre la definición de la cosa que, como expresión de la esencia, no hace más que indicar lo que la misma incluye o no necesariamente.

En definitiva, las ciencias se distinguen por sus objetos, y estos se diferencian por su inmaterialidad. Y aunque esta inmaterialidad sea explicada mediante diversas terminologías en cada caso, siempre prevalece el criterio de la independencia o dependencia de la cosa (o esencia, o *ratio,* o forma) con respecto a tal o cual tipo de materia, ya sea que se trate de una independencia existencial o una que se verifica solo en el plano ontológico de la composición esencial.

Y si se pregunta por qué Tomás recurre a las operaciones del intelecto en su explicación, debe responderse que no es necesariamente porque su división de las ciencias tenga un fundamento psicológico o epistemológico. En general esto ocurre cuando está tratando de explicar por qué lo que se concibe separadamente no siempre existe de un modo separado. Así, en *Super De Trinitate* q. 5, a. 3 el objetivo es demostrar –en contra de lo sostenido por los *platónicos*– que aquello que ellos consideran como objeto de la ciencia matemática no solo existe en lo sensible sino que no puede existir en otro lado (Gelonch, 2002, pp. 254–255). En otras palabras, no se trata de plantear una diferencia que se dé principalmente en el plano de las operaciones intelectuales, sino en el de la composición y el modo de existencia extramental de las esencias. Algo similar ocurre en *In Physica* III, lectio 3 donde habla de "*abstrahere a materia sensibili et naturali*" para designar el modo según el cual el matemático considera objetos tales como las líneas, lo puntos, etc. Pero a continuación agrega que la causa de tal operación es que estos objetos *abstraen* ellos mismos de la materia signada en tanto coexisten con ella pero son metafísicamente anteriores e independientes de la misma: por ello la materia sensible no cae en su definición ni está incluida como en su esencia.

Es a la independencia, en este último sentido, a la que se le podría aplicar con mayor propiedad el término *abstracción* en tanto señala la relación de prescindencia de un principio intrínseco con respecto a lo principiado donde existe. De este modo, tal anterioridad o separación es la causa fundamental de la distinción intelectual según la primera operación que Tomás denomina también *abstracción*.[32] Y, por ello, todo lo que el hombre puede abstraer mediante su intelecto agente es aquello que ya presenta una separación noética con respecto a lo no considerado: esto es, el intelecto de lo segundo no pertenece al intelecto de lo primero. De esta manera, si hay una operación intelectual que puede ser denominada *abstractio universalis a particulari* es porque el universal –entendido como la propia esencia de la cosa– es anterior a y *abstrae* de los particulares en los cuales se realiza concretamente. Y si hay una *abstractio formae a materia* es porque toda forma es independiente de aquella materia que no cae en la intelección de la misma.

En definitiva, lo que muestra todo este asunto de la división de las ciencias especulativas es la absoluta relevancia que acusa la distinción entre los sentidos de la abstracción establecida en el capítulo 3. Particularmente, resulta necesario destacar el rol de la *abstractio per se* o absoluta como fundamento de la multiplicación de objetos especulativos y, por ende, como causa –y no consecuencia– de los diversos modos de abstracción psicológica.

Notas

1. Tal potencialidad de la distinción no indica un mero no ser, sino, al decir de Castello Dubra (2012), una cierta "incompletitud" que le impide la subsistencia fuera de los individuos. En definitiva, "[e]l que la naturaleza no exista en sí misma, sino que se halle realizada en los singulares no significa que *solamente* sea un concepto abstraído de esos individuos, sino también incluye el que sea un principio constituyente de los mismos" (pp. 76–77).
2. . Y algo que también queda claro a partir del texto de *SuperSent. I* d. 36, q. 1, a. 3, donde se admite que la existencia de una cosa en la mente es por semejanza, indistintamente de si se trata de la mente humana o divina. Por ello, la *similitudo* no designa allí un producto representativo logrado por abstracción sino –lisa y llanamente– algo que es semejante a la cosa concreta existente porque comparte con ella algo común que es su esencia. Y es eso común lo que funciona como punto de comparación para decir que un modo de existencia es superior a otro. Esto está en línea con otros usos del término *similitudo* como en *SCG* I q. 49 (XIII, p. 142), donde afirma que en Dios está intelectualmente la semejanza de lo causado.
3. Entonces el problema aquí no reside tanto en determinar si el concepto objetivo existe o no en la concepción tomasiana o, más importante, en la propia realidad del conocimiento humano. Más bien, la raíz del equívoco consiste en haber colocado paulatinamente al mismo en el centro de la escena, considerándolo como el fundamento del mismo en tanto constituiría propiamente el *quod* conocido. Esto último es lo que resulta incompatible con lo que el Aquinate manifiesta en sus textos.
4. Se trata de la circularidad ínsita que caracteriza a la pregunta moderna por el método del conocimiento y que fue expuesta –entre otros– por Rorty al afirmar que cualquier doctrina que intente fundamentar el modo según el cual nuestro intelecto puede captar el verdadero ser de las cosas (y en esto consiste toda propuesta gnoseológica moderna), resulta falaz al dar por supuesto lo que intenta fundamentar: el propio conocimiento. De este modo, los autores que proponen a la *abstracción* un método de conocimiento que garantiza su certeza al brindar una representación adecuada de la realidad, fallan en su intento de certificar la adecuación de dicha representación con el mundo exterior porque no caen en la cuenta de que sus propias teorías también necesitarían de una certificación similar. Cfr. Rorty, 1996, pp. 25 y 28; y Gelonch, 2008, p. 126.
5. *Eidético* señala aquí el principio de inteligibilidad de las cosas (sus *formas*) y no –justamente– una *idea* formada por la inteligencia.
6. Creo que textos de madurez como *InDeAn.* I, 1 (XLV/1, p. 7) e *InMet.* VII, lectio 13, §1570 (p. 378) donde se dice que el universal puede tomarse como "la misma naturaleza a la cual el intelecto atribuye la intención de universalidad" o como lo propiamente universal, son expresiones que pueden ser perfectamente entendidas en línea con las juveniles citas de la doctrina aviceniana, más puntualmente, con la

distinción entre el universal y lo que se predica (*DeEnte* c. 3). En todos los casos, se trata de pasajes donde se esfuerza por dotar a la realidad sensible de un contenido inteligible en contra de la pretensión platónica de afirmar la subsistencia separada de lo inteligible.

7. Me refiero al argumento presente en *DeUnit.* (XLIII, p. 312) donde afirma que la unidad de la ciencia –entendida como hábito– no es causada por la unidad del sujeto donde existe (el intelecto) sino por la de la cosa conocida. Esta última es "la misma naturaleza o quididad de la cosa" que, si bien solo existe multiplicada en los individuos, debe ser algo común a todos ellos. Recuérdese que la *essentia tantum* no solo apunta a explicar la comunidad entre lo real y lo mental sino también entre individuos de la misma especie (Castello Dubra, 2012, p. 78).
8. Quienes opinan esto, entre otros, son Merlan (1975, pp. 77–81); Nordberg (1990, pp. 145–148); Maurer (1986, pp. xvi-xvii); y Pascual (2001, pp. 82–84).
9. Algo que se fundamenta en el propio texto Aristotélico, presente en el libro VI de su *Metafísica*, en el cual Boecio se basa para su división.
10. Este es el punto que Merlan (y, siguiéndolo a él, también Nordberg y Pascual) critica a Boecio: una supuesta confusión entre el orden ontológico y el epistemológico al momento de elegir el criterio de división. Sin embargo, la confusión no existe simplemente porque no hay criterio epistemológico: cuando se habla de inmaterialidad según la consideración no se está afirmando que la misma sea causada por la consideración. Al menos no es esto lo que entiende Tomás.
11. Otra semejanza con Boecio puede encontrarse en la objeción 7 y su correspondiente respuesta. Allí lo que se pretende es impugnar la triple división de la filosofía considerando que, si toda ciencia trata acerca de cosas (*res*), y que la filosofía le corresponde estudiar el ente, entonces la división debería hacerse a partir de distinciones más fundamentales del ente como acto-potencia, sustancia-accidente, etc. Lo interesante es que en ningún momento de la respuesta Tomás se ve movido a declarar que las ciencias no traten acerca de cosas, sino que aclara que tratar del ente en cuanto acto o potencia, sustancia o accidente es tratar del ente en común, y esto es materia específica de una de las partes de la filosofía: la metafísica. Las demás ciencias son de otras cosas, y con este término no está designándose un determinado individuo existente, sino los principios del mismo que son las esencias.
12. Cfr. *SBDT* q. 5, a. 2, ad 2: "Ad secundum dicendum, quod forma intelligibilis est quiditas rei: obiectum enim intellectus est quid, ut dicitur in III De anima" (L, p. 143).
13. Cfr. *DeEnte* cap. 2 (XLIII, p. 371); e *InMet.* VII, lectio 9, §1468 (p. 359).
14. Cfr. *DeSeparat.* cap. 2: "…universalia sunt essentiae ipsorum particularium, et mathematica sunt terminationes quaedam sensibilium corporum" (XL/d, pp. 43–44); y *SBDT* q. 5, a. 2, ad 5: "Ad quintum dicendum, quod quamvis universale non moueatur, est tamen ratio rei mobilis" (L, p. 144).

15. Cfr. *SBDT* q. 5, a. 2, co.: "Et quia singularia includunt in sui ratione materiam signatam, universalia vero materiam communem, ut dicitur in VII Metaphisice, ideo predicta abstractio non dicitur forme a materia absolute, set universalis a particulari" (L, p. 143).
16. Cfr. *SBDT* q. 5, a. 3, co.: "...oportet quod ipsa natura siue quiditas rei intelligatur uel secundum quod est actus quidam, sicut accidit de ipsis formis et substantiis simplicibus, uel secundum id quod est actus eius, sicut substantie composite per suas formas, uel secundum id quod est ei loco actus, sicut materia prima per habitudinem ad formam et vacuum per privationem locati" (L, p. 147).
17. Incluso Tomás habla en este último caso de la consideración absoluta de una naturaleza según su razón esencial, más allá de todas aquellas partes que no son parte de la especie sino partes accidentales. Así se pone en evidencia la íntima relación entre la abstracción de la esencia absoluta –entendida como independencia y anterioridad de la esencia común– y la posibilidad de que una inteligencia conciba la esencia abstractamente.
18. Esto es lo que significaría en el fondo la célebre frase aristotélica "abstraer no es mentir" –citada, por ejemplo, en *DeSpirit.* a. 3, ad 14. Si bien es cierto que en reiteradas ocasiones afirma que la verdad y la mentira solo se da en la operación compositiva del intelecto –en la proposición (*InMet.* VI, lectio 4, §1230; y *InDeAn.* III, cap. 5, XLV/1, p. 226)–, también es correcto afirmar que la operación abstractiva del intelecto considera una separación que encuentra respuesta en la propia composición de la cosa. Por ello, la relación de adecuación entre intelecto y cosa no se da solo cuando el intelecto une o separa mediante el juicio lo que en la realidad existe unido o separado, sino también cuando considera una esencia en su especificidad estricta libre de aquellas particularidades que pertenecen solo al individuo. Si bien en esta operación no se da la mentira, sí puede darse algún tipo de falsedad (Cfr. *InDeAn.* III, cap. 5, XLV/1, pp. 227–228; *SuperSent. I* d. 2, q. 1, a. 3, co.). Así, no es que la abstracción según la primera operación goce de cierta "libertad con respecto a las exigencias de la verdad" (Kelly, 1965, pp. 21–24); lo cierto es que lo que conoce el intelecto es algo verdadero: la multiplicidad de principios presentes en una esencia y la independencia relativa que poseen. Tal independencia es lo que llamamos *abstracción per se* y, por ende, la abstracción *per se* resulta ser la causa y fundamento de la abstracción psicológica.
19. Identificadas a veces como *res* o cosas, otras como *rationes.*
20. En este sentido, ocurre lo mismo que con el caso de la definición como instancia mostrativa de la constitución de la esencia y de su independencia y anterioridad con respecto a los aspectos no esenciales.
21. Esto es, la separación existencial enunciada por el juicio negativo.
22. Esto es, la independencia y anterioridad nocional o eidética expresada a través de la *inteligencia de los indivisibles*: la aprehensión separada de lo que no existe por separado.

23. Cfr. *InDeAn.* III, cap. 2 (XLV/1, p. 212), como así también todo el contexto donde se encuentra esta distinción, analizado más arriba en el capítulo 5, pp. 210-213.
24. *Abstractio* en sentido psicológico.
25. Contrariamente a lo que afirman tanto Leroy (1948, p. 338 y *supra*, p. 49) como Ponferrada (1978, p. 283).
26. Y prácticamente en simultaneidad cronológica con ambos (Cfr. Torrell, 2002, p. 365).
27. Como en *In Physica* II, lectio 3. Pasaje que es citado por Ponferrada (1978, p. 283), Elders (1974, p. 102), Nordberg (1990, pp. 145–146), y Pascual (2003, pp. 135–136) como el sitio donde se hallaría una auténtica división de las ciencias siguiendo el criterio epistemológico.
28. A los ya citados en el capítulo 2 se puede sumar Doig (1972, pp. 55–57), quien interpreta que allí se describe un proceso resolutivo en orden a alcanzar el concepto de *ens commune*, al que interpreta como un género.
29. El problema de ambos autores –junto con el de Merlan– parece residir justamente en entender que *abstracto* solo puede significar dos cosas: o subsistencia separada de la materia (*separatio*) o producto de la distinción intelectual. Es por ello que juzgan confuso que se hable de *inabstracto* tanto en el caso de lo físico como de lo matemático. Lo que en realidad desconocen es que, al menos como lo interpreta Boecio y como llega a Tomás, *inabstracto* designa en ambos casos *existencia unida a la materia*. Por su parte, la diferencia entre ambas viene dada por el movimiento que, si en un caso es considerado y en otro no, es porque en el primero la materia sensible –causa del movimiento– pertenece a la esencia de la cosa y en el segundo no.
30. Aristóteles habla de "sustancia" y Tomás retoma este término confirmando su validez.
31. Y en este punto se asemeja a las matemáticas.
32. Entendida aquí bajo el sentido psicológico.

Referencias

Aquinatis, T. (1856). Commentum in primum librum Sententiarum magistri Petri Lombardi *Opera Omnia ad fidem optimarum editionum accurate recognita* (Vol. 6, pp. 1–380). Parma: Typis Petri Fiaccadori.

Aquinatis, T. (1884). Commentaria in octo libros Physicorum Aristotelis *Opera omnia iussu impensaque Leonis XIII. P. M. edita* (Vol. 2). Roma: Ex Typographia Polyglotta S. C. de Propaganda Fide.

Aquinatis, T. (1888). Summa Theologiae. Pars Prima *Opera omnia iussu impensaque Leonis XIII P. M. edita* (Vol. 4). Romae: Ex Typographia Polyglotta S. C. de Propaganda Fide.

Aquinatis, T. (1918). Summa Contra Gentiles I. In F. Praedicatorum (Ed.), *Opera omnia iussu impensaque Leonis XIII P. M. edita* (Vol. 13, pp. 3–270). Roma: Typis Riccardi Garroni.

Aquinatis, T. (1968). De substantiis separatis *Opera omnia iussu Leonis XIII P. M. edita* (Vol. 40 D). Roma: Ad Sanctae Sabinae.

Aquinatis, T. (1971). In duodecim libros Metaphysicorum Aristotelis expositio. In M. R. C. R. M. Spiazzi (Ed.). 2° ed. Taurini-Romae: Marietti.

Aquinatis, T. (1976a). De ente et essentia *Opera omnia iussu Leonis XIII P. M. edita* (Vol. 43, pp. 315–381). Roma: Editori di San Tommaso.

Aquinatis, T. (1976b). De unitate intellectus contra Averroistas *Opera omnia iussu Leonis XIII P. M. edita* (Vol. 43, pp. 243–314). Roma: Editori di San Tommaso.

Aquinatis, T. (1984a). Sentencia libri De anima *Opera omnia iussu Leonis XIII P. M. edita* (Vol. 45/1). Roma-Paris: Commissio Leonina-J. Vrin.

Aquinatis, T. (1984b). Sentencia libri De sensu et sensato cuius secundus tractatus est De memoria et reminiscencia *Opera omnia iussu Leonis XIII P. M. edita* (Vol. 45/2). Roma-Paris: Commissio Leonina-J. Vrin.

Aquinatis, T. (1992). Super Boethium De Trinitate *Opera omnia iussu Leonis XIII P. M. edita* (Vol. 50, pp. 1–230). Roma-Paris: Commissio Leonina-Éditions Du Cerf.

Aquinatis, T. (2000). Quaestio disputata de spiritualibus creaturis. In J. COS (Ed.), *Opera omnia iussu Leonis XIII P. M. edita* (Vol. 24/2). Roma-Paris: Commissio Leonina-Éditions Du Cerf.

Castello Dubra, J. A. (2012). Esencia, realidad y concepto: impacto doctrinal de la concepción aviceniana de la *natura* en la escolástica medieval. *Studium. Filosofía y Teología, 29*, 69–79.

De Koninck, C. (1957). Abstraction from Matter: Notes on St. Thomas' Prologue to the Physics. [Journal Article]. *Laval Theologique et Philosophique, 13*, 133–196.

De Koninck, C. (1960). Abstraction from Matter: Notes on St. Thomas' Prologue to the Physics. [Journal Article]. *Laval Theologique et Philosophique, 16*, 53–69.

De Libera, A. (1996). *La querelle des universaux. De Platon à la fin du Moyen Age*. Paris: Seuil.

Doig, J. C. (1972). *Aquinas on Metaphysics: A Historico-Doctrinal Study of the Commentary on the Metaphysics*. The Hague: Nijhoff.

Elders, L. (1974). *Faith and Science: An Introduction to St. Thomas' Expositio in Boethii De Trinitate*. Roma: Herder.

Gelonch, S. R. M. (2002). *Separatio y objeto de la metafísica. Una interpretación textual del Super Boethium De Trinitate, q5 a3, de Santo Tomás de Aquino*. Pamplona: EUNSA.

Gelonch, S. R. M. (2008). Una contribución para la comprensión del nacimiento del representacionalismo. *Philosophia, 68*, 123–132.

Kelly, C. J. (1965). Abstraction and Existence. *Laval Theologique et Philosophique, 21*, 17–42.

Leroy, M.-V. (1948). Le savoir speculatif. *Revue Thomiste: Revue doctrinale de Theologie et de Philosophie, 48*(1–2), 236–339.

Llano, A. (2011). *Metafísica y lenguaje*. Pamplona: Eunsa.

Maurer, A. A. (1986). *The Division and Methods of the Sciences*. 4 ed. Brepols.

McGinnis, J. (2010). *Avicenna*. Oxford: Oxford University Press.

Merlan, P. (1975). *From Platonism to Neoplatonism*. 3 ed. The Hague: Martinus Nijhoff.

Nordberg, K. (1990). Abstraction and Separation in the Light of the Historical Roots of Thomas' Tripartition of the Theoretical Sciences. In R. Tyorinoja (Ed.), *Knowledge and the Sciences in Medieval Philosophy. Proceedings of the Eighth International Congress of Medieval Philosophy (1987)* (Vol. III, pp. 144–159). Helsinki: Yliopistopaino.

Pascual, R. M. (2001). Boecio y la división de las ciencias especulativas en el "De Trinitate". *Alpha Omega: Rivista di Filosofia e Teologia dell'Ateneo Pontificio Regina Apostolorum*, *4*(1), 67–86.

Pascual, R. M. (2003). *La división de las ciencias especulativas en Santo Tomás de Aquino*. Doctorandus Excerpta ex dissertatione ad Doctorandum in Facultate Philosophiae, Pontificia Universitas Gregoriana, Roma.

Ponferrada, G. E. (1978). Nota sobre los "grados de la abstracción". *Sapientia*, *33*, 267–284.

Rorty, R. (1996). *Contingencia, ironía y solidaridad.* Barcelona: Paidós.

Torrell, J.-P. (2002). *Iniciación a Tomás de Aquino. Su persona y su obra*. Pamplona: Eunsa.

Conclusiones

La pregunta por el *quid* de la abstracción, formulada en el comienzo de este trabajo, develó la presencia de un importante equívoco que caracteriza las respuestas de aquellos que han emprendido la tarea de exponer su significado en las décadas precedentes. Este equívoco se pone de manifiesto en tanto se verifica una doble limitación de la que adolecen los estudios anteriores.

Por un lado, es fácilmente verificable que no existe una doctrina medianamente homogénea acerca de la abstracción dentro de la tradición tomista. Lejos de ello, las propuestas de los diversos autores se enfrentan y contradicen entre sí dando lugar a lecturas e interpretaciones contrapuestas acerca de un mismo texto. En efecto, resulta significativo que –ya promediando la segunda década del siglo XXI– aún no hayan sido resueltas las viejas disputas de la primera mitad del siglo pasado.

Pero resulta claro que tal limitación depende fundamentalmente de la segunda. Porque, si los estudios previos realizados acerca de la abstracción se mueven en un terreno tan confuso es porque no existe entre ellos alguno que considere todos los sitios donde Tomás de Aquino habla sobre ella y, por ende, entrañan el riesgo metodológico de absolutizar un significado parcial. Tal cosa es lo que ocurre en este caso, constituyendo un ejemplo de interpretación basada en un *a priori*. El mismo consiste en considerar que *abstracción*, entendida de un modo específico, designa una operación del intelecto que tiene por finalidad la formación de los objetos especulativos a partir del fantasma imaginativo elaborado a través de la percepción sensible. Sin embargo, tal consideración se muestra errónea por varios motivos que se han ido develando en el transcurso de la investigación.

El primero que podría citarse es la existencia de textos relevantes en los cuales el sentido de la abstracción no coincide con lo que se pretende de ella. El capítulo 3 permitió fundamentar –de hecho– la presencia de tres sentidos principales bajo los cuales Tomás de Aquino utiliza el término *abstracción* y sus derivados. Todos ellos se encuentran presentes en obras diversas, pertenecientes a estadios de madurez diferentes. Y la clave que permite fundamentar que se trata de sentidos distintos es el sujeto al que señalan los términos en cada caso. Así, una cosa significa *abstraer* cuando se refiere a una operación transitiva realizada por un sujeto y que provoca un efecto en un objeto, y otra cuando es predicado de diferentes cosas como una propiedad de las mismas que no depende de ninguna acción producida por algo externo. En el primer caso, la abstracción puede significar diferentes cosas, como un hecho físico, un proceso psíquico o un suceso místico. Pero el uso más extendido de este sentido es el que designa la operación intelectual humana relacionada justamente con el conocimiento desde lo sensible.

Ahora bien, en el segundo sentido, la abstracción designa un *estado* que consiste en algún tipo de separación de lo abstracto con respecto a otra cosa. En varios casos, tal separación se verifica entre individuos diversos o entre un individuo y algún elemento que no es necesario para su existencia (o que, directamente, es contradictorio con la misma). Un ejemplo frecuente del primer tipo de separación se verifica cuando el Aquinate habla acerca del estado de las *ideas* platónicas con respecto a los individuos de los cuales son principios. Por su parte, el segundo tipo es el que caracteriza –entre otros– a las sustancias espirituales con respecto a la materia sensible: las mismas son llamadas *abstractas* en tanto la materia sensible no tiene ni puede tener parte en ellas.

Sin embargo, existen otros pasajes donde la abstracción designa también un estado de separación de la propia cosa (y no el efecto de una operación), pero la nota particular de los mismos es que allí la separación no puede ser existencial. Esto es, lo que *abstrae* no es un individuo sino *algo* de un individuo: se trata de las esencias o *formas* que, en tanto principio de conocimiento, son independientes de todo aquello que no hace a su inteligibilidad. Este sentido se muestra tan particular a la vez que relevante en las obras que se ha decidido nombrarlo de un modo especial como *abstracción absoluta o per se*, en tanto se constata que designa el modo según el cual la esencia, por sí misma y como principio, se distingue o se muestra independiente de lo principiado.

De esta manera, la multiplicidad de sentidos bajo los cuales es tomada la abstracción en las obras del Angélico ya es suficiente para mostrar que la interpretación tradicional es demasiado estrecha en cuanto desconoce la relevancia de cualquier otro uso donde la misma no signifique una operación transitiva realizada por el intelecto humano. Pero también hay dos conclusiones adicionales que surgen de este mismo análisis de los textos:

1) Si bien el sentido de la abstracción que se denominó *psicológico* –en tanto tiene al alma (o más precisamente a la inteligencia) como sujeto– es cercano a lo que la tradición tomista ha afirmado en líneas generales, no obstante expresa bastante menos que lo que los diversos comentadores pretenden leer allí. De acuerdo con la letra de los textos, tal modo de la abstracción se refiere a una operación del intelecto agente que tiene como finalidad desmaterializar los fantasmas sensibles en orden a que el principio de inteligibilidad latente en los mismos informe el entendimiento pasivo. De esta manera, lo que designa la abstracción bajo este sentido es el procedimiento normal de la cognición humana, llamada a conocer las quididades de los entes materiales pero a través de especies intelectuales formadas desde el conocimiento sensible. Asimismo, no parece haber lugar en las obras tomasianas para una supuesta abstracción del intelecto pasivo que, una vez informado por el agente, produzca diversos objetos especulativos. Como se vio en el primer capítulo, este es uno de los puntos capitales de la interpretación tomista de la abstracción (se admita o no abiertamente), pero no es posible encontrar referencias a tal modalidad, sean explícitas o indirectas.
2) El sentido absoluto o *per se* es ignorado y obviado por prácticamente la totalidad de la tradición. Esto se muestra en que, aunque algunos autores citen pasajes donde este sentido está claramente presente, el mismo es interpretado como si se tratase de una nueva referencia a la operación intelectual, tal como ocurre en el *Proemio* al *In Metaphysica*. De este modo, no es que simplemente se desconozca la relevancia de los casos sino que, precisamente allí donde la *abstractio per se* juega un rol clave, tradicionalmente se han interpretado cosas muy diferentes. Esta es, a mi juicio, la razón por la cual la lectura de estos pasajes ha causado semejante grado de discrepancia entre los comentadores: que los textos dicen algo muy distinto de lo que se pretende.

Pero, al fin de cuentas, lo que ambas conclusiones muestran es que la diferencia entre Tomás y los tomistas dista mucho de ser meramente textual o terminológica. Tampoco puede considerarse como si el olvido u *ocultamiento* de la abstracción absoluta se tratara de un descuido fácilmente subsanable mediante la ampliación del léxico. Por el contrario, las diferencias revelan que existe una disparidad más profunda entre los planos de análisis dentro de los cuales la *abstracción* es entendida en cada caso.

Esta diferencia se pone de manifiesto ya en la lectura que el propio Cayetano realiza de los textos de Tomás de Aquino. En efecto, el cardenal, al tratar sobre la abstracción, parece referirse al proceso lógico que permite a la mente acceder a lo inteligible. Su explicación de los modos o *grados* de abstracción no es otra cosa que el intento de detallar el modo según el cual los objetos inteligibles son captados por nuestro intelecto. Debe recordarse que el contexto dentro del cual desarrolla su doctrina con mayor extensión responde a la exigencia de explicar de qué modo el ente es el primer objeto conocido por nuestro intelecto. Así, el contexto del problema delimita y anticipa la naturaleza de la respuesta: si el contexto responde al modo de conocer de nuestra inteligencia, entonces la doctrina que soluciona el problema también se referirá a lo mismo. Ahora bien, esto implica de suyo una fuerte diferencia con respecto al Aquinate, porque el problema de la fundamentación y división de las ciencias *trasciende* para este último la dimensión de lo humano en tanto no se limita a la determinación de cómo conoce el hombre, sino que va más allá pero incluyéndola: la ciencia no es algo exclusivo del hombre sino que también se verifica en las *inteligencias* y de modo máximo en Dios.

Pero, además de este punto, la propia forma de la pregunta cayetaniana manifiesta hasta qué punto se está discutiendo en un plano distinto. En efecto, hablar de diversos modos en que el *ente* se constituye como objeto merced a diferentes maneras de consideración implica admitir que todo objeto intelectual depende fundamentalmente del modo en que la inteligencia lo considera. Así, la *abstracción* –dentro de este contexto– significa un proceso de formación de objetos, y cada uno de sus modos debe terminar en la formación de un tipo de objeto específico. Sin embargo, esta identificación no se encuentra en los textos tomasianos y la *piedra de toque* que permite confirmar esta disparidad es la constatación de que los textos tomasianos donde supuestamente se apoya Cayetano para basar su doctrina de la abstracción (particularmente de la formal) no afirman nada que pueda ser asimilable con lo que el de Gaeta propone. Dejando de lado los comentarios al *Proemio* al *De ente et essentia* y a la *Summa Theologiae I* q. 40, a. 3 donde –a mi parecer– no pretende que el Aquinate determine allí algo importante acerca de la abstracción, resulta interesante notar que en el comentario a la *Summa Theologiae*

I q. 85, a. 1, ad 2, sí da a entender que lo que se está explicando es el proceso de abstracción del intelecto pasivo que determina la formación de los objetos de la intelección. Sin embargo, tal exigencia no encuentra respaldo textual en tanto no se habla allí de una abstracción del intelecto pasivo. Lo cierto es que en ese pasaje el Angélico determina cuántos tipos de especies especulativas puede captar la cognición humana desde el fantasma imaginativo. Y como indica en el artículo segundo de la misma cuestión, la especie no es el *quid* del conocimiento ni el objeto de la ciencia: se trata simplemente del medio del conocimiento humano. Por ello, lo que Tomás afirma aquí acerca de la abstracción debe limitarse exclusivamente a las particularidades del proceder de nuestro intelecto y no debe ser entendido como algo que corresponda irrestrictamente al ámbito de la determinación y fundamentación de las ciencias como tales.

Pero, lo que es más, ni siquiera en este texto se afirma que la distinción entre las especies se explique causalmente por la diferente consideración del intelecto humano. En todo caso, lo que se insinúa es que dicho intelecto conoce, efectivamente, abstrayendo especies desde los fantasmas, y que estas especies se diferencian entre sí por su relación con la materia. Ahora bien, esta relación no es causada por el intelecto sino que, en sí misma, es una consecuencia de la constitución de las *rationes* de las especies como tales (Gelonch, 2002, p. 69). Solo así puede entenderse que la objeción recuerde cómo la materia sensible cae necesariamente en la definición de los entes naturales, lo que equivale a decir que la misma pertenece a su esencia. Y también se entiende que el Aquinate, en su respuesta, no niegue esto sino que aclare que –aun así– el intelecto humano puede abstraer su especie de la materia sensible individual porque esta última no pertenece a ella. Justamente, lo que puede ser abstraído (*potest abstrahi*) por el intelecto ya viene determinado de antemano por la *ratio* de la cosa, y lo que aquí se afirma encuentra su fundamento en las propias palabras del texto ya que, al momento de explicar por qué la inteligencia puede captar la especie de hombre sin la materia individual, Tomás indica que es porque "esta carne y estos huesos" –individuales– no pertenecen a la razón (*ratio*) de la especie sino al individuo (*S. Th. I* q. 85, a. 1, ad 2).

Se impone entonces la siguiente conclusión. Si bien en este texto *abstracción* significa ciertamente una operación cognitiva del intelecto humano, significa solo eso y está exenta de todas las otras connotaciones de orden lógico o epistemológico que Cayetano –y la tradición posterior– ha pretendido leer aquí. Es decir, no señala una operación destinada a la formación del objeto inteligible como tal sino que describe de qué modo se distinguen entre sí las especies que el intelecto humano utiliza para conocer la realidad sensible según el tipo de materia desde la cual pueden ser abstraídas y el tipo de materia que deben forzosamente contener.

Ahora bien, la especie es un instrumento útil del conocimiento solo en tanto se configura como una similitud del objeto, esto es, de la cosa –*quod*– conocida (*S. Th. I* q. 85, a. 2, co., V, p. 334). Por ende, el proceso abstractivo del que se habla en el artículo 1 no se refiere al modo de distinguir los objetos científicos sino las especies inteligibles en tanto semejanzas de tales objetos. Y el fundamento de la distinción no reside en las operaciones intelectuales sino en la constitución de la esencia que existe en las cosas de la cual las especies son semejanzas.

Pero lo que se ha criticado acerca de Cayetano también vale para los restantes autores que han indagado acerca de la abstracción en la obra de Tomás de Aquino. De esta manera, más allá de que un buen número de ellos se muestre crítico de algunas o muchas de las particularidades que caracterizan la interpretación del Cardenal, lo cierto es que todos ellos han considerado el acto abstractivo como un proceso intelectual humano por el cual se hace efectivo, a la vez, un alejamiento de la cosa tal como existe y un acercamiento al objeto cognitivo. Lo que es lo mismo, tanto aquí como en los comentarios de Cayetano se manifiesta una diferencia entre cosa y objeto, o entre objeto material y formal. La cosa no es el objeto formal de la ciencia sino que este último se constituye por la ordenación de esa cosa hacia la inteligencia que lo adapta a sí misma. Sin dudas, todos admiten que el objeto posee un correlato real: si puede ser captado tal aspecto formal sin lo restante es porque la cosa lo permite. Pero, eventualmente, la causa de la distinción del objeto es la actividad intelectual y, frente a ello, la pregunta por la fundamentación metafísica se vuelve superflua o banal a punto tal que resulta imposible hallar algún comentador que la desarrolle como parte necesaria de la explicación de la ciencia o de la abstracción: la preocupación pasa en todo momento por la determinación de las operaciones intelectuales involucradas en la formación del objeto.

Estas operaciones intelectuales (o al menos algunas de ellas) se interpretan como los diversos modos de la abstracción, y la prueba de que todos estos autores se mantienen en la misma línea fundamental liderada por el de Gaeta se muestra en la identificación que algunos intentan encontrar reiteradamente entre el *Super De Trinitate* q. 5 (donde, ciertamente, se tematiza acerca de la división de las ciencias) y *Summa Theologiae I* q. 85, a. 1 (donde la indagación gira en torno al modo de conocimiento del hombre). O también, en que toda vez que se habla de que las diversas ciencias se diversifican por el grado de separación de su objeto con respecto a la materia y el movimiento no puedan más que identificar esta separación con un producto dependiente de la actividad intelectual, esto es, con la consecuencia del proceso abstractivo humano por el cual se capta lo inteligible desde lo sensible.

En definitiva, la diferencia fundamental que existe entre la abstracción según la entiende Santo Tomás y las interpretaciones de sus comentadores (tanto clásicos como contemporáneos) consiste en una divergencia profunda entre los planos de indagación. Esto quiere decir que la abstracción para los segundos encuentra su sentido específico solo en el ámbito de lo objetivo, como modo mediante el cual el intelecto determina sus objetos. En cambio, lo que muestran los textos de Tomás es que la abstracción significa varias cosas pero, principalmente, una propiedad de las formas o esencias que consiste en la independencia de ellas en cuanto inteligibles con respecto a lo que no pertenece a su inteligibilidad. De esta manera, la abstracción indica una distinción o separación que siempre es real (en tanto propia de las cosas y no del modo de conocerlas) pero que no siempre se manifiesta existencialmente: no siempre se trata de la separación de un individuo. Donde ocurre esto último es en el caso de las esencias de lo compuesto, las cuales son comunes y anteriores a los individuos en los que existen extramentalmente, y constituyen precisamente el objeto propio de la cognición humana.

De esta manera el sentido de la abstracción en Tomás de Aquino se enmarca en el ámbito de las distinciones metafísicas propias de las naturalezas de las cosas en cuanto tales, y son ellas mismas las que se constituyen como objetos inteligibles de un modo previo –causal, no temporal– a cualquier operación intelectual. Luego, si es necesaria una abstracción entendida psicológicamente es a causa del estado encarnado del alma humana que se encuentra ordenada a conocer lo universal e inteligible a partir de lo sensible. Por ello, aunque tanto en Tomás como en la tradición pueda hablarse de la presencia de una operación intelectual abstractiva, lo que se entiende en uno y otro caso son operaciones completamente distintas. Por un lado, la depuración de las características particulares que impiden que la esencia se exprese tal cual es; por otro, la formación positiva de un objeto que se configura en un plano distinto al real. En el primer caso se trata de una operación que explicita las distinciones reales presentes en las cosas; en el segundo, de una que engendra distinciones que no se hallan necesariamente en la realidad. Finalmente, en Tomás es algo que depende fundamental y directamente de la composición de lo real; en cambio, para los comentadores su fundamento en lo real es algo más lejano y depende más bien del modo de conocer lo real.

Así –y para finalizar– considero necesario destacar que, frente a la lógica común a los estudios en este campo, aquí se ha pretendido generar un cambio de mirada, respetando lo que el propio Tomás de Aquino intenta decir cuando habla de abstracción. Tal búsqueda ha conseguido determinar que a) el sentido de la *abstractio* es múltiple; b) entendida de un modo amplio, la misma se constituye casi como un sinónimo de *separación*, y sus sentidos más precisos se descubren en tanto se determina cuál sea su sujeto (i.e. qué es lo que abstrae); c) aunque en muchos casos designa una operación transitiva del intelecto humano, fundamental y principalmente señala la separación o independencia de las esencias que se encuentra en el plano real.

Por ello, se caería en un error si se interpretase que el objetivo que se ha perseguido aquí fuese el de intentar corroborar si los modos de abstracción planteados por los comentadores desde Cayetano en adelante coinciden o no con las afirmaciones del Aquinate. Muy por el contrario, lo que se quiere dejar establecido –de un modo claro y resuelto– es que no existe en Tomás siquiera un lugar donde la propuesta cayetaniana (continuada en lo fundamental por la tradición) encuentre sentido. Y el motivo principal de tal inadecuación radica en que, como se vio en el primer capítulo, la abstracción tradicionalmente ha recibido su sentido dentro del ámbito de lo objetivo, como causa de las distinciones del objeto en tanto objeto (*formaliter*) y no del objeto como cosa (*materialiter*). En cambio, en el caso de Tomás no existe tal dimensión de lo objetivo toda vez que el objeto es la misma cosa en cuanto principio de inteligibilidad.

Por este motivo, no interesa a la presente investigación afirmar o negar nada concreto con respecto a las particularidades del debate sobre los grados de abstracción formal, la *separatio* o algún otro que se les parezca. O, al menos, nada más que lo que se ha dicho hasta aquí: que todas estas disquisiciones, debates y distinciones están más allá de lo que legítimamente pueda considerarse como la doctrina propia de Tomás de Aquino.

Así, a) aunque sea verdad que existen múltiples sentidos de abstracción y que uno de ellos (el psicológico) designe una operación intelectual reclamada por el modo aristotélico de entender la realidad y el conocimiento, este sentido psicológico depende en lo fundamental del sentido *per se* o absoluto de la abstracción; es decir, de aquel que expone la composición metafísica de la realidad. Por lo mismo, el primer sentido no añade nada ni a esta ni a la explicación causal o fundamentativa de las ciencias. El mismo solo contribuye a esclarecer qué es el hombre y cómo se desarrolla su actividad cognoscitiva. Sin embargo, por qué el hombre conoce lo que conoce se entiende eventualmente por cómo son las cosas que constituyen su objeto propio. Y allí radica la relevancia que posee la doctrina de la esencia absoluta y su abstracción frente a los modos de existencia, incluso en aquellos textos donde no se la desarrolla abiertamente.

b) Seguidamente, que la tradición no vea el sentido absoluto o *per se* de la abstracción y se detenga en el psicológico implica que este último tenga que substituir al anterior. Es en este punto donde lo que era meramente psicológico pasa a ser gnoseológico o epistemológico: esto es, donde la explicación del proceso cognitivo se convierte en fundamento del propio conocimiento.

De esta manera, al haber profundizado y desarrollado exclusivamente esta línea de trabajo, se entiende que estos autores hayan olvidado paulatinamente el plano metafísico de la *abstractio* y se haya ocultado para la contemporaneidad su sentido absoluto: aquel que pertenece a la propia cosa en su constitución, que concierne a la causa de su modo de existencia y de su inteligibilidad, y que establece el fundamento de la distinción de los objetos y de las ciencias. En otras palabras, así se explica el olvido de algo que conforma un verdadero principio tomasiano y que ahora resulta claro: que la abstracción pertenece fundamentalmente a las propias esencias.

Referencias

Aquinatis, T. (1889). Pars prima Summae theologiae *Opera omnia iussu impensaque Leonis XIII P. M. edita* (Vol. 5). Roma: Ex Typographia Polyglotta S. C. de Propaganda Fide.

Gelonch, S. R. M. (2002). *Separatio y objeto de la metafísica. Una interpretación textual del Super Boethium De Trinitate, q5 a3, de Santo Tomás de Aquino*. Pamplona: EUNSA.

www.ingramcontent.com/pod-product-compliance
Ingram Content Group UK Ltd.
Pitfield, Milton Keynes, MK11 3LW, UK
UKHW021858290926
8980IPUK00005B/902

9 781433 172748